高职高专"十二五"规划教材
江苏省 2009 年精品教材建设立项教材

生产过程控制系统的设计与运行维护

王　斌　邓素萍　主编

杨润贤　副主编

倪永宏　主审

化学工业出版社

·北京·

内 容 提 要

本教材是江苏省 2009 年精品教材建设立项教材,以生产过程控制系统的建模、辨识、系统组建、组态、控制方案、运行调试、运行维护为项目设计主线,将传统过程控制技术与集散控制系统技术进行相互贯通,并对传统内容进行了提炼,对典型集散控制系统在生产过程控制系统中的应用以真实的工程实例、严格的岗位技能要求加强了技术应用、技能培养,突出项目化教学、项目化教材的特征。本书以化工行业的生产过程控制工程为项目实例,对液位、温度、流量、压力四大参数进行系统建模、参数辨识;以常规单回路和串级、比值、位式复杂回路控制方案为控制核心;以工程应用、培养生产过程控制系统设计、组态、运行与维护的高职高专应用型技能人才为目标设计了六个项目任务。

本书可作为高职高专学院的电气自动化、生产过程自动化、机电一体化等专业教材,也可作为相关专业工程技术人员的参考书。

图书在版编目（CIP）数据

生产过程控制系统的设计与运行维护/王斌,邓素萍主编. —北京:化学工业出版社,2011.2（2020.9 重印）
高职高专"十二五"规划教材
ISBN 978-7-122-10216-4

Ⅰ．生… Ⅱ．①王… ②邓… Ⅲ．①生产过程-控制系统-系统设计②生产过程-控制系统-维护 Ⅳ．TP278

中国版本图书馆 CIP 数据核字（2010）第 258434 号

责任编辑：廉 静 刘 哲　　　　　　　装帧设计：王晓宇
责任校对：郑 捷

出版发行：化学工业出版社（北京市东城区青年湖南街 13 号　邮政编码 100011）
印　　装：北京七彩京通数码快印有限公司
787mm×1092mm　1/16　印张 17¼　字数 470 千字　2020 年 9 月北京第 1 版第 3 次印刷

购书咨询：010-64518888　　　　　　　　　　售后服务：010-64518899
网　　址：http://www.cip.com.cn
凡购买本书,如有缺损质量问题,本社销售中心负责调换。

定　价：32.00 元　　　　　　　　　　　　　　　　　　　　版权所有　违者必究

前　言

为了适应社会经济和科学技术迅速发展及教育教学改革的需要，全国化工高职仪电类专业教学指导委员会组织有关院校经过广泛深入的调查研究和讨论，制定了高职高专仪电类专业新一轮的教材建设规划。新的规划教材根据"以市场需求为导向，以职业能力为本位，以培养高素质技能型人才为中心"的原则，注重以先进的科学发展观调整和组织教学内容，增强认知结构与能力结构的有机结合，强调培养对象对职业岗位（群）的适应程度，对仪电类专业教材的整体优化力图有所突破，有所创新。

本教材为项目化教材，紧紧围绕"生产过程控制系统"数学模型建立、模型参数辨识、控制功能实现系统组态、系统调试、运行与维护一体化过程组建项目；以"生产过程控制系统"的控制功能实现为主体，采用具有高可靠性、良好控制性能的集散控制系统为系统组建与实现平台，同时参考全国化工仪表维修工技能大赛在集散控制系统组态、调试与运行维护项目技能竞赛的要求组建项目；以高职高专院校专业改革、课程建设、教学改革、教材建设要求为指导思想组建项目；以高职高专院校从事过程控制、计算机控制技术、集散控制系统教学和科研一线教学人员组成教材编写团队。

本教材是江苏省2009年精品教材建设立项教材，是根据全国化工高职仪电类专业教学指导委员会会议制定的教材编写大纲而编写的。教材以基于集散控制系统技术的生产过程控制系统工程案例控制功能实现为主体，以集散控制系统体系组建、项目组态、项目运行调试及简单维护等应用能力培养为目标，以真实的化工设备为载体进行项目案例设计、学习情境设计、子任务设计，采用任务驱动的教学方式组织教学。

全书包括六个项目，项目一主要介绍生产过程控制系统中基本工程量（液位、温度、压力、流量）的系统建模与参数辨识（以实训装置CS2000/AE2000为载体）；项目二主要介绍生产过程控制系统的控制功能实现平台组建——集散控制系统组态（以浙大中控的JX-300XP和CS2000/AE2000实训装置为载体）；项目三主要介绍生产过程控制系统控制回路方案设计（以常规单回路和复杂控制回路在CS2000/AE2000装置中温度、液位、流量的控制实现为载体）；项目四主要介绍生产过程控制系统的控制功能实现过程及运行维护——集散控制系统监控与故障排除（以浙大中控的JX-300XP和CS2000/AE2000实训装置为载体）；项目五主要介绍集散控制系统在生产过程中的应用（以DeltaV系统及丙烯精馏装置为载体）；项目六主要介绍集散控制系统在生产过程控制中的应用（以横河CENTUM-CS3000及水处理装置为载体）。生产过程控制系统以建模、辨识、系统组建、组态、运行调试、维护形成教材的项目主线，项目内容可供不同学校的不同专业根据自己的情况在教学中取舍。

全书内容翔实，结构新颖，语言简洁，层次分明，图文并茂，注重培养学生的实践能力，力求符合学生的认知规律。为使学生对所学知识能够及时复习和掌握，每个项目都配有项目评估内容，对学生在该项目学习中的能力培养进行评估，师生可在学习中参考。

本教材由江苏四所化工职业技术学院的过程控制、集散控制系统课程领域的教师共同编写，其中项目一、项目二由扬州工业职业技术学院杨润贤编写；项目三、项目六由南京化工职业技术学院刘忠、常州工程职业技术学院刘书凯、扬州工业职业技术学院王斌共同编写；项目四由徐州工业职业技术学院周天沛编写；项目六由南京化工职业技术学院邓素萍编写。王斌、邓素萍担任主编，杨润贤担任副主编，倪永宏主审，全书由王斌策划统稿。

限于编者水平，书中不妥之处在所难免，敬请广大读者予以批评指正。

编　者
2010年10月

目 录

项目一 生产过程控制系统 ... 1

【项目学习目标】 ... 1
【项目学习内容】 ... 1
【项目学习计划】 ... 1
【项目学习与实施载体】 ... 1
【项目实施】 ... 2
 学习情境一 工业用电加热炉温度、液位控制系统 ... 2
  <学习要求> ... 2
  <情境任务> ... 2
   任务一 过程控制系统与生产过程控制系统 ... 2
    一、任务资讯 ... 2
    二、任务实施 ... 4
   任务二 生产过程控制系统的组成及工作原理 ... 5
    一、任务资讯 ... 5
    二、任务实施 ... 7
   任务三 生产过程控制系统的分类 ... 9
    一、任务资讯 ... 10
    二、任务实施 ... 11
   任务四 生产过程控制系统的建模与参数辨识 ... 12
    一、任务资讯 ... 12
    二、实施（以解析法为建模方法） ... 25
 学习情境二 水箱液位控制系统建模及参数辨识 ... 26
  <学习要求> ... 26
  <情境任务> ... 26
   任务 一阶单容水箱液位控制系统建模与参数辨识 ... 26
    一、任务资讯 ... 26
    二、任务实施 ... 29
    三、要求及思考 ... 31
 学习情境三 集散控制系统 ... 31
  <学习要求> ... 31
  <情境任务> ... 32
   任务一 过程控制系统发展 ... 32
    任务资讯 ... 32
   任务二 集散控制系统体系 ... 38
    一、任务资讯 ... 38
    二、任务实施 ... 47

【项目评估】 ··· 47

项目二　JX-300XP 集散控制系统的设计与实现 ·· 50

【项目学习目标】 ··· 50
【项目学习内容】 ··· 50
【项目学习计划】 ··· 51
【项目学习与实施载体】 ··· 51
【项目实施】 ··· 51
 学习情境　单容水箱液位 PID 控制 DCS 系统组态 ·· 51
  <学习要求> ··· 51
  <情境任务> ··· 51
   任务一　JX-300XP DCS 系统体系结构 ··· 51
    任务资讯 ··· 52
   任务二　单容水箱液位 PID 控制 DCS 系统体系结构 ··································· 60
    一、任务资讯 ··· 60
    二、任务实施 ··· 61
   任务三　JX-300XP DCS 项目工程组态实现 ··· 67
    一、任务资讯 ··· 67
    二、任务实施 ··· 70
   任务四　JX-300XP DCS 项目工程运行调试实现 ··· 118
    一、任务资讯 ··· 118
    二、任务实施 ··· 121
【项目评估】 ··· 128

项目三　生产过程控制系统控制功能实现 ·· 130

【项目学习目标】 ··· 130
【项目学习内容】 ··· 130
【项目学习计划】 ··· 130
【项目实施载体】 ··· 130
【项目实施】 ··· 131
 学习情境　基于 JX-300XP 的实训装置 CS2000（AE2000）控制
     算法实现 ··· 131
  <学习要求> ··· 131
  <情境任务> ··· 131
   任务一　生产过程控制系统控制功能实现策略 ··· 131
    一、任务资讯 ··· 131
    二、任务实施 ··· 150
   任务二　实训装置 CS2000（AE2000）控制功能实现 ································ 154
    一、任务资讯 ··· 154
    二、任务实施 ··· 154
【项目评估】 ··· 157

项目四　生产过程控制的系统监控、故障排除及运行维护 …… 159

【项目学习目标】 …… 159
【项目学习内容】 …… 159
【项目学习计划】 …… 159
【项目学习与实施载体】 …… 160
【项目实施】 …… 160
　学习情境　CS2000 实训装置 DCS 控制系统运行维护 …… 160
　　<学习要求> …… 160
　　<情境任务> …… 160
　　　任务一　基于 JX-300XP 的 CS2000 实训装置运行与维护 …… 160
　　　　一、任务资讯 …… 160
　　　　二、任务实施 …… 173
　　　任务二　生产过程控制系统的运行维护 …… 180
　　　　任务资讯 …… 180
【项目评估】 …… 188

项目五　DeltaV 在丙烯精馏装置控制系统中的应用 …… 190

【项目学习目标】 …… 190
【项目学习内容】 …… 190
【项目学习计划】 …… 190
【项目学习与实施载体】 …… 190
【项目实施】 …… 191
　学习情境　基于 DeltaV 系统的丙烯精馏装置控制系统的设计与应用 …… 191
　　<学习要求> …… 191
　　<情境任务> …… 191
　　　任务一　丙烯精馏装置 DeltaV 系统配置 …… 191
　　　　一、任务资讯 …… 191
　　　　二、任务实施 …… 202
　　　任务二　应用 DeltaV Explorer 进行控制系统的构建 …… 206
　　　　一、任务资讯 …… 206
　　　　二、任务实施 …… 209
　　　任务三　应用 Control Studio 进行控制方案组态 …… 213
　　　　一、任务资讯 …… 213
　　　　二、任务实施 …… 215
　　　任务四　应用 DeltaV Operate 进行操作员监控画面组态 …… 223
　　　　一、任务资讯 …… 223
　　　　二、任务实施 …… 224
　　　任务五　应用 Diagnostic 进行系统诊断 …… 230
　　　　一、任务资讯 …… 230

二、任务实施 ··· 231
　【项目评估】 ··· 232

项目六　横河CENTUM-CS3000在水处理过程控制系统中的应用 ························ 236

【项目学习目标】 ··· 236
【项目学习内容】 ··· 236
【项目学习计划】 ··· 236
【项目实施载体】 ··· 236
【项目实施】 ·· 237
　<学习要求> ··· 237
　<情境任务> ··· 237
　任务　CENTUM-CS3000在水处理过程控制系统设计与应用 ··································· 237
　　一、任务资讯 ··· 237
　　二、任务实施 ··· 251
【项目评估】 ·· 266

参考文献 ·· 267

项目一 生产过程控制系统

【项目学习目标】

知识目标

① 了解过程控制系统发展、分类;
② 掌握生产过程控制系统的组成、分类、性能指标要求;
③ 掌握过程控制系统建模方法;
④ 掌握过程控制系统数学模型参数辨识方法;
⑤ 了解过程控制系统种类及特点;
⑥ 掌握集散控制系统体系结构。

技能目标

① 能熟练完成生产过程控制系统的组成、工作原理等分析工作;
② 能熟练完成生产过程控制系统的数学模型建立;
③ 能熟练进行生产过程控制系统的数学模型参数辨识;
④ 能对生产过程控制系统的调试运行结果进行控制性能指标分析。

【项目学习内容】

学习生产过程控制系统基本知识,根据所给项目案例,完成工业用电加热炉温度液位控制系统、水箱液位控制系统的数学模型建立与辨识,为后续项目的进行打好基础。

【项目学习计划】

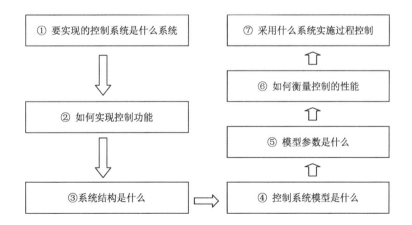

【项目学习与实施载体】

载体一:工业用电加热炉温度、液位控制系统(学习案例)。
载体二:水箱液位控制系统(单容水箱液位控制系统)(实训案例)。
载体三:集散控制系统。

【项目实施】

学习情境一　工业用电加热炉温度、液位控制系统

<学习要求>
① 分析工业用电加热炉温度、液位控制系统的分类；
② 分析工业用电加热炉温度、液位控制系统的组成及工作原理；
③ 建立工业用电加热炉温度、液位控制系统数学模型。

<情境任务>

任务一　过程控制系统与生产过程控制系统

任务主要内容	
通过资讯 ① 了解过程控制系统的定义、分类； ② 了解生产过程控制系统与过程控制系统的关系； ③ 了解手动控制与自动控制的区别与联系； ④ 定位"工业用电加热炉温度、液位控制系统"属于过程控制系统的哪种类型？其控制方法可以是手动控制、自动控制？	
任务实施过程	
资讯	① 什么是过程控制系统？分类？控制方式？ ② 什么是生产过程系统？有哪些实例？控制过程？
实施	① 系统定位 ② 学习笔记

一、任务资讯

任务一资讯内容框架结构图如图 1-1 所示。

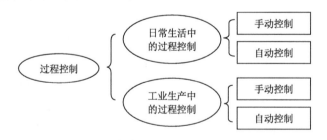

图 1-1　任务一资讯内容框架结构图

控制是日常生产生活中经常接触到的问题，有日常生活中的控制，有工业生产中的控制，这些控制有些是由人自己实现的，有些则是通过某些控制装置实现的，这些都可称之为控制系统。在现代社会的发展和进步中到处都离不开控制。

（一）日常生活的过程控制

日常生活中，骑自行车时通过人来实现控制车的平衡和方向；而电冰箱要控制温度，洗衣机要控制洗涤时间和水量，电饭煲要控制饭的温度，电梯控制楼层的启停等都是通过控制器来实现控制的。

日常生活中过程控制案例——空气调节器控温系统。

日常生活中的空气调节器自动控制系统是如何实现控制功能的？

空调是一个典型的温度控制系统。夏天，当室温高于用户所设定或期望的温度时，空调就启动制冷装置，使室内温度下降；当室温低于用户所设定或期望的温度时，空调就关闭制冷装置。冬天，当室内温度低于用户所设定或期望的温度时，空调就启动加热装置，使室内温度上升；当室温高于用户所设定或期望的温度时，空调就关闭加热装置。通过循环往复的控制过程，使室温保持恒定。室温采用空气调节器进行控制时，温度变化曲线如图1-2所示。图1-2中，26℃是人们所期望的室内温度，可通过调节空调上相应的按钮来设定。实际的室温在进入稳态后，围绕期望温度，在一定范围内来回波动。

实现这种温度调节功能的是空调中的温度控制系统。首先，它需要有一个温度计，用来测量室温；其次，需要一个控制器，判断室温是否高于或低于用户设定的温度；还需要一个切换开关和控制作用的实施装置，这里是加热装置和制冷装置；最后，是被控制的装置或对象，这里就是装了空调的房间。这就是一个完整的生活中控制过程的自动控制系统。

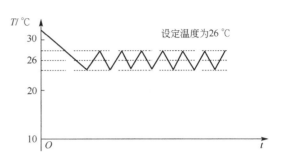

图1-2 室温调节过程温度曲线

（二）工业生产中的过程控制

在工业生产过程中，现代工业按所加工的原材料可划分为两大类：一类是气体、流体和粉体，这是石油、化工、制药、轻工、食品、建材等行业的主要工况，主要控制液位、温度、压力、物位、流量、成分等参数；另一类是对已成型材料的进一步加工或对多种已成型材料（各种元器件）的装配，主要控制位移、速度、角度等参数。

在实际应用中，重点研究的是在工业生产过程中遇到的控制问题及其解决方案，实现控制所使用的设备和系统，以及在实施控制系统的过程中将会遇到的问题和如何解决这些问题等。这里以第一类工业生产过程控制为主要研究对象。

无论对何种材料进行控制的生产过程控制，都分为人直接参与的控制系统和自动控制系统。

案例1——水槽液位控制

工业生产有很多储罐和容器（如油罐、水箱、锅炉汽包等）需要控制液位。

（1）人直接参与的控制系统

图1-3所示为一个水槽的人工液位控制系统。假设工人可以看到液位的高低变化，那么根据液位的高低变化，工人通过手动操作阀门，可以使水槽液位保持在设定高度附近。

（2）控制器实现的自动控制系统——机械式液位控制系统

如果用一个浮球代替人的眼睛"观测"液位，用一个杠杆系统代替人的手臂和大脑，则可构成一个液位自动调节系统，如图1-4所示。其工作原理是：当液位受干扰上升时，浮球上升，杠杆a端上升，b端下降，阀门的阀芯下降，使水槽的进水量减少，进水量的减少使液位下降，最终达到一个稳定的平衡点，实现控制的目的；当液位受干扰下降时，调节过程相反，同样能使液位稳定在平衡点。

（3）控制器实现的自动控制系统——仪表液位控制系统

如果要将液位信号传送到远方的控制室时，就需要将上述机械式液位控制系统改为电动式液位控制系统。用一个能送出电信号的液位测量仪表代替浮球，用一个电动调节器代替杠杆，阀门也换成可接受电信号的阀门，就构成了目前常见的液位控制系统，如图1-5所示。LT表示液位测量及信号变换装置，LC 表示液位控制器。

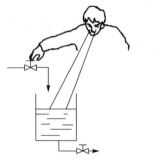 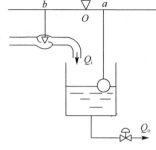 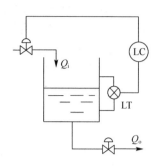

图 1-3　人工液位控制　　　　图 1-4　机械式液位控制　　　　图 1-5　仪表液位控制

案例 2——锅炉过热蒸汽温度控制

锅炉是电力、冶金、石油化工等工业部门不可缺少的动力设备，其产品是蒸汽。发电厂从锅炉汽鼓（汽包）中出来的饱和蒸汽经过过热器继续加热成为过热蒸汽，过热蒸汽的温度控制是保证汽轮机组（发电设备）正常运行的一个重要条件。通常过热蒸汽的温度应达到 460℃左右去推动汽轮机做功。每种锅炉与汽轮机组都有一个规定的运行温度，在这个温度下运行，机组的效率最高。如果过热蒸汽的温度过高，会使汽轮机的寿命大大缩短；如果温度过低，当过热蒸汽带动汽轮机做功时，会使部分过热蒸汽变成小水滴，小水滴冲击汽轮机叶片，会造成生产事故。所以必须对过热蒸汽的温度进行控制。通常在图 1-6 所示的过热器之前或中间部分串接一个减温器，通过控制减温水流量的大小来控制过热蒸汽的温度，构成图 1-6 所示的过热蒸汽温度控制系统。

系统中过热蒸汽温度采用热电阻温度计 1 来测量，并经温度变送器 2（TT）将测量信号送至调节器 3（TC）的输入端，与过热蒸汽温度的给定值进行比较得到其偏差，调节器按此输入偏差以某种控制规律进行运算后输出控制信号，以控制调节阀 4 的开度，从而改变减温水流量的大小，达到控制过热蒸汽温度的目的。

综合以上工业生产过程控制的控制范例，工业生产过程控制是指石油、化工、电力、冶金、纺织、建材、轻工、核能等工业部门生产过程的自动化。

二、任务实施

（一）情境介绍——工业用电加热炉温度、液位控制系统

本项目任务案例——工业用电加热炉温度、液位控制系统的流程示意如图 1-7 所示。

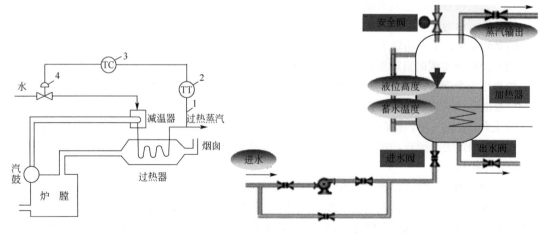

图 1-6　过热蒸汽温度控制系统　　　　图 1-7　电加热炉温度、液位系统流程

（二）任务分析

通过前述知识点内容讲解，进行系统分析，工业用电加热炉温度、液位控制系统属于控制系统中的工业控制系统，要完成对该系统温度、液位的控制，可以采用人工直接参与的控制，也可以采用控制器实现的控制。

（三）任务思考

对情境任务所给定的系统，如果采用人工参与的手动方式控制如何实现？采用控制器实现的自动方式又如何实现？对应不同的控制方案，控制系统的结构是什么？工作原理又是什么？

任务二　生产过程控制系统的组成及工作原理

任务主要内容
通过资讯 ① 了解生产过程控制系统的基本组成； ② 了解生产过程控制系统各组成部分的基本功能； ③ 了解生产过程控制系统各组成部分之间的连接关系； ④ 理解生产过程控制系统的基本工作原理； ⑤ "工业用电加热炉温度、液位控制系统"的基本组成分析； ⑥ "工业用电加热炉温度、液位控制系统"的基本工作原理分析。

任务实施过程	
资讯	① 生产过程控制系统的基本组成是什么？ ② 生产过程控制系统组成部分的基本功能是什么？ ③ 生产过程控制系统的基本工作原理是什么？
实施	① 系统结构、原理分析 ② 学习笔记

一、任务资讯

任务二资讯内容框架结构如图 1-8 所示。

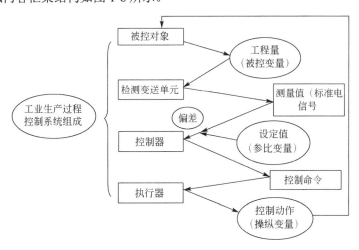

图 1-8　任务二资讯内容框架结构图

任务一中几个简单控制系统案例都有一个需要控制的过程变量，例如液位、温度等。这些需要控制的变量称为被控变量。为了使被控变量与希望的设定值保持一致，需要有一种控制手段，例如图 1-6 进水流量和减温水流量等，这些用于调节的变量称为操纵变量或操作变量。被控变量偏离设定值是由于工业生产过程中存在干扰而导致的，而控制目标是将偏离设定值的被控量值拉回到控制允许的设定值一定范围区域内。设定值又称为参比变量。

（一）生产过程中的过程量

表征生产过程状态的量有很多种，如温度、湿度、压力、流量、液位、密度、重量、体积、电流、电压、功率、速度、位置、亮度、接通/关断的状态、开关的分合状态、零件所在工序的表示及物体有/无的表示等，所有这些量都被称为过程量，但这些过程量的性质有很大的不同。一般来说，过程量可以分为模拟量和开关量两大类。

（1）模拟量

模拟量是表达物理过程或物理设备量值的一种连续变化的量，其数值随时间变化而变化，表现为一个时间的函数。这类物理量的变化是一个渐变的过程，无论该物理量的变化有多快，都会有一个过渡过程，其取值可有无穷多个。温度、湿度、压力、流量、液位、密度、重量、体积、电流、电压、功率、速度、位置及亮度等属于模拟量。

测量是控制系统感知被控对象运行状态的重要环节，一般通过敏感元件或检测元件来实现测量，如压力传感器、温度传感器（热电偶和热电阻）、电流传感器、电压传感器、功率传感器、在运动控制中的速度及位置传感器等。传感器一般使用物理或化学原理来感知各种状态，传感器的输出一般是一个可以被控制系统核心部件——运算处理装置所处理的信号，由于传感器所测量的状态包括了各种不同的物理、化学量，而运算处理装置则要求这些量是一种标准的、规范的表现形式，如电流、电压及气压等，因此往往通过变送器予以变换，形成符合一定标准的统一信号，一般称之为测量值。

（2）开关量

开关量是一种表示物理过程或设备所处状态的量，也可直接称之为状态量。典型的开关量只有两个取值，如电力开关的分与合、截断阀门的通与断、某压力容器中气体压力是处于安全压力以下还是达到或超过安全压力等。

和模拟量一样，在控制系统中，各种开关量也需要转换成标准信号，一般用电平的高或低表达不同的状态，在数字控制系统中，则采用二进制位的 0 或 1 表达开关量的状态。对于多状态的开关量，可采用多个二进制位来表达，如用两个二进制位可表达四种状态，用三个二进制位可表达八种状态等。

（二）过程控制系统的基本组成及工作原理

在控制系统中，检测元件和变送器将被控变量检测并转换为标准信号，当系统受到干扰影响时，检测信号与设定值之间就有偏差，因此，检测变送信号在控制器中与设定值比较，其偏差按一定的控制规律预算，并输出信号驱动执行机构改变操纵变量，使被控变量回复到设定值。

简单控制系统由检测变送单元、控制器、执行器和被控对象组成。图 1-9 给出这些要素及控制系统各组成部分之间的关系。

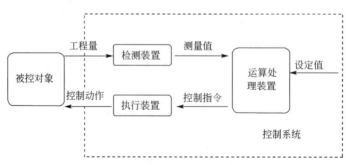

图 1-9　控制系统各要素之间的关系

检测元件和变送器用于检测被控变量,并将检测到的信号转换为标准信号输出。例如热电阻或热电偶和温度变送器、压力变送器和液位变送器等。

控制器用于将检测变送单元的输出信号与设定值信号进行比较,按一定的控制规律对其偏差信号进行运算,运算结果输出到执行器。控制器可以采用模拟仪表的控制器或由微处理器组成的数字控制器,例如用 DCS 中的控制功能模块等实现。

执行器又称最终环节,它是控制系统环路中的最终元件,直接用于控制操作变量变化。执行器接受控制器的输出信号,通过改变执行器节流件的流通面积来改变操纵变量。图中 1-5 和图 1-6 用 LT、TT 分别表示液位、温度变送器,用 LC、TC 表示相应的控制器。执行器采用控制阀表示,执行器可以是变频调速电机、控制阀,如果是控制阀,可以是气动薄膜控制调节阀、带电气阀门定位器的气动控制阀等。

被控对象是需要控制的设备,例如案例 1 和案例 2 中的储罐和过热器等。

图 1-10 表示上述控制系统的构成,是通用的单输入单输出控制系统的框图。这种方式是将表示各环节的方块根据信号流的关系排列起来,组成自动控制系统的方框图,可以更清楚地表示出一个自动控制系统各个组成环节之间的相互影响和信号联系,便于对系统进行分析研究。在框图中常用的名词术语有被控对象、被控变量、操纵变量、设定值(给定值)、偏差等。

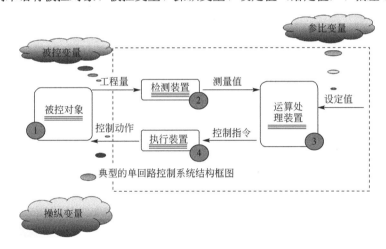

图 1-10 简单控制系统框图

(三)工业生产过程控制系统组成扩展

对生产过程的控制起主导作用的主体是人的作用。作为一个整体,人必须是控制系统的一个最重要的组成部分,从数学模型的推导、建立并预先设置在运算处理装置中,以便在线运行时实现控制功能,到直接参与控制系统的在线运行,对运算处理装置不能够自动进行处理的控制问题,实施操作与调节或为运算处理装置给出设定值,都需要人的参与。而为了便于人了解被控对象的运行状态并进行人工的操作与调节,控制系统还必须提供人机界面。在任何一个控制系统中,人机界面都是必不可少的重要组成部分。一个完整的控制系统较全面的组成部分如图 1-11 所示。

人机界面包括了测量值的显示、计算参数的显示、人工操作设备(如按钮、调节手柄)等,还有对运算处理装置进行设定和控制算法预置的设备等。

二、任务实施

通过对如图 1-7 所示的电加热炉温度、液位系统流程及工艺基本要求进行分析:

电加热炉锅炉温度控制系统,由检测变送单元、控制器、执行器和被控对象组成;

电加热炉锅炉液位控制系统,由检测变送单元、控制器、执行器和被控对象组成。

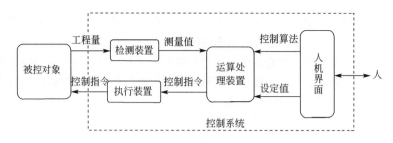

图 1-11　完整的控制系统组成部分

（一）电加热炉锅炉温度控制系统

（1）控制方案——采用人工直接参与实现的手动控制系统

① 基本组成：采用人工直接参与的工业用电加热炉温度控制系统，其组成：检测变送单元是温度计、控制器是大脑、执行器是加热器，被控对象是电加热炉。

② 工作原理：操作人员以电加热炉温度为操作指示，以改变电加热器的加热电压大小为控制手段。操作人员所进行的工作有三个方面（工作过程）。

检测，用温度计测量电加热炉实时温度（假设该电加热炉温度可人工测量，其测量范围允许），人眼读出该测温数据并通过神经系统告诉大脑；

运算，大脑思考后得出偏差值，然后根据操作经验，决策后发出命令；

执行，根据大脑发出的命令，手去改变加热电压旋钮，以改变加热电压大小，控制加热温度上升快慢，从而使温度逐渐保持在所需温度测点上。

（2）控制方案——采用控制装置实现的自动控制系统

① 基本组成：采用控制器实现的工业用电加热炉温度控制系统，其组成：检测变送为单元温度变送器、控制器是采用计算机实现的运算处理装置、执行器是 SSR 固态继电器，控制加热器电压大小，被控对象是电加热炉。

② 工作原理：单元温度变送器代替了温度计，计算机控制器代替了人脑，固态继电器代替人手。

（二）电加热炉锅炉液位控制系统

（1）控制方案——采用人工直接参与实现的手动控制系统

① 组成：对电加热炉液位控制系统来说，其组成：检测变送单元是人眼、控制器是人脑、执行器是人手、被控对象是电加热炉。人工控制流程图如图 1-12 所示。

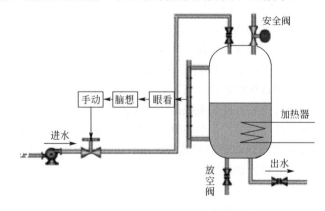

图 1-12　锅炉液位人工控制流程图

② 工作原理：操作人员以锅炉液位为操作指示，以改变进水口阀门开度为控制手段。操作

人员所进行的工作有三个方面。

检测，用眼睛观察高低，并通过神经系统告诉大脑；

运算，大脑思考后得出偏差值，然后根据操作经验，决策后发出命令；

执行，根据大脑发出的命令，手去改变阀门开度，以改变流出量 Q，从而使液位保持在所需高度上。

（2）控制方案——采用控制装置实现的自动控制系统

① 组成：采用控制装置实现的电加热炉液位控制系统，其组成：检测变送单元是液位变送器、控制器是采用计算机实现的运算处理装置、执行器是控制阀、被控对象是电加热炉，自动控制流程图如图 1-13 所示。

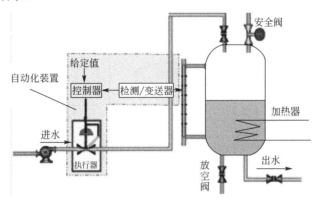

图 1-13　锅炉液位自动控制流程图

② 工作原理：检测/变送器代替了人眼，控制器代替了人脑，执行器代替人手。图 1-14 给出了对应系统带测点的系统流程图。LT 是液位检测与变送单元，LC 是液位控制器单元。

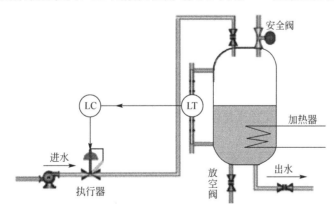

图 1-14　锅炉液位自动控制测点流程图

任务三　生产过程控制系统的分类

任务主要内容
通过资讯 ① 了解生产过程控制系统分类方法、分类内容； ② 了解生产过程控制系统基本分类方法、分类内容； ③ 了解生产过程控制系统随动控制系统、定值控制系统、程序控制系统的特点；

	④ 了解生产过程控制系统反馈控制系统、前馈控制系统、复合控制系统的特点; ⑤ 按基本分类方法分类,"工业用电加热炉温度、液位控制系统"属于哪种系统?
任务实施过程	
资讯	① 生产过程控制系统分类标准、分类内容是什么? ② 生产过程控制系统的基本分类标准、分类内容及特点是什么?
实施	① 项目案例系统分析,分类定位 ② 学习笔记

一、任务资讯

任务三资讯内容框架结构图见图 1-15。

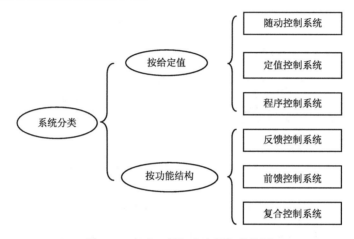

图 1-15　任务三资讯内容框架结构图

(一) 生产过程控制系统分类

过程控制系统的分类方法很多,按被控参数的名称(变量)来分,有温度、压力、流量、液位、成分、pH 等控制系统,这是一种常见的分类;按调节器的控制规律来分,有比例控制、积分控制、微分控制、比例积分控制、比例微分控制、比例积分微分控制等(也有单变量和多变量控制系统);按被控系统中控制仪表及装置所用的动力和传递信号的介质可划分为,有气动、电动、液动、机械式等控制系统;按采用常规仪表和计算机来分,有仪表控制系统和计算机过程控制系统;按被控对象划分为,有流体输送、设备传热设备、精馏塔和化学反应器控制系统等。

(二) 生产过程控制系统基本分类

(1) 按给定值的变化情况分类

按给定值的变化情况可划分为定值控制系统、随动控制系统和程序控制系统。

① 随动控制系统　如果控制系统的给定值不断随机地发生变化,或者跟随该系统之外的某个变量而变化,则称该系统为随动控制系统。由于系统中一般都存在负反馈作用,系统的被控变量就随着给定值变化而变化。

随动控制的应用有雷达系统、火炮系统等。化工医药生产中串级控制系统的副回路、比值控制系统中的副流量回路也是随动控制系统。对于图 1-2 的室温控制系统,如要求室温在夏天始终比室外温度低 10℃,则加一个室外温度仪表,测得的值用于原控制系统的给定值,即为一个随动控制系统。

② 定值控制系统　定值控制系统是一类给定值保持不变或很少调整的控制系统。这类控制

系统的给定值一经确定后就保持不变直至外界再次调整它。化工、医药、冶金、轻工等生产过程中有大量的温度、压力、液位和流量需要恒定，是采用定值控制最多的领域，也是本课程的重点内容。图 1-2 是定值控制系统的案例。

③ 程序控制系统　如果给定值按事先设定好的程序变化，就是程序控制系统。生物反应和金属加热炉采用程序控制很多。由于采用计算机的温度控制系统，实现程序控制特别方便，因此，随着计算机应用的日益普及，程序控制的应用也日益增多。

（2）按系统功能与结构分类

按系统功能与结构可划分为：单回路简单控制系统，串级、比值、选择性、分程、前馈和均匀等常规复杂控制系统，解耦、预测、推断和自适应等先进控制系统和程序控制系统等。

① 反馈控制系统　是过程控制系统中的一种最基本的控制结构形式。反馈控制是根据系统被控量的偏差进行工作的，偏差值是控制的依据，最后达到消除或减小偏差的目的。图 1-6 所示的过热蒸汽温度控制系统就是一个反馈控制系统。另外，反馈信号也可能有多个，从而可以构成多个闭合回路，称其为多回路控制系统。

② 前馈控制系统　在原理上完全不同于反馈控制系统。前馈控制是以不变性原理为理论基础的。前馈控制系统直接根据扰动量的大小进行工作的，扰动是控制的依据。由于它没有被控量的反馈，所以也称为开环控制系统。

图 1-16 所示为前馈控制框图。扰动 $f(t)$ 是引起被控量 $y(t)$ 变化的原因，因为前馈调节器 FFC 是根据扰动 $f(t)$ 进行工作的，可能及时克服扰动对被控量 $y(t)$ 的影响。但是，由于前馈控制是一种开环控制，最终不能检查控制的精度，因此，在实际工业生产过程自动化中是不能独立应用的。

③ 前馈-反馈控制系统（复合控制系统）在工业生产过程中，引起被控参数变化的扰动是多种多样的。开环前馈控制的最主要的优点是能针对主要扰动及时迅速地克服其对被控参数的影响；对于其余次要扰动，则利用反馈控制予以

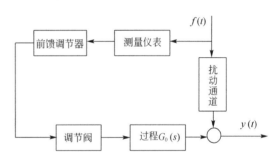

图 1-16　前馈控制框图

克服，使控制系统在稳态时能准确地使被控量控制在给定值上。在实际生产过程中，将两者结合起来使用，充分利用开环前馈与反馈控制两者的优点，在反馈控制系统中引入前馈控制，从而构成 1-17 所示的前馈-反馈控制系统，它可以大大提高控制质量。

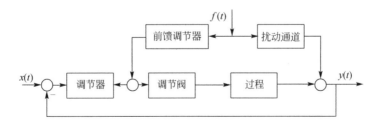

图 1-17　前馈-反馈控制框图

二、任务实施

工业用电加热炉的温度自动控制属于定值（衡值）控制系统、反馈控制系统；
工业用电加热炉的液位自动控制属于定值（衡值）控制系统、反馈控制系统。

任务四　生产过程控制系统的建模与参数辨识

任务主要内容
通过资讯 ① 了解生产过程控制系统的建模方法； ② 了解生产过程控制系统被控对象的分类，单容/多容、有自衡能力/无自衡能力； ③ 了解针对不同类型的生产过程控制系统，采用解析法如何进行系统建模； ④ 了解针对不同类型的生产过程控制系统，采用实验法如何进行系统建模； ⑤ 对"工业用电加热炉温度、液位控制系统"进行系统建模与参数辨识。

任务实施过程	
资讯	① 生产过程控制系统的建模方法？ ② 解析法进行系统建模的方法、过程？ ③ 实验法进行系统建模、参数辨识的方法、过程？
实施	① 项目案例系统分析，数学建模、参数辨识 ② 学习笔记

一、任务资讯

任务四资讯内容框架结构见图 1-18。

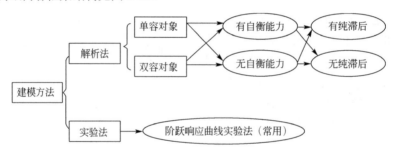

图 1-18　任务四资讯内容框架结构图

过程控制系统的品质，是由组成系统的对象和过程检测控制仪表各环节的特性和系统的结构所决定的。建立对象的数学模型，对于实现生产过程自动化有着非常重要的意义。一个过程控制系统的优劣，主要取决于对生产工艺过程的了解和建立对象的数学模型。

（一）控制系统建模

在过程控制系统中，对象是指正在运行时多种多样的工艺生产设备，操作人员根据工艺需要，操作这些设备。有经验的操作人员由于他们深入了解生产过程，摸透这些设备的特性，当生产出现扰动并偏离工艺要求时，就能正确的操作各种阀门和装置，使生产很快恢复正常。

不同的生产过程，对象是千差万别的，有的对象很稳定，操作很容易，但有的对象则不然，只要稍不小心，就会不符合正常工艺条件，甚至造成生产事故。在过程控制中，是运用一些自动化技术工具来模拟操作人员动作的。所以，首先必须深入了解对象特性，了解其内在规律，学会建立对象数学模型的方法。

图 1-19 所示为最简单的过程控制系统方框图。在实际生产过程中，对象是多种多样的，生产工艺要求也各不相同，欲设计一个过程控制系统，必须根据具体的对象，正确的选用过程检测控制仪表。同时，为使控制系统运行在最佳状态，还必须针对具体对象的特性与控制要求（即工艺要求），选择合适的调节器参数。对于那些纯滞后较大、扰动众多或非线性较严重等很难控制的对

象,采用简单控制系统是不能满足工艺要求的。因此,将要设计较复杂的控制系统。由此可见,为了分析、设计、研究或整定一个过程控制系统,首先必须熟悉生产过程,掌握对象的动态特性。

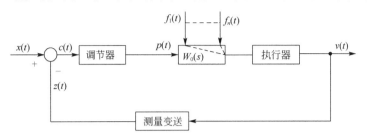

图 1-19　工业生产过程自动控制系统方框图

图 1-19 所示,对象 $W_0(s)$ 是多个输入信号 $p(t)$、$f_1(t)$、$f_2(t)$、$\cdots$、$f_n(t)$、单个输出信号 $y(t)$ 的物理系统。各个输入信号 $p(t)$、$f_1(t)$、$f_2(t)$、$\cdots$、$f_n(t)$ 引起被控量 $y(t)$ 变化的动态特性一般是不同的。通常选用一个可控性良好的输入信号作为控制作用,即调节器的输出 $p(t)$ 作为控制作用,通常为对象的"基本扰动"或"内部扰动"。其他的输入信号则为扰动作用 $f_1(t)$、$f_2(t)$、$\cdots$、$f_n(t)$,统称为"外部扰动"。对象的"基本扰动"作用在闭合回路内,所以对过程控制系统的性能起决定性作用。但是,"外部扰动"作用下对象的动态特性对控制过程也有很大影响,在这里不做重点介绍。

为了简化对象的数学模型,仅讨论线性对象或线性化的对象。这样,在多个输入信号的作用下,对象的输出量为:

$$Y(s) = W_0(s)\ P(s) + W_{f1}(s)\ F_1(s) + \cdots + W_{fn}(s)\ F_n(s) \tag{1-1}$$

式中　　$W_0(s)$　——当 $f_1(t)$、$f_2(t)$、$\cdots$、$f_n(t)$ 不变时,控制作用 $p(t)$ 对被控变量 $y(t)$ 的传递函数;

$W_{f1}(s)$　——当 $p(t)$、$f_2(t)$、$\cdots$、$f_n(t)$ 不变时,扰动 $f_1(t)$ 对被控变量 $y(t)$ 的传递函数;

$W_{fn}(s)$　——当 $p(t)$、$f_1(t)$、$f_2(t)$、$\cdots$、$f_{n-1}(t)$ 不变时,扰动 $f_n(t)$ 对被控变量 $y(t)$ 的传递函数;

$Y(s)$、$P(s)$、$F(s)$　——分别为对象被控量、控制信号和扰动信号的拉氏变换。

对象输入量与输出量之间的信号联系(图 1-19 中虚线所示),称为"通道"。调节作用(控制作用)与被控参数之间的信号联系,称为调节通道(即控制通道)。扰动作用与被控参数之间的信号联系,称为"扰动通道"。

另外,还有一些对象可能是多个输入信号 $p_1(t)$、$p_2(t) \cdots p_n(t)$ 多个输出信号 $y_1(t)$、$y_2(t) \cdots y_n(t)$ 的物理系统。在这样一些对象中,调节阀的个数通常与被控参数的个数相等,几个输入信号将同时影响两个以上的被控量,即每一个调节作用除了影响"自己的"被控参数外,还将或多或少地影响其余的被控量。为此,有时可以采用解耦控制,以便使某个调节作用只能影响"自己的"被控参数,而不影响其余的被控参数。在这里仅讨论只有一个被控量的对象。

从阶跃响应曲线来看,过程控制中大多数控制对象特性的特点是:被控量的变化往往是不振荡的、单调的,有滞后和惯性,如图 1-20 所示。从对象的典型阶跃响应曲线来看,当扰动发生后,被控参数并不立即有显著的变化,这表明对象对扰动的响应有滞后,对被控参数变化的最后阶段可能达到新的平衡,如图 1-20(a)所示,也可能被控量不断变化,而其变化速度趋近某一数值,不再平衡下来,如图 1-20(b)所示。前者对象具有自平衡能力,统称有自衡的对象;后者对象无自衡能力,统称为无自衡对象。

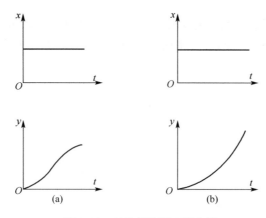

图 1-20 对象的阶跃响应曲线

对象的数学模型,是指对象在各输入量作用下,其响应输出量的变化的函数关系数学表达式,如微分方程式、微分方程组、传递函数表达式或频率特性表达式等。

目前,研究对象数学模型一般有两种方法,对于简单对象,可以根据过程进行的机理和生产设备的具体结构,用分析计算的方法,即通过物料平衡和能量平衡的关系,推导出对象的数学模型;对于复杂的对象,用解析的方法求取数学模型比较困难,因此,通常采用实验测试方法来获得。

(二)用解析方法建立对象的数学模型

(1)单容对象的数学模型

单容对象,是指只有一个储蓄容积对象,单容对象可分为具有自平衡能力和无自衡能力两类。

① 有自衡能力的单容对象的数学模型　有自衡能力是指对象在扰动作用下,其平衡状态被破坏后,不需要操作人员或仪表等干预,就能依靠自身重新恢复平衡的能力。

在过程控制中,单容对象的种类很多,其结构各异。下面以连续生产过程中常用到的液体储罐、加热器等对象为教学案例,实例讲解如何通过物料平衡和能量平衡等关系来建立数学模型的方法。

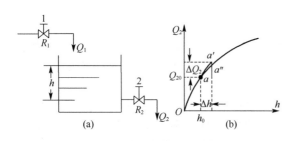

图 1-21 单容水槽液位对象结构及特性曲线

案例 3:单容水槽液位对象数学模型

图 1-21 所示为液位对象,其液体流入量为 Q_1,通过改变调节阀 1 的开度,可以改变 Q_1 的大小。液体流出量 Q_2,它取决于用户的需要,可调节阀门 2 的开度来加以改变。液位 h 代表储罐中储存液体的数量,h 的变化反映了由于液体流入量 Q_1 与流出量 Q_2 不等而引起储罐中蓄水或泄水的过程。设液位对象的输入量为 Q_1,输出量为液位 h。根据物料平衡的关系,液体流入量与流出量之差应等于储罐中液体储存量的变化率,即

$$Q_1 - Q_2 = A \frac{dh}{dt} \quad (1-2)$$

将式(1-2)表示为增量形式:

$$\Delta Q_1 - \Delta Q_2 = A \frac{\Delta h}{dt} \quad (1-3)$$

式中，ΔQ_1、ΔQ_2、Δh 分别为偏离某一平衡状态 Q_{10}、Q_{20}、h_0 的增量；A 为储罐面积。

设某一平衡状态下的流入量 Q_{10} 等于流出量 Q_{20}，液位的平均值为 h_0。ΔQ_1 是调节阀 1 开度变化而引起的。

液体的流出量 Q_2 是随液位 h 而变化的，h 愈高，Q_2 出口静压愈大，流出量 Q_2 也就愈大。同时 Q_2 还与调节阀门的阻力 R_2 有关，假设三者变化量之间的关系为

$$\Delta Q_2 = \frac{\Delta h}{R_2} \quad \text{或} \quad R_2 = \frac{\Delta h}{\Delta Q_2} \tag{1-4}$$

式中，R_2 为阀门 2 的阻力，称为液阻。

液体在流动中总存在着阻力。在图 1-21（a）中液阻 R_2 可定义为

$$R_2 = \frac{液位差变化}{流量变化}$$

其物理意义是：产生单位流量变化所必需的液位变化量。

流体在一般流动（紊流）情况下，液位 h 和流量 Q_2 之间的关系是非线性的，如图 1-21（b）所示。因此液阻 R_2 在 Q_2 不同流量时是不同的，为了简化问题，通常在静态特性曲线工作点 a 附近不大范围内，用切于 a 点的一段切线 aa' 代替原曲线上的一段曲线 aa''，进行线性化处理。经过线性化后，液阻 R_2 则可以认为是常数，可以用式（1-4）表示。

将式（1-4）代入式（1-3）可得：

$$\Delta Q_1 - \frac{\Delta h}{R_2} = A\frac{d\Delta h}{dt}$$

或

$$R_2 A \frac{d\Delta h}{dt} + \Delta h = R_2 \Delta Q_1 \tag{1-5}$$

将式（1-5）改写成一般式

$$T\frac{d\Delta h}{dt} + \Delta h = K\Delta Q_1 \tag{1-6}$$

或写成拉氏变换式

$$W_0(s) = \frac{H(s)}{Q_1(s)} = \frac{K}{Ts+1} \tag{1-7}$$

式中，T 为对象的时间常数，$T = AR_2$；K 为对象的放大系数，$K = R_2$。

液位对象时间常数 T 是反映对象在扰动作用下被控参数变化的快慢程度，即表示对象惯性大小的参数。

液位对象中的 C 称为容量系数，或称为液容。可定义：

$$C = 被储存液体的变化/液位的变化$$

其物理意义是：产生单位液位的变化所需要的被储存液体的变化量。例如图 1-21（a）液位对象的容量系数为：

$$C = \frac{dV}{d\Delta h} = \frac{A d\Delta h}{d\Delta h} = A \tag{1-8}$$

由上可知，液阻 R_2 不但影响对象的时间常数 T，而且影响对象的放大系数 K，而容量系数 C 仅影响对象的时间常数 T，不影响对象的放大系数 K。

案例 4：温度对象数学模型

电炉加热器为一温度对象，其内部结构如图 1-22 所示。它由电炉和加热容器组成。容器内盛水，水的温度为 T_1，生产过程中要求 T_1 保持不变，所以 T_1 为被控参数，即温度对象的输出量，而温度对象的输入量是电炉给水的供热量 Q_1，在工作过程中，电炉不断给水供热 Q_1，而水又不断

通过保温材料向四周空气散热 Q_2。当 $Q_1 = Q_2$ 时，则水从电炉得到的热量与水向空气散出的热量相等，水温 T_1 保持不变。如果在某瞬间突然加大电流而使给水供热量 Q_1 增大，此时，水从电炉得到的热量增加了，于是水温就慢慢升高。与此同时，水温 T_1 的升高使得向四周空气散发的热量 Q_2 也随之增大，最后 $Q_1 = Q_2$，热量的输入与输出的平衡关系又重新建立起来，水温 T_1 也就保持平衡不变了。

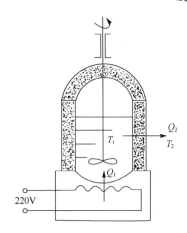

图 1-22 电加热炉温度对象

根据能量平衡关系，可以建立电加热器的微分方程式，即在单位时间内进入加热器的热量与单位时间内散发出加热器热量之差，应等于加热器热量储存的变化率，于是可得：

$$Q_1 - Q_2 = C\frac{\mathrm{d}T_1}{\mathrm{d}t} = Gc_\mathrm{p}\frac{\mathrm{d}T_1}{\mathrm{d}t} \tag{1-9}$$

式中，G 为加热器内水的总质量；c_p 为水的比热容，在常压下 $c_\mathrm{p}=1$；C 为热熔，它与液位对象中的 A 相似，C 等于 T_1 每升高 1℃所需储存的热量。被加热的水要不断地通过保温材料向四周空气散发热量，这个热量可以表示为：

$$Q_2 = K_\mathrm{r}A(T_1 - T_2) \tag{1-10}$$

式中，K_r 为传热系数；A 为表面积；T_2 为周围空气的温度。

在电加热中，热量要通过保温材料向四周空气散发，保温材料对热量的散出是有阻力的，把这个阻力称为热阻。保温材料传热系数愈大，则热阻愈小，散热表面积愈大，则热阻愈小，若用 R 表示热阻，则

$$R = \frac{1}{K_\mathrm{r}A} \tag{1-11}$$

将式（1-10）和式（1-11）代入式（1-9），并采用与液位对象相同的步骤，得到用增量表示的微分方程式

$$RC\frac{\mathrm{d}\Delta T_1}{\mathrm{d}t} + \Delta T_1 = R\Delta Q_1 + \Delta T_2 \tag{1-12}$$

如果周围空气温度不变，则 $\Delta T_2 =0$，于是可得

$$RC\frac{\mathrm{d}\Delta T_1}{\mathrm{d}t} + \Delta T_1 = R\Delta Q_1 \tag{1-13}$$

将式（1-13）写成一般式

$$T\frac{\mathrm{d}\Delta T_1}{\mathrm{d}t} + \Delta T_1 = K\Delta Q_1 \tag{1-14}$$

或写成拉氏变换式

$$W_0(s) = \frac{T_1(s)}{Q_1(s)} = \frac{K}{Ts+1} \tag{1-15}$$

式中，T 为对象的时间常数，$T =RC$；K 为对象的放大系数，$K = R$。

案例 5：压力对象数学模型

图 1-23 所示为气体储罐压力对象。由空气压缩机来的空气压力为 p_1，通过阀门 1 向气罐充气，而气罐通过阀门 2 向外界供气，在生产过程中气罐压力 p 要保持稳定，于是 p 为被控量，下面以气罐进口压力 p_1 基本不变为条件，来讨论压力对象的数学模型。

根据物料平衡关系，当 Q_1 和 Q_2 的动态平衡被破坏，则气罐内气体的重度会发生变化。

$$Q_1 - Q_2 = V \frac{d\gamma}{dt} \quad (1-16)$$

式中，Q_1 为流入气罐的气体流量；Q_2 为流出气罐的气体流量；γ 为气体重度；V 为气罐的体积，该对象为一个常数。

由于气体压力不高，气罐中的气体可近似看作理想气体，则根据气体状态方程：

$$pv = R_0 T_0 \quad (1-17)$$

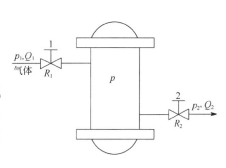

图 1-23 压力对象

式中，p 为气罐中气体的绝对压力；v 为气体比体积；R_0 为气体常数；T_0 为气罐中气体的绝对温度。

由上式可得

$$\gamma = \frac{1}{v} = \frac{p}{R_0 T_0}$$

或以增量的形式表示，并取导数可得：

$$\frac{dv}{dt} = \frac{1}{R_0 T_0} \frac{d\Delta p}{dt} \quad (1-18)$$

当气罐内压力变化时，Q_2 也随之变化，假设二者的变化量之间关系为：

$$\Delta Q_2 = \frac{\Delta p}{R_2} \quad \text{或} \quad R_2 = \frac{\Delta p}{\Delta Q_2} \quad (1-19)$$

这里 R_2 为阀门 2 的阻力，称为气阻。

将式（1-16）用增量表示，并将式（1-18）和式（1-19）代入式（1-16），可得：

$$\frac{V}{R_0 T_0} R_0 \frac{d\Delta p}{dt} + \Delta p = R_2 \Delta Q_1 \quad (1-20)$$

写成一般形式

$$T \frac{d\Delta p}{dt} + \Delta p = K \Delta Q_1 \quad (1-21)$$

写成拉式变换式

$$W_0(s) = \frac{P(s)}{Q_1(s)} = \frac{K}{Ts+1} \quad (1-22)$$

式中，T 为对象的时间常数，$T = \frac{V}{R_0 T_0} R_2$；$\frac{V}{R_0 T_0}$ 为对象的容量系数，又称气容；K 为对象的放大系数，$K = R_2$。

以上案例给出了液位对象、温度对象和压力对象，它们的工艺生产设备是完全不同的，其物理过程也不一样。但是，它们的微分方程式或传递函数式（1-7）、式（1-15）、式（1-22）均为一阶惯性环节，都有阻力和容量。它们都有相似的阶跃响应曲线，如图 1-24 所示（以液位对象为例的阶跃响应曲线）。

由图 1-21 所示，进水量 Q_1 有一阶跃变化 ΔQ_1，对式（1-6）求解可得：

$$\Delta h = \Delta Q_1 (1 - e^{-\frac{t}{\tau}}) \quad (1-23)$$

案例 6：具有纯滞后单容对象的数学模型

如图 1-25（a）所示，流量 Q_1 通过较长的通道进入水槽。当阀门开度变化引起流量 Q_1 变化时，需要经过一段传输时间 t_0 才使 Q_1 产生变化，从而使水槽液位 h 发生变化，图 1-25（b）所示曲线

1 为单容对象的阶跃响应曲线,而曲线 2 为具有纯滞后的单容对象的阶跃曲线,它与曲线 1 的形状完全相同,只差一个纯滞后时间 t_0。

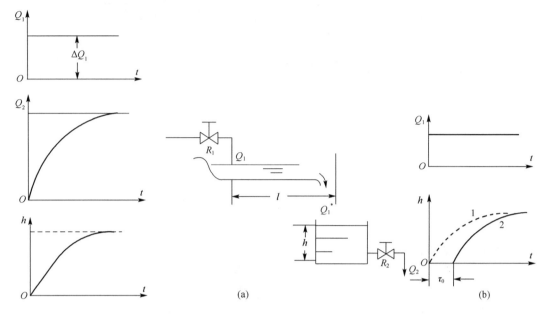

图 1-24　液位对象的阶跃响应曲线　　　　图 1-25　有滞后单容对象

具有纯滞后单容对象的微分方程和传递函数为：

$$\left. \begin{array}{l} T\dfrac{\mathrm{d}\Delta h}{\mathrm{d}t}+\Delta h=K\Delta Q_1(t-\tau_0)\\ W_0(s)=\dfrac{K}{Ts+1}\mathrm{e}^{-\tau_0 s} \end{array} \right\} \quad (1\text{-}24)$$

对象纯滞后,是由于信号的传输和测量所致。

② 无自衡能力单容对象的数学模型　无自平衡能力,是指对象在扰动作用下,平衡状态被破坏后,无操作人员或仪表等预测,依靠对象自身不能回复平衡的能力。

案例 7：无自衡能力单容对象的数学模型

图 1-26 所示为无自平衡能力对象,与图 1-21（a）所不同的是图 1-26（a）液位储罐流出测采用一只定量泵将液体输出。这样,其流出量 Q_2 与液位 h 无关。如果当流入量 Q_1 发生阶跃变化时,液位 h 即发生变化,由于流出量是不变的,所以储罐液位或者等速下降直至液体被抽干或者等速上升直至液体溢出。其阶跃响应曲线如图 1-26（b）所示。

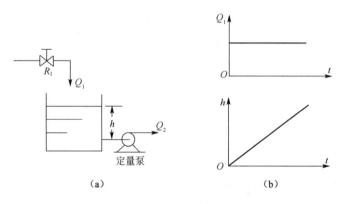

图 1-26　液位对象

图 1-26（a）所示对象的微分方程为

$$A\frac{\mathrm{d}\Delta h}{\mathrm{d}t}=\Delta Q_1 \tag{1-25}$$

式中，A 为储罐截面积。

将式（1-25）改写为

$$\frac{\mathrm{d}\Delta h}{\mathrm{d}t}=\frac{1}{A}\Delta Q_1=\frac{1}{T_0}\Delta Q_1 \tag{1-26}$$

其传递函数为

$$W_0(s)=\frac{1}{T_0 s} \tag{1-27}$$

式中，T_0 为对象积分时间常数。

当对象有纯滞后时，则其传递函数为

$$W_0(s)=\frac{1}{T_0 s}\mathrm{e}^{-\tau_0 s} \tag{1-28}$$

（2）双容对象的数学模型

单容对象是指只具有一个储存容积对象。实际生产过程中的对象由多个容积和阻力构成，这种对象称为多容对象。由两个容积和阻力构成的对象称为双容对象。

① 有自衡能力双容对象数学模型。

案例 8：双容水箱液位对象数学模型（液位之间无影响）

图 1-27 所示为两只水箱串联工作的双容对象，其被控量是第二只水箱的液位 h_2，输入量为 Q_1。

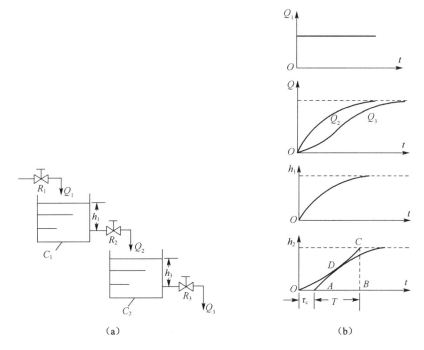

图 1-27 双容对象及其响应曲线

与上述分析方法相同，根据物料平衡关系可以列出以下方程

$$\left.\begin{aligned}\Delta Q_1 - \Delta Q_2 &= C_1 \frac{\mathrm{d}\Delta h_1}{\mathrm{d}t}\\ \Delta Q_2 &= \frac{\Delta h_1}{R_2}\\ \Delta Q_2 - \Delta Q_3 &= C_2 \frac{\mathrm{d}\Delta h_2}{\mathrm{d}t}\\ \Delta Q_3 &= \frac{\Delta h_2}{R_3}\end{aligned}\right\} \qquad (1\text{-}29)$$

消去中间变量 Δh_1、ΔQ_2、ΔQ_3 后可得输入量 ΔQ_1 与输出量 Δh_2 之间的关系式：

$$T_1T_2\frac{\mathrm{d}^2\Delta h_2}{\mathrm{d}t^2} + (T_1+T_2)\frac{\mathrm{d}\Delta h_2}{\mathrm{d}t} + \Delta h_2 = K\Delta Q_1 \qquad (1\text{-}30)$$

将上式改写成传递函数式

$$W_0(s) = \frac{K}{T_1T_2s^2 + (T_1+T_2)s + 1} \qquad (1\text{-}31)$$

$$W_0(s) = \frac{K}{(T_1s+1)(T_2s+1)} \qquad (1\text{-}32)$$

式中，$T_1 = C_1R_2$，为第一只水箱的时间常数；$T_2 = C_2R_3$，为第二只水箱的时间常数；$K = R_3$，为对象的放大系数；C_1、C_2 分别为两只水箱的容量系数。

案例 9：双容水箱液位对象数学模型（液位之间相互有影响）

图 1-28 所示为两只水箱串联工作的对象，其被控变量为第二只水箱的液位 h_2，其输入量为 Q_1。由于两只水箱的液位之间相互有影响，所以对象的数学模型与案例 8 相比也有所不同。

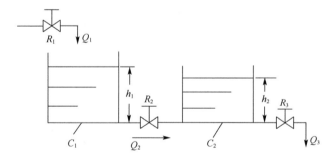

图 1-28 两只水箱串联工作对象

对于本例对象，若和上述分析方法一样，则可以得到下列方程式：

$$\left.\begin{aligned}\Delta Q_1 - \Delta Q_2 &= C_1 \frac{\mathrm{d}\Delta h_1}{\mathrm{d}t}\\ \Delta Q_2 &= \frac{\Delta h_1 - \Delta h_2}{R_2}\\ \Delta Q_2 - \Delta Q_3 &= C_2 \frac{\mathrm{d}\Delta h_2}{\mathrm{d}t}\\ \Delta Q_3 &= \frac{\Delta h_2}{R_3}\end{aligned}\right\} \qquad (1\text{-}33)$$

采用与上例相同的步骤，消去中间变量 Δh_1、ΔQ_2、ΔQ_3 后，可得如下关系式：

$$C_1R_2C_2R_3\frac{d^2\Delta h_2}{dt^2}-(C_1R_2+C_2R_3+C_1R_3)\frac{d\Delta h_2}{dt}+\Delta h_2=R_3\Delta Q_1 \tag{1-34}$$

比较式（1-30）与式（1-34），可见后者多了 $C_1R_3\dfrac{d\Delta h_2}{dt}$ 项，这是两只水箱液位之间的相互影响所致。

将上式写成传递函数

$$W_0(s)=\frac{R_3}{(C_1R_2s+1)(C_2R_3s+1)+C_1R_3s}$$

或

$$W_0(s)=\frac{K}{(T_1s+1)(T_2s+1)+T_3s} \tag{1-35}$$

图 1-27（b）所示为流量 Q_1 有一阶跃变化时被控变量 h_2 的响应曲线。与单容对象比较，多容对象受到扰动后，被控参数 h_2 的变化速度并不是一开始就最大，而是要经过一段滞后时间之后才达到最大值。即多容对象对于扰动的响应在时间上存在滞后，被称为容量滞后。产生容量滞后的原因主要是两个容积之间存在着阻力，所以使 h_2 的响应时间向后推移。容量滞后时间可用作图法求得，即通过 h_2 响应曲线的拐点 D 作切线，与时间轴相交于 A，与 $h(\infty)$ 相交于 C，C 点在时间轴上的投影为 B，$\overline{OA}$ 即为容量滞后时间 τ_c，$\overline{AB}$ 即为对象的时间常数 T。

如果对象的容量越大，则容量滞后时间 τ_c 也愈大。图 1-29 所示为多容对象（$n=5$）的阶跃响应曲线。对象的特性参数可以用 K、T、τ 来描述。

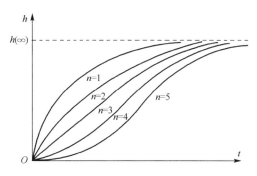

图 1-29 多容对象阶跃响应曲线

多容对象的传递函数

$$W_0(s)=\frac{K}{(T_1s+1)(T_2s+1)\cdots(T_ns+1)} \tag{1-36}$$

如果 $T_1=T_2=\cdots=T_n=T$，则上式可以表示为

$$W_0(s)=\frac{K}{(Ts+1)^n} \tag{1-37}$$

当对象具有纯滞后，则其传递函数

$$W_0(s)=\frac{K}{(Ts+1)^n}e^{-\tau_0 s} \tag{1-38}$$

② 无自衡能力双容对象数学模型　对于无自平衡能力的双容对象，如图 1-30。图中被控量为 h_2，输入量为 Q_1。当流量 Q_1 产生阶跃变化时，液位 h_2 并不立即以最大的速度变化，由于中间水箱具有容积和阻力，h_2 对 Q_1 的响应有一定的滞后和惯性。

同上所述，图 1-30 所示对象的数学模型为

$$W_0(s)=\frac{H_2(s)}{Q_1(s)}=\frac{1}{T_0s(Ts+1)^n} \tag{1-39}$$

式中，$T_0=C_2$；$T=C_1R_2$。

同理，无自平衡能力的多容对象的传递函数

$$W_0(s)=\frac{1}{T_0s(Ts+1)^n} \tag{1-40}$$

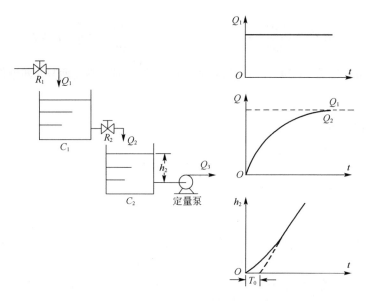

图 1-30 无自平衡能力的双容对象及其响应曲线

当对象具有纯滞后时，则其传递函数

$$W_0(s) = \frac{1}{T_0 s(Ts+1)^n} e^{-\tau_0 s} \tag{1-41}$$

（三）用实验方法建立对象的数学模型

对于一些简单的控制对象可以通过分析其过程的机理，根据物料平衡和能量平衡的关系，应用数学描述的方法，建立对象的数学模型。这种方法虽然具有较大的普遍性，但是，由于很多工业对象内部的工艺过程较复杂，对某些物理、化学过程尚不完全清楚，所以有些复杂对象的数学模型较难建立；另外工业对象多半有非线性因素，在推导时常常作了一些近似和假设，虽然这些近似和假设具有一定的实际依据，但并不能完全反映实际情况，甚至会带来估计不到的影响。因此即使用解析法得到对象的数学模型，仍然希望采用实验方法加以检验。当推导不出对象数学模型时，更需要通过实验方法来建立系统数学模型。

求取对象数学模型的实验方法很多，这里主要介绍响应曲线法（以一阶响应曲线为学习对象）。

1. 阶跃响应曲线的实验测定

当对象的输入量作阶跃变化时，其输出量随时间而变化的曲线，则称为阶跃响应曲线，如图 1-31（a）所示。

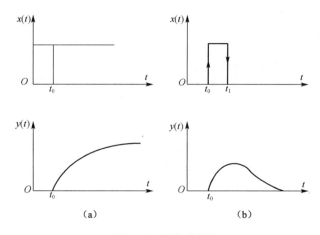

图 1-31 响应曲线

采用阶跃响应曲线的实验方法，必须注意以下事项。

① 阶跃信号不能太大，以免影响正常生产。但是，阶跃信号也不能过小，以防止对象特性的不真实性。在一般情况下，取阶跃信号约为正常输入信号的5%～15%。

② 在输入信号前，对象必须处于平衡工况。

2．数据处理

为了研究、设计和分析过程控制系统，需要将实验所得结果进行数据处理，即由阶跃响应曲线求出对象的微分方程式或传递函数。在工业生产中，大多数对象特性常常可以近似地以一阶、二阶以及一阶、二阶加滞后特性之一来描述。

$$\left. \begin{array}{l} W_0(s) = \dfrac{K}{Ts+1} \\ W_0(s) = \dfrac{K}{(T_1s+1)(T_2s+1)} \end{array} \right\} \quad (1\text{-}42)$$

$$\left. \begin{array}{l} W_0(s) = \dfrac{K}{Ts+1}\mathrm{e}^{-\tau s} \\ W_0(s) = \dfrac{K}{(T_1s+1)(T_2s+1)}\mathrm{e}^{-\tau s} \end{array} \right\} \quad (1\text{-}43)$$

对于少数无自平衡对象的特性，可以用下面的传递函数来近似描述。

$$W_0(s) = \frac{K}{Ts}\mathrm{e}^{-\tau s} \quad (1\text{-}44)$$

或

$$W_0(s) = \frac{K}{T_1s(T_2s+1)}\mathrm{e}^{-\tau s} \quad (1\text{-}45)$$

因而，只要能从阶跃响应曲线求得放大系数K、时间常数T以及滞后时间$\tau = \tau_0 + \tau_c$，则对象的数学模型就可以求得了。下面介绍几种常用的确定K、T、τ参数的方法。

（1）根据自衡对象的阶跃响应曲线确定一阶环节的K、T

如图1-32所示，当$t=0$时，阶跃响应曲线斜率最大，然后逐渐上升到稳态值$y(\infty)$，则该响应曲线可以用一阶惯性环节来近似，因而需要确定K和T。

设对象输入信号的阶跃量为x_0，由图1-32的阶跃响应曲线上可定出$Y(\infty)$，则K、T可按以下步骤求出。

① 放大系数

$$K = \frac{y(\infty) - y(0)}{x_0} \quad (1\text{-}46)$$

② 通过$t=0$这一点作阶跃响应曲线的切线，交稳态值的渐近线$y(\infty)$于A，则$\overline{OA}$在时间轴上的投影即为时间常数T。

（2）根据自衡对象阶跃响应曲线确定一阶惯性加滞后环节的K、T和τ

如图1-33所示，当阶跃响应曲线在$t=0$时，斜率为零；随着t的增加，其斜率逐渐增大；当达到拐点后斜率又慢慢减小，可见该曲线的形状为S形，此时可以用一阶惯性加滞后环节来近似。确定K、T和τ的方法如下。

在阶跃响应曲线变化速度最快处（即拐点D处）作一切线，交时间轴于B点，交稳态值的渐近线于A点。$\overline{OB}$即为对象的滞后时间τ，$\overline{BA}$在时间轴上的投影$\overline{BC}$即为对象的时间常数T。对象放大系数K的求法同上。

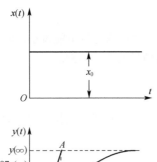
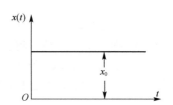

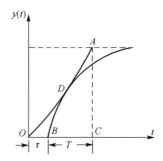

图 1-32　阶跃响应曲线　　　　　图 1-33　阶跃响应曲线

(3) 根据无自衡对象的阶跃响应曲线,确定其传递函数的 K、T、τ。

① 以积分环节来描述　若无自衡对象的阶跃响应为如图 1-34 所示。

则其传递函数可由下式表示:

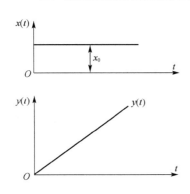

$$W_0(s) = \frac{1}{T_0 s} \qquad (1\text{-}47)$$

式中,T_0 为积分时间或称为对象的响应时间。

由图所示,当对象输入为阶跃信号时,则被控参数的变化量等于输入阶跃信号值所需经历的时间,就是响应时间 T_0 的数值。故积分时间常数

图 1-34　无自衡对象的响应曲线

$$T_0 = \frac{x_0}{\tan \beta} \qquad (1\text{-}48)$$

式中,x_0 为输入阶跃信号;$\tan \beta$ 为输出量新的稳定变化速度。

② 以滞后加积分环节来描述　若无自衡对象的阶跃响应曲线如图 1-35 所示,则其传递函数可由下式表示

$$W_0(s) = \frac{1}{T_0 s} e^{-\tau_0 s} \qquad (1\text{-}49)$$

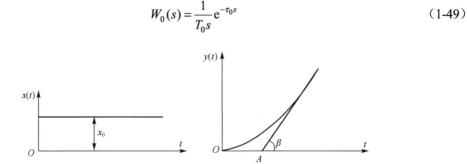

图 1-35　无自衡对象的阶跃响应曲线

作此阶跃响应曲线的渐进线,与横轴交于 A 点,并得倾角 β,则 OA 为对象的滞后时间 τ_0,

对象的积分时间常数可用响应速度的倒数 $T_a\left(\dfrac{1}{\tan\beta}\right)$ 来表示。（对象输入为单位阶跃信号时）

③ 以纯滞后和一阶环节来描述　若无自衡对象的阶跃响应曲线如图 1-36 所示，则其传递函数可由下式表示

$$W_0(s)=\dfrac{\mathrm{e}^{-\tau_0 s}}{T_a s(Ts+1)} \tag{1-50}$$

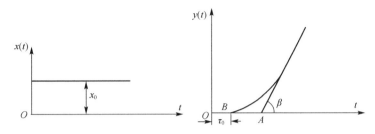

图 1-36　无自衡对象的阶跃响应曲线

作阶跃响应曲线的渐近线，交时间轴得倾角 β，可按上述求得积分时间常数 T_0，纯滞后时间 $\tau_0=\overline{OB}$，对象时间常数 $T=\overline{OA}-\overline{OB}$。

二、实施（以解析法为建模方法）

（一）工业用电加热炉温度、液位控制系统建模分析

分析：有自衡能力无纯滞后温度控制系统

$$W_0(s)=\dfrac{T_1(s)}{Q_1(s)}=\dfrac{K}{Ts+1}$$

式中，T 为电加热炉温度，对象的时间常数，$T=RC$；K 为对象的放大系数，$K=R$。

（二）工业用电加热炉液位控制系统建模

分析 1：有自衡能力无纯滞后单容液位控制系统。

$$W_0(s)=\dfrac{H(s)}{Q_1(s)}=\dfrac{K}{Ts+1}$$

式中，T 为对象的时间常数，$T=AR_2$（A 为电加热炉储罐面积；R_2 为出水调节阀液阻）；K 为对象的放大系数，$K=R_2$。

分析 2：有自衡能力有纯滞后单容液位控制系统。

$$W_0(s)=\dfrac{K}{Ts+1}\mathrm{e}^{-\tau_0 s}$$

式中，τ_0 为纯滞后时间。

分析 3：无自衡能力无纯滞后单容液位控制系统。

$$W_0(s)=\dfrac{1}{T_0 s}$$

式中，T_0 为对象积分时间常数。

分析 4：无自衡能力有纯滞后单容液位控制系统。

$$W_0(s)=\dfrac{1}{T_0 s}\mathrm{e}^{-\tau_0 s}$$

式中，T_0 为对象积分时间常数；τ_0 为纯滞后时间。

学习情境二　水箱液位控制系统建模及参数辨识

<学习要求>

① 对水箱液位控制系统进行建模；
② 对水箱液位控制系统进行参数辨识；
③ 分析水箱液位控制系统的控制性能指标。

<情境任务>

任务　一阶单容水箱液位控制系统建模与参数辨识

任务主要内容	
通过资讯 ① 了解实训装置结构； ② 了解实训装置单容水箱液位控制系统数学建模方法，参数辨识原理； ③ 了解实训装置单容水箱液位控制系统实训步骤、操作方法； ④ 了解生产过程控制系统性能评价指标； ⑤ 对单容水箱液位控制系统进行数学建模，通过实验法实现参数辨识； ⑥ 对单容水箱液位控制系统进行控制性能指标评价。	
任务实施过程	
资讯	① 实训装置结构？ ② "一阶单容水箱液位控制系统"数学模型？ ③ "一阶单容水箱液位控制系统"参数辨识？ ④ 控制性能指标？ ⑤ "一阶单容水箱液位控制系统"控制性能满足控制要求？
实施	① 任务分析，"一阶单容水箱液位控制系统"数学模型建立； ② 任务分析，"一阶单容水箱液位控制系统"参数辨识； ③ 学习笔记，实训报告

一、任务资讯

（一）任务案例介绍

在生产过程控制系统中，对水箱液位进行测量与控制是基本的控制过程，此案例以图 1-37 所示系统结构模拟该控制系统。

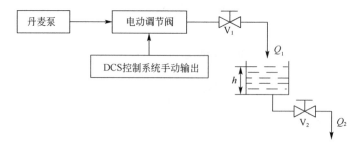

图 1-37　单容水箱系统结构图

AE2000A 是根据我国工业自动化及相关专业教学特点，吸取了国外同类实训装置的特点和长处，并与目前大型工业装置的自动化现场紧密联系，采用了工业上广泛使用并处于领先的 AI 智能仪表加组态软件控制系统、DCS（分布式集散控制系统）。AE2000A 过程控制对象流程示意图如图 1-38 所示。

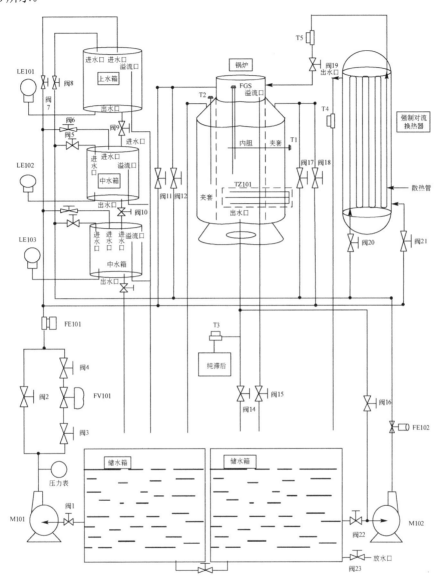

图 1-38　AE2000A 过程控制对象流程示意图

AE2000A 型过程实训装置的检测信号、控制信号及被控信号均采用 ICE 标准，即 1~5V 电压信号，4~20mA 电流信号。AE2000A 型过程实训装置供电要求：单相 220V 交流电。

AE2000A 型过程控制实训装置包括控制台与对象两大部分。对象系统包含有：不锈钢储水箱、圆筒形有机玻璃上水箱（ϕ250mm×380mm）、中水箱、下水箱（ϕ250mm×350mm）、单相 2.5kW 电加热锅炉（由不锈钢锅炉内胆加温筒和封闭式外循环不锈钢冷却锅炉夹套组成）。系统动力支路分为两路组成：一路由丹麦格兰富循环水泵、调节阀、电磁流量计、自锁紧不锈钢水管及手动切换阀组成；另一路由单相丹麦格兰富循环水泵、变频调速器、涡轮流量计、自锁紧不锈钢水管及手动切换阀组成。装置检测变送和执行元件有：液位传感器、温度传感器、涡轮流量计、电磁流量计、压力表、调节阀等。

（二）控制系统性能指标

控制系统的性能指标可用时域指标或积分指标描述。

稳定性是控制系统性能的首要指标。这表明组成控制系统的闭环极点应位于 s 左半平面。

准确性是控制系统的重要性能指标。这表明控制系统的被控变量与参比变量（设定值）之间的偏差，即静态偏差应尽可能小。

快速性也是控制系统的重要性能指标。当控制系统受到扰动影响时，控制系统应尽快地做出响应，改变操纵变量，使被控变量与参比变量之间有偏差的时间尽可能短。

控制系统的偏离度也是极重要的控制系统性能指标。它表示在控制系统运行过程中被控变量偏离参比变量的离散程度。

控制系统的控制性能指标应根据工艺过程的控制要求确定。不同的工艺过程对控制的要求不同。例如，简单液位控制系统常常只需要保证液位不溢出或排空，而精密精馏塔温度控制的控制精度可能是在正负零点几度。其次不同类型的控制系统，其控制性能指标也不同，例如，通常随动控制系统的衰减比建议调整在10∶1以上，而定值控制系统的衰减比则建议调整在4∶1。

以时域指标来描述时，用阶跃输入信号作用下控制系统输出响应曲线表示的控制系统性能指标称为时域控制性能指标。时域控制性能指标有衰减比、最大偏差（超调量）、振荡频率、回复时间和偏离度等。图1-39所示为定值和随动控制系统的时域控制性能指标。

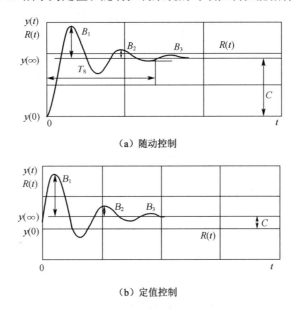

图1-39 控制系统的时域性能指标

① 衰减比 n　衰减比是控制系统稳定性指标。它是相邻同方向两个波峰的幅值之比，即

$$n = \frac{B_1}{B_2} \tag{1-51}$$

衰减比 $n=1∶1$ 表明控制系统的输出呈等幅振荡，系统处于临界稳定状态；衰减比小于 $1∶1$ 表明控制系统输出发散，系统处于不稳定状态；衰减比越大，系统越稳定。通常，希望随动控制系统的衰减比为10∶1，定值控制系统的衰减比为4∶1。

衰减率 ψ 也用于表示控制系统的稳定性。它是每经过一个周期后，波动幅度衰减的百分数，即

$$\psi = \frac{B_1 - B_2}{B_1} \times 100\% \qquad (1\text{-}52)$$

衰减比与衰减率有一一对应关系，见表 1-1。

表 1-1 衰减比与衰减率、衰减度的关系

衰 减 比	衰 减 率	衰 减 比	衰 减 率
1∶1	0	4∶1	0.75
2∶1	0.50	10∶1	0.90

② 超调量和最大动态偏差 随动控制系统中，超调量 σ 定义为

$$\sigma = \frac{B_1}{C} \times 100\% \qquad (1\text{-}53)$$

式中，C 为输出的最终稳态值；B_1 为输出超过最终稳态值的最大瞬态偏差。

定值控制系统中，最终稳态值很小或趋于零，因此，采用最大动态偏差 A 表示超调程度，即

$$|A| = |B_1 + C| \qquad (1\text{-}54)$$

超调量和最大动态偏差表征在调节过程中被控变量偏离参比变量的超调程度。它也反映了控制系统的稳定性。

③ 余差 余差是控制系统的最终稳态偏差 $e(\infty)$。在阶跃输入作用下，余差为

$$e(\infty) = r - y(\infty) \qquad (1\text{-}55)$$

定值控制系统中 $r = 0$，因此有 $e(\infty) = -C$。余差是控制系统稳态准确性指标。

④ 回复时间和振荡频率 过渡过程要绝对地达到新稳态值需要无限时间，因此，用被控变量从过渡过程开始到进入稳态值±5%或±2%范围内的时间作为过渡过程的回复时间 T_S。回复时间是控制系统的快速性指标。

过渡过程的振荡频率 ω 与振荡周期 T 的关系是

$$\omega = 2\pi / T \qquad (1\text{-}56)$$

在相同衰减比 n 下，振荡频率越高，回复时间越短；在相同振荡频率下，衰减比越大，回复时间越短，因此振荡频率也是系统快速性指标。

⑤ 峰值时间 t_p 它是指系统过渡过程曲线达到第一个峰值所需的时间，其大小反映系统响应的灵敏程度。

二、任务实施

1. 单容水箱液位控制系统建模

由于 AE2000A 过程控制装置的单容水箱液位系统结构简单，采用解析法建立其数学模型。

首先确定该系统为有自衡能力、无纯滞后、单容对象。

如图 1-37 所示，设水箱的进水量为 Q_1，出水量为 Q_2，水箱的液面高度为 h，出水阀 V_2 固定于某一开度值。根据物料动态平衡的关系，求得

$$R_2 C \frac{\mathrm{d}\Delta h}{\mathrm{d}t} + \Delta h = R_2 \Delta Q_2 \qquad (1\text{-}57)$$

在零初始条件下，对上式求拉氏变换，得：

$$G(s) = \frac{H(s)}{Q(s)} = \frac{R_2}{R_2 CS + 1} = \frac{K}{TS + 1} \qquad (1\text{-}58)$$

式中，T 为水箱的时间常数（注意：阀 V_2 的开度大小会影响到水箱的时间常数），$T = R_2 C$；

$K=R_2$ 为单容对象的放大倍数；R_1、R_2 分别为 V_1、V_2 阀的液阻；C 为水箱的容量系数。

2．单容水箱液位控制系统参数辨识原理

阶跃响应测试法是系统在开环运行条件下，待系统稳定后，通过调节器或其他操作器，手动改变对象的输入信号（阶跃信号），同时记录对象的输出数据或阶跃响应曲线。然后根据已给定对象模型的结构形式，对实验数据进行处理，确定模型中各参数。

图解法是确定模型参数的一种实用方法。不同的模型结构，有不同的图解方法。单容水箱对象模型用一阶环节来近似描述时，常可用两点法直接求取对象参数。

令输入流量 Q_1 的阶跃变化量为 R_0，其拉氏变换式为 $Q_1(s)=R_0/s$，R_0 为常量，则输出液位高度的拉氏变换式为：

$$H(s)=\frac{KR_0}{s(Ts+1)}=\frac{KR_0}{s}-\frac{KR_0}{s+1/T} \quad (1-59)$$

当 $t=T$ 时，则有

$H(T)=KR_0(1-e^{-1})=0.632KR_0=0.632h(\infty)$

即 $h(t)=KR_0(1-e^{-t/T})$

当 $t\to\infty$ 时，$h(\infty)=KR_0$，因而有 $K=h(\infty)/R_0=$ 输出稳态值/阶跃输入。

式（1-59）表示一阶惯性环节的响应曲线是一单调上升的指数函数，如图 1-39 所示。当由实验求得图 1-40 所示的阶跃响应曲线后，该曲线上升到稳态值的 63%所对应时间，就是水箱的时间常数 T，该时间常数 T 也可以通过坐标原点对响应曲线作切线，切线与稳态值交点所对应的时间就是时间常数 T，其理论依据是

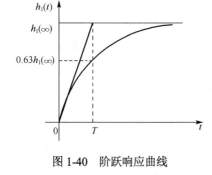

图 1-40　阶跃响应曲线

$$\left.\frac{dh(t)}{dt}\right|_{t=0}=\left.\frac{KR_0}{T}e^{-\frac{1}{T}t}\right|_{t=0}=\frac{KR_0}{T}=\frac{h(\infty)}{T} \quad (1-60)$$

上式表示 $h(t)$ 若以在原点时的速度 $h(\infty)/T$ 恒速变化，即只要花 T 秒时间就可达到稳态值 $h(\infty)$。

3．单容水箱液位控制系统参数辨识过程

（1）对象的连接和检查

① 将 AE2000 实验对象的储水箱灌满水（至最高高度）。

② 打开以丹麦泵、电动调节阀、电磁流量计组成的动力支路至上水箱的出水阀门，关闭动力支路上通往其他对象的切换阀门。

③ 打开上水箱的出水阀至适当开度。

（2）操作步骤

① 打开控制柜中丹麦泵、电动调节阀的电源开关。

② 启动 DCS 上位机组态软件，进入主画面，然后进入操作任务画面。

③ 用鼠标点击调出 PID 窗体框，然后在"MV"栏中设定电动调节阀一个适当开度。（此实验必须在手动状态下进行）

④ 观察系统的被调量：上水箱的水位是否趋于平衡状态。若已平衡，应记录系统输出值，以及水箱水位的高度 h_1 和上位机的测量显示值并填入表 1-2。

表 1-2 数据表

系统输出值	水箱水位高度 h_1	上位机显示值
0~100	cm	cm

⑤ 迅速增加系统输出值,增加 5% 的输出量,记录此引起的阶跃响应的过程参数,填入表 1-3,它们均可在上位软件上获得。以所获得的数据绘制变化曲线。

表 1-3 数据表

T/s											
水箱水位 h_1/cm											
上位机读数/cm											

⑥ 直到进入新的平衡状态。再次记录平衡时的下列数据,并填入表 1-4。

表 1-4 数据表

系统输出值	水箱水位高度 h_1	上位机显示值
0~100	cm	cm

⑦ 将系统输出值调回到步骤⑤前的位置,再用秒表和数字表记录由此引起的阶跃响应过程参数与曲线。填入表 1-5。

表 1-5 数据表

T/s											
水箱水位 h_1/cm											
上位机读数/cm											

⑧ 重复上述实验步骤。

三、要求及思考

① 作出一阶环节的阶跃响应曲线。
② 求出一阶环节的相关参数。
③ 出水阀不得任意改变开度大小。
④ 阶跃信号不能取得太大,以免影响正常运行;但也不能过小,以防止因读数误差和其他随机干扰影响对象特性参数的精确度。一般阶跃信号取正常输入信号的 5%~15%。
⑤ 在输入阶跃信号前,过程必须处于平衡状态。
⑥ 为什么不能任意变化上水箱出水阀的开度大小?
⑦ 用两点法和用切线对同一对象进行参数测试,它们各有什么特点?

学习情境三 集散控制系统

<学习要求>

① 了解过程控制系统的发展历史;
② 熟悉单元式组合仪表控制系统;
③ 熟悉直接控制系统 DDC;
④ 熟悉集散控制系统 DCS;
⑤ 了解单元式组合仪表控制系统、直接控制系统与集散控制系统的区别和联系;
⑥ 掌握集散控制系统的体系结构。

<情境任务>

任务一　过程控制系统发展

任务主要内容	
通过资讯 ① 了解控制系统的发展主线； ② 了解离散控制系统、连续控制系统、SCADA 控制系统的发展过程； ③ 了解计算机控制系统的产生背景。	
任务实施过程	
资讯	① 过程控制系统发展的三条主线是什么？ ② 过程控制系统中，对连续过程的控制经历了哪些阶段？代表系统是什么？其特点是什么？ ③ 计算机控制系统的产生过程，其特点、功能是什么？
实施	① 资讯内容学习 ② 学习笔记

任务资讯

任务一资讯内容框架结构图见图 1-41。

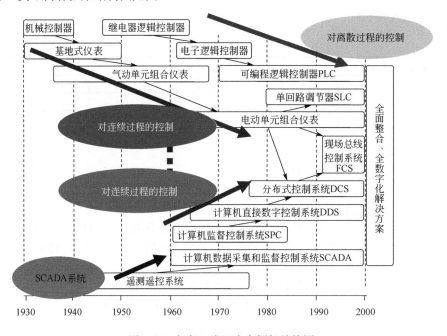

图 1-41　任务一资讯内容框架结构图

图 1-41 是从 20 世纪 30 年代开始的几十年各类控制装置和系统的演变过程，整个控制系统的发展沿着三条主线展开。

第一条主线是对离散系统的控制，即逻辑控制或程序控制，早期的控制系统由机械电磁原理的继电器组成；后发展为电子控制器，主要用电子逻辑电路（开关电路）取代体积庞大、笨重且能量消耗大的继电器逻辑电路；到现代则广泛采用了以数字技术和微处理芯片为核心的 PLC，构成了功能强大、配置灵活，能够根据应用需求进行逻辑编程的新一代控制系统。在习惯上，PLC

系统被认为是针对离散过程的直接控制系统。离散过程的控制如图 1-42 所示。

第二条主线是 SCADA 系统，在早期是遥测遥控系统。系统的主要目标是对地域分散的目标进行监视和远程控制，如供电、供水、供气及供热等网络系统的监视和调度，采油井场的监视和控制，长途输油输气管线的监视控制等。有两个主要特点，一是地域宽阔，系统中的测控点往往分布在几十千米甚至几千千米的范围，控制的关键是数据集中，将大量分散的数据集中到中央调度室，由调度人员根据全面的情况进行分析和判断，以采取相应的调度与控制；二是系统所有功能的实现均依赖远程通信，系统对被控对象实施控制的时间及时性受到了远程通信的限制，一个完整的控制所需的时间，是现场数据通过远程通信送到调度中心，经过处理、计算或人的判断，发出控制指令，再通过远程通信送到现场，最后得到绝大多数是依赖于人的监督控制，而不是直接控制，因此它并不区分被控对象是连续过程还是离散过程。近年来 SCADA 系统的概念有所发展，不仅包括了针对远程对象的监督控制，也包括了针对局域被控对象的监督控制，或者说，凡是以人工监督控制为主的系统均被归入 SCADA 系统，如图 1-43 所示。

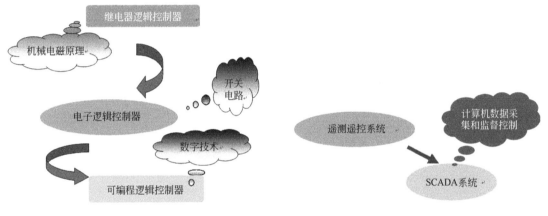

图 1-42　对离散过程的控制　　　　图 1-43　SCADA 系统

第三条主线是对连续过程的控制系统，从图 1-41 可以看出，对于连续过程的控制是使用的产品种类最多，所采用的技术变化最大，这主要是由于连续过程的种类繁多，技术复杂，对这类过程的控制有相当大的难度，特别是控制的时间特性，一般对过程控制系统的控制周期都要求在 1 秒或 2 秒之内，在很多情况下要求零点几秒，甚至几十毫秒，对控制量的大小、作用时间等也有极其严格的要求。针对连续过程的控制经历了机械控制器、基地式仪表、气动单元组合仪表、电动单元组合仪表，一直到分布式控制系统 DCS 这样一个发展历程，上述这些都被归于针对连续过程的直接控制系统。DCS 本身是结合了仪表控制系统和计算机控制系统（设定值控制和直接数字控制）这两方面的技术形成的，但在历史上，对连续过程的控制系统习惯地称为仪表控制系统，因为在很长一段时间里，这类控制系统都是由各种各样的仪表构成的。图 1-44 所示为对连续过程的控制系统。

（一）仪表控制系统的基本概念

仪表控制系统（指由模拟式仪表组成的控制系统）最主要的功能是进行回路控制，是指对最小过程单元进行的闭环控制或调节。这些控制有 1~2 个现场输入（测量值）和 1 个现场输出（控制量），在现场输入和现场输出之间有计算单元（即控制器），另外还有一个给定值输入，用于设定控制目标。回路控制的功能框图如图 1-45 所示。

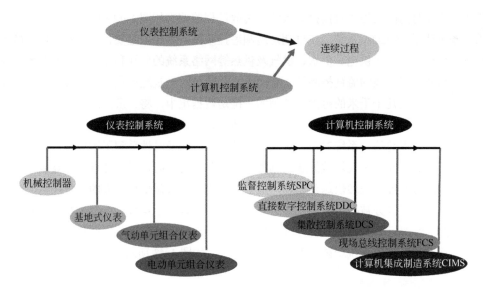

图 1-44 对连续过程的控制系统

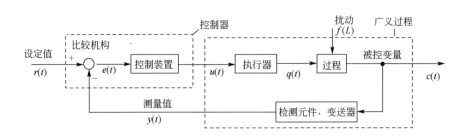

图 1-45 回路控制的功能框图

回路控制的作用是保证被控对象的一个最基本的运行单元能够按照预定的参数正常运行。控制器的输入有两个：设定值和测量值；控制器的输出是对被控过程的控制量；被控过程的输出作为控制系统的被控变量，即控制目标，检测元件得到过程的输出值，并作为控制器的测量值送给控制器，用以产生控制量。这样以控制器的输出作为被控过程的输入，而被控过程的输出作为控制器的输入，形成了一个闭环。在这个闭环系统中，控制器将根据控制算法处理测量值和设定值的偏差，并控制过程减小此偏差，这就是回路控制的基本功能。

案例 1：某生产装置中储液罐的液位控制系统

如图 1-46 所示，该系统通过液位传感器（浮子）测量储液罐的液位，并将液位值送到控制器，控制器将测量的液位与设定的液位进行比较，如果液位高于设定的最高值，则关闭进料阀，停止进料。当液体的流出使液位低于设定的最低值，则开启进料阀补充液体，直到液位回升到上限值。

该系统是一个典型的仪表控制系统，控制器所控制的是两个液位：最高液位和最低液位，只有当实际液位高于最高液位或低于最低液位时，控制器才发出控制指令。更简单的实例是抽水马桶的水箱控制，这是一个机械控制装置，它只负责在水箱放空时立即补水，直到水箱充满，可以通过调节与浮子相连接的杠杆以改变水箱被充满水时的水位。

案例 2：著名的瓦特式飞锤调速器

如图 1-47 所示，由发动机输出轴经齿轮传动，带动一个装有飞锤的轴同步转动，这个装置相当于控制的测量单元。当转速升高时，飞锤在离心力的作用下升起，同时压下油缸的连杆，以开启下方的高压油通路，使油缸活塞上升，带动调节阀关小，减小燃油供应而使发动机转速下降；

当转速降低时，飞锤下落，使油缸连杆在弹簧的作用下上升，关闭油缸活塞下方的高压油通路并开启油缸活塞上方的高压油通路，使油缸活塞向下运动，带动调节阀开大，增加燃油供应以使发动机转速上升。这样，在出现干扰（如发动机所带动的负载发生变化）时，可保持其转速不变。在这个调速器中，飞锤起到了控制器的作用，它巧妙地利用了飞锤的重力和离心力之间的关系实现了设定值和测量值之间的比较，并将偏差作用于油缸，而油缸则是这个控制系统的执行器，它将升速、降速的指令变成了燃油阀门的动作，完成了对发动机转速的控制。控制系统的设定值由带动飞锤的轴的上下位置来决定，轴上移，飞锤必须张开更大的角度才能使油缸活塞的上下油路均关闭，因此将导致发动机的转速上升；而这个轴下移，飞锤必须下落才能使油缸活塞的上下油路均关闭，因此将导致发动机的转速下降，以此来设定发动机的转速。

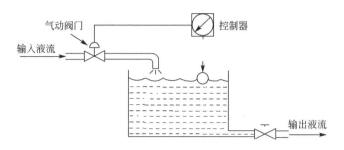

图1-46 储液罐液位控制

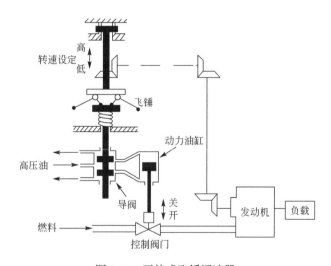

图1-47 瓦特式飞锤调速器

（二）早期的仪表控制系统——基地式仪表

早期的仪表控制系统是由基地式仪表构成的。基地式仪表是指控制系统（即仪表）与被控对象在机械结构上是结合在一起的，而且仪表各个部分，包括检测、计算、执行及简单的人机界面等都是一个整体，安装在被控对象上，基地式仪表一般只针对单一运行参数实施控制，其输入、输出都围绕着一个单一的控制目标，计算也主要为控制某个重要参数，控制功能也是单一的。这种控制被称为单一回路控制，简称单回路控制。瓦特调速器就是一个典型的基地式仪表，虽然它还不具备仪表的形态，但其作用、结构形式均可归于基地式仪表。

如果要控制的仅限于单一运行参数，控制功能也只是保证被控对象能够正常运行，如瓦特调速器只控制发动机的转速，保证发动机运转在额定转速范围内即可，那么基地式仪表就完全能够满足要求,而且基地式仪表简单实用,直接与被控对象相互作用,因此在一些简单生产设备中得到了广泛的应用。基地式仪表最大的问题是它必须分散安装在生产设备需要实施控制的地方,如果设备比较大,给观察、操作这些仪表造成很大的困难,有时甚至是不可能的。另外,基地式仪表的控制功能有限,难以实现较复杂的控制算法,因此在一些大型的复杂的控制系统中已很少采用基地式仪表,而采用单元式组合仪表。

基地式仪表还不能算作控制系统,因为这些仪表所控制的只是分散的、单个的参数,各个控制点间也没有任何联系和相互作用,因此称之为控制装置。

(三)近代仪表控制系统——单元式组合仪表

单元式组合仪表出现在 20 世纪 60 年代后期,这类仪表将测量、控制计算、执行及显示、设定、记录等功能分别由不同的单元实现,互相之间采用某种标准的物理信号实现连接。并可根据控制功能的需求进行灵活的组合。不仅仪表的功能大大加强了,同时能够适用各种不同的应用需求,而且其功能的实现不再受安装位置的限制,可以把检测单元和执行单元安装在现场,而将控制、显示及记录设定等单元集中起来放在中心控制室内。生产设备的操作人员足不出户就可以迅速掌握整个生产设备的运行状态,并根据生产计划或现场出现的实际情况采取调整措施,如改变设定值,甚至直接对现场设备实施操作和调节等。如图 1-48 所示为单元式组合仪表系统框架。

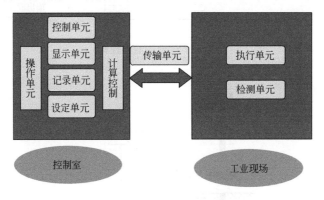

图 1-48　单元式组合仪表系统框架

目前,单元式组合仪表有两大类,一类是气动单元组合仪表,这类仪表以经过干燥净化的压缩空气作为动力并以气压传递现场信号,其规范为 20~100kPa。我国的气动单元组合仪表为 QDE 系列,气动单元组合仪表主要有七种单元,分别是变送单元(B)、调节单元(T)、显示单元(X)、计算单元(J)、给定值单元(G)、辅助单元(F)和转换单元(Z)。这些单元经过适当的连接及组合,就可以实现较复杂、规模较大的控制。气动单元组合仪表是本质防爆的,可以用于易燃易爆的场合,而且由压缩空气提供的动力可以直接驱动如气动阀门等现场设备,非常方便和可靠,并具有很强的抗干扰性。但由于气动单元仪表需要洁净干燥的气源,气体的传输路径要敷设气路管道,为了防腐蚀和防泄漏,需要采用成本很高的铜制管线或不锈钢管线,而且需要加工精度非常高的连接件,这样气动单元仪表控制系统的建设成本、运行成本就相当高了。

另一类单元式组合仪表是电动单元组合仪表。这类仪表由直流电源提供运行动力并以直流电信号(电流或电压)传递现场信号的值。其信号规范有两种,一种为 0~10mA,我国遵循这个标准的电动单元组合仪表为 DDZ-II 系列;另一种信号规范是 4~20mA,我国遵循这个标准的电动单元组合仪表为 DDZ-III系列。电动单元组合仪表主要有八种单元:变送(B)、调节(T)、显示(X)、计算(J)、给定值(G)、辅助(F)、转换(Z)和执行(K)。电动单元组合仪表比气动单元组合仪表更加轻便灵活,功能也更加齐全,因此一经推出就迅速得到了广泛的应用。电动单元组合仪表的控制执行机构为电磁阀、各种控制电动机和继电器等用电磁原理设计的设备或装置。

真正的控制系统是从单元式组合仪表出现后才逐步形成的，基地式仪表只能实现分立的、单个回路的、各种控制回路之间无任何联系的控制，因此不能称为系统，而单元式组合仪表可以通过不同单元的组合，不仅能完成单个单元回路的控制，还能够实现串级控制、复合控制等复杂的、涉及几个回路互动的控制功能，而且，由于单元式组合仪表有能力将显示、操作、记录及设定等单元集中安装在控制室内，使得操作员可以随时掌握生产过程的全貌并据此实施操作控制，因此，这样的形态就构成了一个完整的控制系统。

作为现代控制系统的主要特点，系统是由现场的回路控制部分、集中控制室中的人机界面和连接这两部分的信号电缆三大部分所组成。在集中的控制室中，人机界面是安装在控制系统的人机仪表面板上，或安装在画有生产工艺流程的模拟盘上。而控制系统的现场安装部分，则是检测/变送单元、控制和执行单元（一般称之为一次仪表），一次仪表和二次仪表之间通过信号电缆实现信号的传输。如图1-49所示。

从基地式仪表发展到单元式组合仪表，从控制装置发展到控制系统，引起这个根本变化或引起质变的因素，是信号传输的出现。信号的传输技术造成了功能上的分工与配合，使控制装置演变成了控制系统。由于信号传输有着如此重要的作用，因此其标准的发展和演变就成为仪表控制系统的划时代标志。如气动单元组合仪表的标志是20~100kPa的信号传输标准；Ⅱ型电动单元组合仪表的标志是

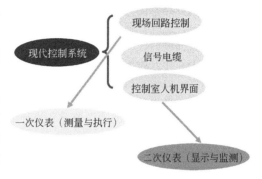

图1-49　现代控制系统组成结构

0~10mA的信号传输标准；而Ⅲ型电动单元组合仪表的标志则是4~20mA的信号传输标准。近年来受到控制工程界广泛关注的现场总线标准，则是控制系统由模拟技术演进到数字技术后的新一代信号传输标准。

不论是气动单元组合仪表还是电动单元组合仪表，其调节、计算单元都是采用模拟原理实现的。以电动单元组合仪表为例，其控制算法，如比例、积分、微分等调节规律，均利用电容、电感、电阻等元件的电气规律模拟实现；而气动单元组合仪表则利用射流原理来模拟各种控制规律。这些方法均有较大的局限性，一是计算精度不高，其精度受元件参数的精度或加工精度的下降。以模拟方式实现的计算，其动态范围也受到较大的限制，如果在控制回路中需要一个较大的滞后环节，实现起来是非常困难的，因此单元式组合仪表的控制回路绝大多数是经典的PID控制，很少有更高级的控制算法。模拟控制方式的这些问题，促使人们寻求更好的控制器或调节器。随着微处理器的出现和数字技术的发展，以数字技术为基础的数字化控制逐步占据了控制系统的主导地位。

（四）计算机控制系统

电子数字计算机是20世纪40年代诞生的，但直到1958年才开始进入控制领域。

1958年9月在美国路易斯安那州的一座发电厂内安装了第一台用于现场状态监视的计算机，这个系统并不能称为控制系统，因为它只是将一些现场检测仪表的数据采集到一起，然后在计算机的显示屏上进行显示，以供操作人员在中央控制室内观察发电厂的运行参数，因此这样的系统被称为监视系统。该计算机系统只是代替了检测控制仪表的显示部分，并实现了多台检测控制仪表的集中监视功能。

1959年3月，在美国得克萨斯州Texaco的一个炼油厂投运了另一套计算机系统，该系统不仅可以显示现场仪表的检测数据，而且可以设定或改变现场控制仪表的给定值，然而真正实施控制（即根据给定值及实际检测值的偏差计算出控制量，并实际输出以使实际值回到给定值的工作）仍然由控制仪表完成。这套系统应该是世界上最早的设定值控制（SPC）或称为监督控制系统。

1960 年 4 月在肯德基州的一个化工厂投运的另一套计算机系统,除了完成现场检测数据的监视和设定值的功能外,还可以实际完成控制计算并实际输出控制量,这就是一个直接数字控制(DDC)系统。

在控制功能的实现方面,DDC 与单元式组合仪表所构成的控制系统截然不同。仪表系统的控制回路完全是分立的,每个控制回路均有一套设备,包括测量、控制计算及控制量的输出等。而 DDC 则利用计算机强大的计算处理能力将所有回路的控制计算工作集中完成,这是 DDC 与仪表系统最大的不同。由于 DDC 的这种集中处理方式,相应的过程量输入输出也都集中连接到计算机上,而无法明确区分哪些量是属于哪个控制回路的。

DDC 这种将所有控制回路的计算处理集中在一起的方法比较有利于复杂控制功能的实现,如复合控制及多个回路协调控制等,但也同时带来了安全性和计算能力的问题。由于所有回路都集中在计算机中进行计算处理,因此计算机成为整个系统可靠性的"瓶颈",一旦计算机出现故障,所有的控制回路都会失去控制,另外,受到计算机处理能力的限制,在控制回路太多或要求控制周期很短时,系统将满足不了要求。因此,如何保证可靠性和如何提高可靠性性能,始终是 DDC 面临的重大问题。

从 1958 年开始出现了由计算机组成的控制系统,这些系统实现的功能不同,实现数字化的程度也不同。监视系统仅在人机界面中对现场状态的观察方式实现了数字化,SPC 系统则在对模拟仪表的设定值方面实现了数字化,而 DDC 在人机界面、控制计算等方面均实现了数字化,但还保留了现场模拟方式的变送单元和执行单元,系统与它们的连接也是通过模拟信号线来实现的。

任务二 集散控制系统体系

任务主要内容
通过资讯 ① 了解集散控制系统的产生背景; ② 了解集散控制系统概念、发展过程; ③ 了解集散控制系统的体系结构; ④ 了解集散控制系统的软硬件构成。
任务实施过程
资讯	① 什么是集散控制系统?与仪表控制系统、DDC 控制系统有什么区别和联系? ② 集散控制系统的发展经历了哪些过程?有哪些典型系统?典型系统的特征是什么? ③ 集散控制系统的体系结构、硬件组成、软件体系?
实施	① 资讯内容学习 ② JX-300XP 系统体系分析 ③ 学习笔记

一、任务资讯

任务二资讯内容框架结构图如图 1-50 所示。

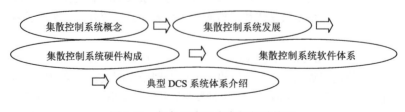

图 1-50 任务二资讯内容框架结构图

DDC 将所有控制回路的计算都集中在主 CPU 中，引起了可靠性问题和实时性问题。随着系统功能要求的不断增加，性能要求的不断提高和系统规模的不断扩大，这两个问题更加突出，经过多年的探索，在 1975 年出现了 DCS，这是一种结合了仪表控制系统和 DDC 两者的优势而出现的全新控制系统，它很好地解决了 DDC 存在的两个问题。

单元式组合仪表的控制系统和直接数字控制系统是 DCS 的两个主要技术来源，或者说，DDC 的数字技术和单元式组合仪表的分布式结构是 DCS 的核心，而这样的核心之所以能够在实际上形成并达到实用的程度，则有赖于计算机局域网的产生和发展。

图 1-51 所示为集散控制系统的主要技术。

DCS，分布式控制系统，又称集散控制系统，其定义有不同角度的解释，在这里对 DCS 做一个比较完整的定义。

① 以回路控制为主要功能的系统；

② 除变送和执行单元外，各种控制功能及通信、人机界面均采用数字技术；

③ 以计算机的 CRT、键盘、鼠标/轨迹球代替仪表盘形成系统人机界面；

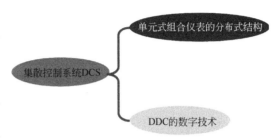

图 1-51　集散控制系统的主要技术

④ 回路控制功能由现场控制站完成，系统可有多台现场控制站，每台控制一部分回路；

⑤ 人机界面由操作员站实现，系统可有多台操作员站；

⑥ 系统中所有的现场控制站、操作员站均通过数字通信网络实现连接。

上述定义的前三项与 DDC 系统无异，而后三项则描述了 DCS 的特点，也是 DCS 与 DDC 最根本的不同。

（一）DCS 的发展历程

从 1975 年第一套 DCS 诞生到现在，DCS 经历了三个大的发展阶段，或者说经历了三代产品，从总的趋势看，DCS 的发展体现在以下几个方面。

① 系统的功能从底层（现场控制层）逐步向高层（监督控制、生产调度管理）扩展；

② 系统的控制功能由单一的回路控制逐步发展到综合了逻辑控制、循序控制、程序控制、批量控制及配方控制等混合控制功能；

③ 构成系统的各部分由 DCS 厂家专有的产品逐步改变为开发的市场采购的产品；

④ 开放的趋势使得 DCS 厂家越来越重视采用公开的标准，这使得第三方产品更加容易集成到系统中来；

⑤ 开放性带来的系统趋同化迫使 DCS 厂家高层的、与生产工艺结合紧密的高级控制功能发展，以求得与其他同类厂家的差异化；

⑥ 数字化的发展越来越向现场延伸，这使得现场控制功能和系统体系结构发生了重大变化，将发展成为更加智能化、更加分散化的新一代控制系统。

（二）DCS 的体系结构

集散控制系统是一种操作显示集中，控制功能分散，采用分级分层体系结构，局部网络通信的计算机综合控制系统。从总体结构上看，DCS 是由工作站和通信网络两大部分组成的，系统利用通信网络将各工作站连接起来，实现集中监视、操作、信息管理和分散控制。

集散控制系统经过 30 多年的发展，其结构不断更新。随着 DCS 开放性的增强，其层次化的体系结构特征更加显著，充分体现了 DCS 集中管理、分散控制的设计思想。DCS 是纵向分层、横向分散的大型综合控制系统，它以多层局部网络为依托，将分布在整个企业范围内的各种控制设备和数据设备连接在一起，实现各部分的信息共享和协调工作，共同完成各种控制、管理及决策任务。

DCS 的典型体系结构如图 1-52 所示。按照 DCS 各组成部分的功能分布，所有设备分别处于四个不同的层次，自下而上分别是：现场控制级、过程控制级、过程管理级和经营管理级。与这四层结构相对应的四层局部网络分别是现场网络（Field Network, Fnet）、控制网络（Control Network, Cnet）、监控网络（Supervision Network, Snet）和管理网络（Management Network, Mnet）。

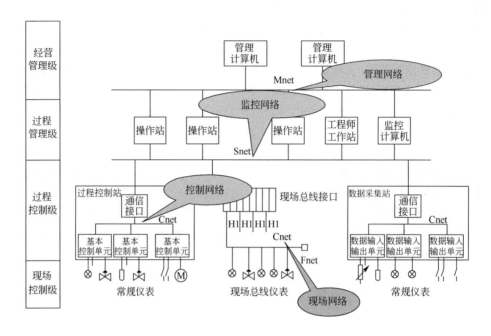

图 1-52 集散控制系统的体系结构

1．现场控制级

现场控制级设备直接与生产过程相连，是 DCS 的基础。典型的现场控制级设备是各类传感器、变送器和执行器。它们将生产过程中的各种工艺变量转换为适宜于计算机接收的电信号（如常规变送器输出的 4~20mA DC 电流信号或现场总线变送器输出的数字信号），送往过程控制站或数据采集站；过程控制站又将输出的控制器信号（如 4~20mA DC 信号或现场总线数字信号）送到现场控制级设备，以驱动控制阀或变频调速装置等，实现对生产过程的控制。

现场控制级设备的任务主要有以下几个方面：一是完成过程数据采集与处理；二是直接输出操作命令，实现分散控制；三是完成与上级设备的数据通信，实现网络数据库共享；四是完成对现场控制级智能设备的监测、诊断和组态等。

现场网络与各类现场传感器、变送器和执行器相连，以实现对生产过程的监测与控制；同时与过程控制级的计算机相连，接收上层的管理信息，传递装置的实时数据。现场网络的信息传递有三种方式：第一种是传统的模拟信号（4~20mA DC 或者其他类型的模拟量信号）传输方式；第二种是全数字信号（现场总线信号）传输信号；第三种是混合信号（如在 4~20mA DC 模拟信号上，叠加调制后的数字量信号）传输方式。现场信号以现场总线为基础的全数字传输是今后的发展方向。

2．过程控制级

过程控制级主要由过程控制站、数据采集站和现场总线接口等组成。

过程控制级接收现场控制级设备送来的信号，按照预定的控制规律进行运算，并将运算结果作为控制信号，送回现场的执行器中去。过程控制站可以同时实现反馈控制、逻辑控制和顺序控制等功能。

数据采集站与过程控制站类似，也接收由现场设备送来的信号，并对其进行必要的转换和处理，然后送到集散控制系统中的其他工作站（如过程管理及设备）。数据采集站接收大量的非控制过程信息，并通过过程管理级设备传递给运行人员，它不直接完成控制功能。

在 DCS 的监控网络上可以挂接现场总线服务器（Fieldbus Server, FS），实现 DCS 网络与现场总线的集成。现场总线服务器是一台安装了现场总线接口卡与 DCS 监控网络接口卡的完整的计算机。现场设备中的输入、输出、运算、控制等功能模块，可以在现场总线上独立构成控制回路，不必借用 DCS 控制站的功能。现场设备通过现场总线与 FS 上的接口卡进行通信。FS 通过它的 DCS 网络接口卡与 DCS 网络进行通信。FS 和 DCS 可以实现资源共享，FS 可以不配备操作站或工程师站，直接借用 DCS 的操作站或工程师站实现监控和管理。

过程控制级的主要功能表现在以下方面。一是采集过程数据，进行数据转换与处理；二是对生产过程进行监测和控制，输出控制信号，实现反馈控制、逻辑控制、顺序控制和批量控制功能；三是现场设备及 I/O 卡件的自诊断；四是与过程管理级进行数据通信。

3．过程管理级

过程管理级的主要设备有操作站、工程师站和监控计算机等。

操作站是操作员与 DCS 相互交换信息的人机接口设备，是 DCS 的核心显示、操作和管理装置。操作人员通过操作站来监视和控制生产过程，可以在操作站上观察生产过程的运行情况，了解每个过程变量的数值和状态，判断每个控制回路是否工作正常，并且可以根据需要随时进行手动、自动、串级、后备串级等控制方式的无打扰切换，修改设定值，调整控制信号，操控现场设备，以实现对生产过程的控制。另外，它还可以打印各种报表，复制屏幕上的画面和曲线等。

为了实现以上功能，操作站需由一台具有较强图形处理功能的微型机，以及相应的外部设备组成，一般配有 CRT 和 LCD 显示器、大屏幕显示装置（选件）、打印机、键盘、鼠标等。开放型 DCS 采用个人计算机作为人机接口。

工程师站是为了便于控制工程师对 DCS 进行配置、组态、调试、维护而设置的工作站。工程师站的另一个作用是对各种设计文件进行归类和管理，形成各种设计、组态文件，如各种图样、表格等。工程师站一般由 PC 配置一定数量的外部设备组成，例如打印机、绘图仪等。

监控计算机的主要任务是实现对生产过程的监督控制，如机组运行优化和性能计算，先进控制策略的实现等。根据产品、原材料库存及能源的使用情况，以优化准则来协调装置间的相互关系，实现全企业的优化管理。另外，监控计算机通过获取过程控制级的实时数据，进行生产过程的监视、故障检测和数据存档。由于监控计算机的主要功能是完成复杂的数据处理和运算，因此，对它主要有运算能力和运算速度的要求。一般来说，监控计算机由超级微型机或小型机构成。

4．经营管理级

经营管理级是全厂自动化系统的最高一层，只有大规模的集散控制系统才具备这一级。经营管理级的设备可能是厂级计算机，也可能是若干个生产装置的管理计算机。它们所面向的使用者是厂长、经理、总工程师等行政管理或运行管理人员。

厂级管理系统的主要功能是监视企业各部门的运行情况，利用历史数据和实时数据预测可能发生的各种情况，从企业全局利益出发，帮助企业管理人员进行决策，帮助企业实现其计划目标。它从系统观念出发，从原料进厂到产品的销售，从市场和用户分析、订货、库存到交货，进行一系列的优化协调，从而降低成本，增加产量，保证质量，提高经济效益。此外，还应考虑商业事务、人事组织及其他各方面，并与办公自动化系统相连，实现整个系统的优化。

经营管理级也可分为实时监控和日常管理两部分。实时监控是全厂各机组和公用辅助工艺系统的运行管理层，承担全厂性能监视、运行优化、全厂负荷分配和日常运行管理等任务。日常管理承担全厂的管理决策、计划管理、行政管理等任务，主要为厂长和各管理部门服务。

对管理计算机的要求是具有能够对控制系统做出高速反应的实时操作系统，能够对大量数据进行高速处理与存储，具有能够连续运行可冗余的高可靠性系统，能够长期保存生产数据，并具有优良的、高性能的、方便的人机接口，丰富的数据库管理软件、过程数据收集软件、人机接口软件及生产管理系统生成管理系统生成等工具软件，能够实现整个工厂的网络化和计算机的集成化。

（三）集散控制系统的硬件结构

DCS 的硬件系统主要由集中操作管理装置、分散过程控制装置和通信接口设备等组成，通过通信网络将这些硬件设备连接起来，共同实现数据采集、分散控制和集中监视。操作及管理等功能，由于不同 DCS 厂家采用的计算机硬件不尽相同，因此，DCS 的硬件系统之间的差别也很大。为了从功能上和类型上来介绍 DCS 的硬件构成，只能抛开各种具体的 DCS 的硬件组成及特点。集中操作管理装置的主要设备是操作站，而分散过程控制装置的主要设备是现场控制站。这里着重介绍 DCS 的现场控制站和操作站。

1．现场控制站

从功能上讲，分散过程控制装置主要包括现场控制站、数据采集站、顺序逻辑控制站和批量控制站等，其中现场控制站功能最为齐全，为了便于结构的划分，下面统称之为现场控制站。现场控制站是 DCS 与生产过程之间的接口，它是 DCS 的核心。分析现场控制站的构成，有助于理解 DCS 的特性。

一般来说，现场控制站中的主要设备是现场控制单元。现场控制单元是 DCS 直接与生产进行信息交互的 I/O 处理系统，它的主要任务是进行数据采集及处理，对被控对象实施闭环反馈控制、顺序控制和批量控制，用户可以是以面向连续生产的过程控制为主，辅以顺序逻辑控制，构成的一个可以实现多种复杂控制方案的现场控制站；也可以是以顺序控制、联锁控制功能为主的现场控制站；还可以是一个对大批量过程信号进行总体信息采集的现场控制站。

现场控制站是一个可独立运行的计算机检测控制系统。由于它是专为过程检测、控制而设计的通用型设备，所以其机柜、电源、输入/输出通道和控制计算机等，与一般的计算机系统有所不同。

（1）现场控制站机柜

现场控制站的机柜内部均装有多层机架，以供安装各种模块及电源用。为了给机柜内部的电子设备提供完善的电磁屏蔽，其外壳均采用金属材料（如钢板或铝材），并且活动部分（如柜门与机柜主体）之间要保证有良好的电气连接。同时，机柜还要求可靠接地，接地电阻应小于 4Ω。

为保证机柜中电子设备的散热降温，一般机柜内均装有风扇，以提供强制风冷。同时为防止灰尘侵入，在与柜外进行空气交换时，要采用正压送风，将柜外低温空气经过滤网过滤后引入柜内。在灰尘多、潮湿或有腐蚀性气体的场合（例如安装在室外使用时），一些厂家还提供密封式机柜，冷却空气仅在机柜内循环，通过机柜外壳的散热叶片与外界交换热量。为了保证在特别冷或热的室外环境下正常工作，还为这种密封式机柜设计了专门的空调装置，以保证柜内温度超过正常范围时，会产生报警信号。

控制站机柜图如图 1-53 所示。

（2）控制站电源

只有保持电源（交流电源和直流电源）稳定、可靠，才能确保现场控制站正常工作。

为了保证电源系统的可靠性，通常采取几种措施：每一个现场控制站均采用双电源供电，互为冗余；如果现场控制站机柜附近有经常开、关的大功率用电设备，则应采用超级隔离变压器，将其初级、次级线圈间的屏蔽层可靠接地，以克服共模干扰的影响；如果电网电压波动很严重，应采用交流电子调压器，快速稳定供电电压；在石油、化工等对连续性控制要求特别高的场合，应配有不间断供电电源 UPS，以保证供电的连续性。现场控制站内各功能模块所需直流电源一般为 5V、±12V 及+24V。

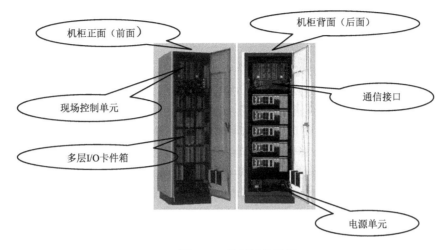

图 1-53 控制站机柜图

为增加直流电源系统的稳定性，一般可以采取几种措施：为减少相互间的干扰，给主机供电与给现场设备供电的电源要在电气上隔离；采用冗余的双电源方式给各种功能模块供电；一般由统一的主电源单元将交流电变为 24V 直流电供给柜内的直流母线，然后通过 DC-DC 转换方式将 24V 直流电源变换为子电源所需的电压，主电源一般采用 1∶1 冗余配置，而子电源一般采用 N∶1 冗余配置。

（3）控制计算机

控制计算机是现场控制站的核心，一般由 CPU、存储器、总线、输入/输出通道等基本部分组成，见图 1-54。

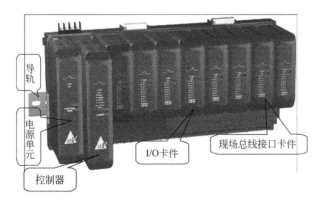

图 1-54 控制计算机结构

CPU——现场控制站大都采用 Motorola 公司 M68000 系列和 Intel 公司 80X86 系列的 CPU 产品。为提高性能，各生产厂家大都采用准 32 位或 32 位微处理器。由于数据处理能力提高，因此可以执行复杂的先进控制算法，如自动整定、预测控制、模糊控制和自适应控制等。

存储器——控制计算机的存储器也分为 RAM 和 ROM。由于控制计算机在正常工作时运行的是一套固定的程序，DCS 中大都采用了程序固化的办法，因此在控制计算机中 ROM 占有较大的比例。有的系统甚至将用户组态的应用程序固化，因此在控制计算机中 ROM 占有较大的比例。有的系统甚至将用户组态的应用程序也固化在 ROM 中，只要一加电，控制站就可正常运行，使用更加方便，但修改组态时要复杂一些。

在一些采用冗余 CPU 的系统中，还特别设有双端随机存储器，其中存放有过程输入/输出数据、设定值和 PID 参数等。两块 CPU 板均可分别对其进行读写，保证双 CPU 间运行数据的同步。当原先在线主 CPU 板出现故障时，原离线 CPU 板可立即接替工作，这样对生产过程不会产生任何扰动。

总线——常见的控制计算机总线有 Intel 公司的多总线 MULTIBUS、EOROCARD 标准的 VME 总线和 STD 总线。前两种总线都是支持多 CPU 的 16 位/32 位总线，由于 STD 总线是一种 8 位数据总线，使用受到限制，已经逐渐淡出市场。近年来，随着 PC 在过程控制领域的广泛应用，PC 总线（ISA, EISA 总线）在中规模 DCS 的现场控制站中也得到应用。

输入/输出通道——过程控制计算机的输入/输出通道一般包括模拟量输入/输出（AI/AO）、开关量输入/输出（SI/SO）或数字量输入/输出（DI/DO），以及脉冲量输入通道（PI）。

模拟量输入/输出通道（AI/AO）：生产过程中的连续性被测变量（如温度、流量、液位、压力、浓度、pH 值等），只要由在线检测仪表将其转换为相应的电信号，均可送入模拟量输入通道 AI，经过 A/D 转换后，将数字量送给 CPU。而模拟量输出通道 AO 一般将计算机输出的数字信号转换为 4～20mA DC（或 1～5V DC）的连续直流信号，用于控制各种执行机构。

开关量输入/输出通道（DI/DO）：开关量输入通道 DI 主要用来采集各种限位开关、继电器或电磁阀联动触点的开、关状态，并输入计算机。开关量输出通道 DO 主要用来控制电磁阀、继电器、指示灯、声光报警器等只有开、关两种状态的设备。

脉冲量输入通道（PI）：许多现场仪表（如涡轮流量计、罗茨式流量计及一些机械计数装置等）输出的测量信号为脉冲信号，它们必须通过脉冲量输入通道处理才能送入计算机。

2．操作站

DCS 的人机接口装置一般分为操作站和工程师站。其中工程师站主要是技术人员与控制系统的接口，或者用于对应用系统进行监视。工程师站上配有组态软件，为用户提供一个灵活的、功能齐全的工作平台，通过它来实现用户所要求的各种控制策略。为节省投资，许多系统的工程师站可以用一个操作站代替。

操作站平台如图 1-55 所示。

为了实现监视和管理等功能，操作站必须配备以下设备。

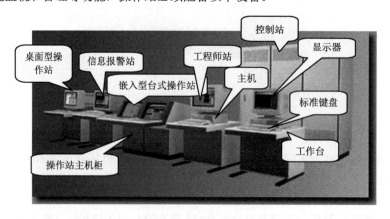

图 1-55　操作站平台

① 操作台　操作台用来安装、承载和保护各种计算机和外部设备。目前流行的操作台有桌式操作台、集成式操作台和双屏操作台等，用户可以根据需要选择使用。

② 微处理机系统　DCS 操作站的功能越来越强，这就对操作站的微处理机系统提出了更高的要求。一般的 DCS 操作站采用 32 位或 64 位微处理机。

③ 外部存储设备　为了很好地完成 DCS 操作站的历史数据存储功能，许多 DCS 的操作站都配有一到两个大容量的外部存储设备，有些系统还配备了历史数据记录仪。

④ 图形显示设备　当前 DCS 的图形显示设备主要是 LCD，有些 DCS 还在使用 CRT。有些 DCS 操作站配备有厂家专用的图形显示器。

⑤ 操作键盘和鼠标　操作员键盘。操作员键盘一般都采用具有防水、防尘能力，有明确图案或标志的薄膜键盘。这种键盘从键的分配和布置上都充分考虑到操作直观、方便，外表美观，并且在键体内装有电子蜂鸣器，以提示报警信息和操作响应。

工程师键盘。工程师键盘一般为常用的击打式键盘，主要用来进行编程和组态。

现代的 DCS 操作站已采用了通用 PC 系统，因此，无论操作员键盘还是工程师键盘，都在使用通用标准键盘和鼠标。

⑥ 打印输出设备　有些 DCS 操作站配有两台打印机，一台用于打印生产记录报表和报警报表；另一台用来复制流程画面。随着激光等非击打式打印机的性能不断提高，价格不断下降，有的 DCS 已经采用这类打印机，以求清晰、美观的打印质量和降低噪声。

3. 冗余技术

冗余技术是提高 DCS 可靠性的重要手段。由于采用了分散控制的设计思想，当 DCS 中某个环节发生故障时，仅仅使该环节失去功能，而不会影响整个系统的功能。因此，通常只对可能影响系统整体功能的重要环节或对全局产生影响的公用环节，有重点地采用冗余技术。自诊断技术可以及时检出故障，但要使 DCS 的运行不受故障的影响，主要还是依靠冗余技术。

（1）冗余方式

DCS 的冗余技术可以分为多重化自动备用和简易的手动备用两种方式。多重化自动备用就是对设备或部件进行双重化或三重化设置，当设备或部件万一发生故障时，备用设备或部件自动从备用状态切换到运行状态，以维持生产继续进行。

多重化自动备用还可以进一步分为同步运转、待机运转、后退运转等三种方式，见图 1-56 所示。

同步运转方式让两台或两台以上的设备或部件同步运行，进行相同的处理，并将其输出进行核对。两台设备同步运行，只有当它们的输出一致时，才作为正确的输出，这种系统称为"双重化系统"（Dual System）。三台设备同步运行，将三台设备的输出信号进行比较，取两个相等的输出作为正确的输出值，这就是设备的三重化设置。这种方式具有很高的可靠性，但投入也比较大。

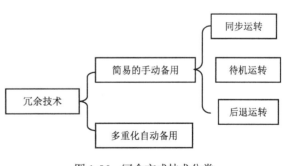

图 1-56　冗余方式技术分类

待机运转方式是使一台设备处于待机备用状态。当工作设备发生故障时，启动待机设备来保证系统正常运行。这种方式称为 1∶1 的备用方式，这种类型的系统称为"双工系统"（Duplex System）。类似地，对于 N 台同样设备，采用一台待机设备的备用方式就称为 N∶1 备用。在 DCS 中一般对局部设备采用 1∶1 备用方式，对整个系统则采用 N∶1 的备用。待机运行方式是 DCS

中主要采用的冗余技术。

后退运转方式是使多台设备，在正常运行时，各自分担各种功能运行。当其中之一发生故障时，其他设备放弃其中一些不重要的功能，进行互相备用。这种方式显然是最经济的，但相互之间必然存在公用部分，而且软件编制也相当复杂。

简易的手动备用方式采用手动操作方式实现对自动控制方式的备用。当自动方式发生故障时，通过切换成手动工作方式，来保证系统的控制功能。

（2）冗余措施

DCS 的冗余包括网络的冗余、操作站的冗余、现场控制站的冗余、电源的冗余、输入/输出模块的冗余等。通常将工作冗余称为"热备用"，而将后备冗余称为"冷备用"。DCS 中通信系统非常重要，几乎都采用一备一用的配置；操作站常采用工作冗余的方式。对现场控制站，冗余方式各不相同，有的采用 1∶1 冗余，也有的采用 N∶1 冗余，但均采用无中断自动切换方式。DCS 特别重视供电系统的可靠性，除了 220V 交流供电外，还采用了镍镉电池、铅钙电池及干电池等多级掉电保护措施。DCS 在安全控制系统中，采用了三重化，甚至四重化冗余技术。

除了硬件冗余外，DCS 还采用了信息冗余技术，通过在发送信息的末尾增加多余的信息位，以提供检错及纠错的能力，降低通信系统的误码率。

（四）集散控制系统的软件体系

一个计算机系统的软件一般包括系统软件和应用软件两部分。由于集散控制系统采用分布式结构，在其软件体系中除上述两种软件外，还增加了如通信管理软件、组态生成软件及诊断软件等。

集散控制系统的系统软件是一组支持开发、生成、测试、运行和维护程序的工具软件，它与一般应用对象无关，主要由实时多任务操作系统、面向过程的编程语言和工具软件等部分组成。

操作系统是一组程序的集合，用来控制计算机系统中用户程序的执行顺序，为用户程序与系统硬件提供接口软件，并允许这些程序（包括系统程序和用户程序）之间交换信息。用户程序也称为应用软件，用来完成某些应用功能。在实时工业计算机系统中，应用程序用来完成功能规范中所规定的功能，而操作系统则是控制计算机自身运行的系统软件。

DCS 组态是指根据实际生产过程控制的需要，利用 DCS 所提供的硬件和软件资源，预先将这些硬件设备和软件功能模块组织起来，以完成特定的任务的设计过程，习惯上也称作组态或组态设计。从大的方面讲，DCS 的组态功能主要包括硬件组态（又叫配置）和软件组态两个方面。

DCS 软件一般采用模块化结构。系统的图形显示功能、数据管理功能、控制运算功能、历史存储功能等都有成熟的软件模块。但不同的应用对象，对这些内容的要求有较大的区别。因此，一般 DCS 具有一个（或一组）功能很强的软件工具包（即组态软件）。该软件具有一个友好的用户界面，使用户在不需要什么代码程序的情况下便可生成自己需要的应用"程序"。

软件组态的内容比硬件配置还丰富，它一般包括基本配置组态和应用软件的组态。基本配置的组态是给系统一个配置信息，如系统的各种站的个数，它们的索引标志，每个现场控制站的最大测控点数、最短执行周期、最大内存配置，每个操作站的内存配置信息、磁盘容量信息等。而应用软件的组态则具有更丰富的内容，如数据库的生成，历史数据库（包括趋势图）的生成，图形生成，控制组态等。

随着 DCS 的发展，人们越来越重视系统的软件组态和配置功能，即系统中配有一套功能十分齐全的组态生成工具软件。组态软件通用性很强，可以适用于很多应用对象，而且系统的执行程序代码部分一般是固定不变的，为适应不同的应用对象只需要改变数据实体（包括图形文件、报表文件和控制回路文件等）。这样，既提高了系统的成套速度，又保证了系统软件的成熟性和可靠性。

二、任务实施

案例学习——浙大中控 JX-300XP DCS 体系结构

JX-300XP 集散控制系统装置由浙大中控（SUPCON）技术有限公司于 1997 年研发的一个全数字化、结构灵活、功能完善的新型开放式集散控制系统。

JX-300XP 系统的整体结构如图 1-57 所示，它的基本组成包括工程师站（ES）、操作站（OS）、控制站（CS）和通信网络 SCnet II。通过在 JX-300XP 的通信网络上挂接总线变换单元（BCU），可实现与早期产品 JX-100，JX-200，JX-300 系统的互连；通过在通信网络上挂接通信网络接通信接口单元（CIU），可实现 JX-300XP 与 PLC 等数字设备的连接；通过多功能站（MFS）和相应的应用软件 AdvanTrol-PIMS，可实现与企业管理计算机网的信息交换，实现企业网络（Intranet）环境下的实时数据采集、实时流程查看、实时趋势浏览、报警记录与查看、开关量变位记录与查看、报表数据存储、历史趋势存储与查看、生产过程报表生产与输出等功能，从而实现整个企业生产过程管理与控制的全集成综合自动化。

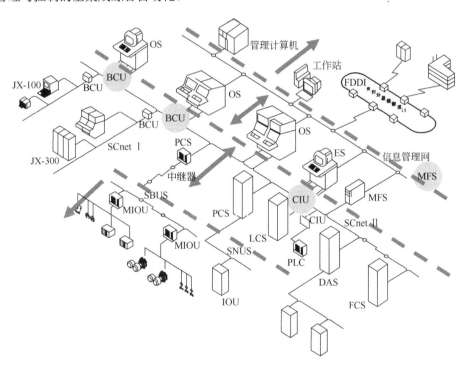

图 1-57 JX-300XP 系统的整体结构

【项目评估】

生产过程控制系统任务单 1

① 学生每五人分成一个建模小组，扮演助理工程师的角色；
② 课题小组抽签领取任务；
③ 课题小组根据领取的任务现场考察和资讯知识；

任务序号	任务内容
1	单容水箱液位控制系统建模与参数辨识（无纯滞后）
2	单容水箱液位控制系统建模与参数辨识（有纯滞后）
3	双容水箱液位控制系统建模与参数辨识（水箱之间无影响）
4	双容水箱液位控制系统建模与参数辨识（水箱之间有影响）
5	电加热炉锅炉内胆温度系统建模与参数辨识

④ 领取工位号，熟悉装置平台、控制设备、系统操作软件；
⑤ 根据抽签任务号及任务内容，现场考察任务设备，分析和做出实施计划；
⑥ 任务实施，从对象分析、模型分析、建模方法、辨识方法、辨识步骤、性能指标计算与评判等多个方面进行；
⑦ 填写任务实施记录。

班级：　　　组号：　　　姓名：　　　　　　　年　　月　　日

项目一　生产过程控制系统考核要求及评分标准 1

班级_____　姓名_____　学号_____　成绩_____

考核内容	考核要求	评分标准	分值	扣分	得分
控制对象特性分析	分析控制系统组成部分 分析控制系统工作原理 分析控制系统建模特性	① 系统组成分析不正确，扣 10 分 ② 工作原理分析不正确，扣 5 分 ③ 是否滞后、有无自衡能力、单容双容等分析不到位，扣 10 分	25 分		
控制系统建模	建模方法选择 数学模型建立正确 参数意义、书写正确	① 建模方法选择不正确，扣 5 分 ② 数学模型建立不正确，扣 15 分 ③ 参数表达书写不正确，扣 10 分	30 分		
控制系统模型参数辨识	学习参数辨识原理 选择参数辨识方法 参数辨识操作步骤 参数辨识曲线控制性能指标分析	① 参数辨识方法不正确，扣 5 分 ② 参数辨识步骤错，每步扣 5 分 ③ 操作中导致系统发生故障，每次扣 10 分 ④ 性能指标分析不正确，每项指标扣 5 分	35 分		
安全文明操作	按生产规程操作	违反安全文明操作规程，扣 10 分			
定额工时	3h	每超 5min（不足 5min 以 5min 计）扣 5 分			
起始时间		合计	100 分		
结束时间		教师签字	年　　月　　日		

生产过程控制系统任务单 2

① 学生每五人分成一个项目课题小组，扮演助理工程师的角色；
② 课题小组抽签领取任务；
③ 课题小组根据领取的任务现场考察和资讯知识；

任务序号	任务内容
1	归纳总结生产过程控制系统的特点（根据三条主线）
2	分析集散控制系统产生的技术基础
3	分析集散控制系统的体系结构
4	分析所给实训装置 DCS 系统的体系结构
5	绘制集散控制系统体系知识脉络图

④ 根据抽签任务号及任务内容，根据资讯的知识，分析和做出实施计划；
⑤ 任务实施，从任务要求、实施步骤、组织结构、报告书写规范等多个方面进行；
⑥ 填写任务实施记录。

班级：　　　组号：　　　姓名：　　　　　　　　　　　年　　月　　日

项目一　生产过程控制系统考核要求及评分标准 2

班级_____　姓名_____　学号_____　成绩_____

考核内容	考核要求	评分标准	分值	扣分	得分
任务要求	任务分析准确	① 偏离任务核心要求，扣 15 分 ② 漏分析任务要求，扣 5 分	20 分		
实施步骤	任务实施步骤明确 小组任务分配合理	① 实施步骤不清晰，扣 10 分 ② 实施任务分配模糊，扣 10 分	20 分		
组织结构	报告组织结构合理 报告逻辑层次清晰	① 逻辑混乱，扣 10 分 ② 重点不突出，扣 10 分 ③ 结构层次不正确，扣 10 分	30 分		
书写规范	任务报告要求	不符合任务报告书写要求，每处扣 5 分	30 分		
定额工时	2h	每超 5min（不足 5min 以 5min 计）扣 5 分			
起始时间		合计	100 分		
结束时间		教师签字	年	月	日

项目二　JX-300XP 集散控制系统的设计与实现

【项目学习目标】

知识目标

① 了解 JX-300XP DCS 系统体系结构；
② 掌握 JX-300XP DCS 控制站、操作站基本硬件组成及配置；
③ 了解组态的概念和基本知识；
④ 了解 JX-300XP DCS 软件包基本组成；
⑤ 掌握 JX-300XP DCS 软硬件组态流程；
⑥ 掌握 JX-300XP DCS 系统软件组态方法、步骤、细节内容；
⑦ 掌握 JX-300XP DCS 系统硬件组态方法、步骤、地址配置等细节内容；
⑧ 掌握 JX-300XP DCS 系统软件组态项目文件的编译、下载、传送调试方法。

技能目标

根据所给生产工艺、控制要求，能够：
① 分析 I/O 点类型，完成系统测点清单。
模拟量输入/输出：电压、电流、热电阻、热电偶；单位、量程、报警要求、趋势组态要求等。
开关量输入/输出：触点型、晶体管型；报警要求、趋势组态要求等。
② 分析测点数量、类型等，完成系统配置清册。
过程管理级设备操作站点配置：操作员站的数量、控制功能分配；工程师站的数量、控制功能分配。
过程控制级设备控制站配置：控制站数量；控制站机笼配置；控制站主控制卡机笼与 I/O 卡机笼配置；控制站各机笼卡件配置；控制站各机笼卡件测点配置。
③ 分析系统配置清册，完成控制柜布置图。
④ 分析系统配置清册，完成 I/O 卡件布置图。
⑤ 分析工艺要求、控制要求，完成控制方案。
⑥ 分析工艺要求、控制要求，完成用户授权管理文件，进行用户姓名、用户密码设置；用户等级分配、用户权限分配。
⑦ 软件组态。
根据系统测点清单、系统配置清册、控制柜布置图、I/O 卡件布置图、控制方案、用户授权管理文件，熟练使用 AdvanTrol-Pro 专用组态软件包对相关组态软件进行软件组态。
⑧ 完成系统编译、下载、传送操作。
⑨ 进行系统综合调试，运行监控与维护。

【项目学习内容】

学习国内先进的浙大中控 DCS-SUPCON JX-300XP 系统的体系机构、特点，掌握其软硬件组态方法。根据所给项目案例，完成工业生产过程装置 AE2000/CS2000A 的液位、温度、流量等系统组态、编译、调试，为后续项目的进行打好基础。

【项目学习计划】

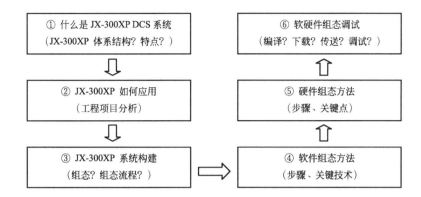

【项目学习与实施载体】

载体：单容水箱液位 PID 控制 DCS 系统组态。

【项目实施】

学习情境　单容水箱液位 PID 控制 DCS 系统组态

<学习要求>

① 分析 AE2000/CS2000A 生产过程装置单容水箱液位 PID 控制 DCS 系统体系结构。
② 完成 AE2000/CS2000A 生产过程装置单容水箱液位 PID 控制 DCS 系统硬件组态。
③ 完成 AE2000/CS2000A 生产过程装置单容水箱液位 PID 控制 DCS 系统软件组态。
④ 完成 AE2000/CS2000A 生产过程装置单容水箱液位 PID 控制 DCS 系统软硬件综合调试。

<情境任务>

任务一　JX-300XP DCS 系统体系结构

任务主要内容	
在多媒体专业实训室，资讯 JX-300XP DCS 系统相关信息： ① 了解 JX-300XP 系统主要设备、系统软件、网络体系； ② 了解 JX-300XP 控制规模； ③ 了解 JX-300XP 工业应用组态流程	
任务实施过程	
资讯	① JX-300XP DCS 的硬件组成是什么？功能？ ② JX-300XP DCS 的软件功能是什么？ ③ JX-300XP DCS 的网络体系结构是什么？ ④ JX-300XP DCS 的控制规模是什么？
实施	① 资讯相关信息； ② 小组交流讨论； ③ JX-300XP 系统实物认识学习； ④ 学习报告

任务资讯

资讯内容框架结构图见图 2-1。

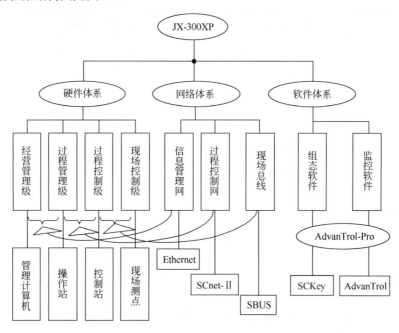

图 2-1 任务一资讯内容框架结构图

在 DCS 系统中，有多个厂家的产品可以使用，其中浙大中控的产品是许多高校实训中心的主要 DCS 实训装置，而且其产品在我国的化工、电力和石油等行业得到了广泛应用，在性价比方面是国内 DCS 最好的生产产品。JX-300XP 集散控制系统是浙大中控技术有限公司于 1997 年在原有系统的基础上，吸收了最新的网络技术、微电子技术成果，充分应用了信号处理技术、高速网络通信技术、可靠的软件平台和软件设计技术，以及现场总线技术，采用了高性能的微处理器和成熟的先进控制算法，全面提高了系统性能，新技术推出的新一代集散控制系统。该系统具有高速可靠的数据输入、输出、运算、过程控制功能和 PLC 联锁逻辑功能，能适应更广泛、更复杂的应用要求，是一个全数字化、结构灵活，功能完善的新型开放式集散控制系统。

在本书中，重点学习如何通过浙大中控的 JX-300XP DCS 系统组建工程项目的小型集散系统，实现对基本工程量的测量与控制。本项目主要介绍 JX-300XP 集散控制系统的构成、特点、基本组态方法及其应用实例。

（一）JX-300XP 系统体系

JX-300XP 系统的整体结构如图 2-2 所示，它的基本组成包括工程师站（ES）、操作站（OS）、控制站（CS）和通信网络 SCnet Ⅱ。

1. 系统主要设备

① 控制站（CS） 对于物理位置、控制功能都相对分散的现场生产过程进行控制的主要硬件设备称为控制站（Control System，CS）。控制站是 DCS 系统中直接与现场打交道的 I/O 处理单元，完成整个工业过程的实时监控功能。控制站可冗余配置，灵活、合理。在同一系统中，任何信号均可按冗余或不冗余连接。对控制站中的主控制卡、数据转发卡和电源箱，一般采取冗余措施。

通过不同的硬件配置和软件设置可构成不同功能的控制站，包括数据采集站（DAS）、逻辑控制站（LCS）和过程控制站（PCS）三种类型。

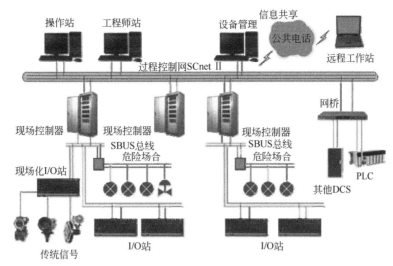

系统整体结构示意图

图 2-2　JX-300XP 系统体系框架图

数据采集站提供对模拟量和开关量信号的基本监视功能，一个数据采集站最多可处理 384 点模拟量（AI/AO）或 1024 点开关量信号（DI/DO）、768KB 数据运算程序代码及 768KB 数据存储器。

逻辑控制站提供马达控制和继电器类型的离散逻辑功能。信号处理和控制响应快，控制周期最短可达 50ms。逻辑控制站侧重于完成联锁逻辑功能，回路控制功能受到相应限制。逻辑控制站最大负荷为 64 个模拟量输入、1024 个开关量、768KB 控制程序代码和 768KB 数据存储器。

过程控制站简称控制站，是传统意义上集散控制系统的控制站，提供常规回路控制的所有功能和顺序控制方案，控制周期最短可达 0.1s。过程控制站最大负荷为 128 个控制回路（AO）、256 个模拟量输入（AI）、1024 个开关量（DI/DO）、768KB 控制程序代码、768KB 数据存储器。

主控制卡是控制站中关键的智能卡件，又叫 CPU（或主机卡）。主控制卡以高性能微处理器为核心，能进行多种过程控制站运算和数字逻辑运算，并能通过下一级通信总线获得各种 I/O 卡件的交换信息，而相应的下一级通信总线称为 SBUS。

控制站的子单元是由一定数量的 I/O 卡件（1～16 个）构成的，可以安装在本地控制站内或无防爆要求的远方现场，分别称为 I/O 单元（IOU）或远程 IO 单元（RIOU）。

② 操作员站（OS）　由工业 PC、CRT、键盘、鼠标、打印机等组成的人机接口设备，称为操作员站（Operator System，OS），是操作人员完成工艺过程监视、操作、记录等管理任务的环境。高性能工控机、卓越的流程图、多窗口画面显示等功能可以方便地实现生产过程信息的集中显示、集中操作和集中管理。

③ 工程师站（ES）　集散控制系统中用于控制应用软件组态、系统监视、系统维护的工程设备称为工程师站（Engineer Station，ES）。它是为专业工程技术人员设计的，内装有相应的组态平台和系统维护工具。工程师站的硬件配置与操作站基本一致。

通过系统组态平台生成合适于生产工艺要求的应用系统，具体包括系统生成、数据库结构定义、操作组态、流程图画面组态、报表程序编制等。

同时，工程师站使用系统的维护工具软件实现过程控制网络调试、故障诊断、信号调校等。

④ 通信接口单元（CIU） 用于实现 JX-300XP 系统与其他计算机、各种智能控制设备（如 PLC）接口的硬件设备，称为多功能站（Communication Interface Unit，CIU）或通信管理站。

⑤ 多功能站（MFS） 用于工艺数据的实时统计、性能运算、优化控制、通信转发等特殊功能的工程设备统称为多功能站（Muiti-function Station，MFS）。系统需向上兼容，连接不同网络版本的 JX 系列 DCS 系统时，采用 MFS 即可实现，并节省投资成本。

2．系统软件

为进行系统设计并使系统正常运行，JX-300XP 系统除硬件设备外，还配备了给 CS、OS、MFS 等进行组态的专用软件包。

CS、OS 站点进行系统组态、系统监控等基本控制使用专用组态软件包——AdvanTrol-Pro 软件包，AdvanTrol-Pro 是基于 Windows2000 操作系统的自动控制应用软件平台，在 SUPCON WebField 系列 DCS 中完成系统组态、数据服务和实时监控功能。

AdvanTrol-Pro 软件包可分成两大部分，一部分为系统组态软件，包括：用户授权管理软件（SCReg）、系统组态软件（SCKey）、图形化编程软件（SCControl）、语言编程软件（SCLang）、流程图制作软件（SCDrawEx）、报表制作软件（SCFormEx）、二次计算组态软件（SCTask）、ModBus 协议外部数据组态软件（AdvMBLink）等。系统组态软件通常安装在工程师站，这部分软件以 SCKey 系统组态软件为核心，SCKey 组态软件全面支持各类控制方案。各软件模块彼此配合，相互协调，共同构成了一个全面支持 SUPCON WebFeild 系统结构及功能组态的软件平台。

另一部分为系统运行监控软件，包括实时监控软件（AdvanTrol）、数据服务软件（AdvRTDC）、数据通信软件（AdvLink）、报警记录软件（AdvHisAlmSvr）、趋势记录软件（AdvHisTrdSvr）、ModBus 数据连接软件（AdvMBLink）、OPC 数据通信软件（AdvOPCLink）、OPC 服务器软件（AdvOPCServer）、网络管理和实时数据传输软件（AdvOPNet）、历史数据传输软件（AdvOPNetHis）等。系统运行监控软件安装在操作员站和运行的服务器、工程师站中。

PIMS（Process Information Management Systems）软件是自动控制系统监控层一级的软件平台和开发环境，以灵活多变的组态方式提供了良好的开发环境和简捷的使用方法，各种软件模块可以方便地实现和完成监控层的需要，并能支持各种硬件厂商的计算机和 I/O 设备，是理想的信息管理网开发平台。

3．通信网络

集散控制系统中的通信系统担负着传递过程变量、控制命令、组态信息及报警信息等任务，是联系过程控制站与操作站的纽带，在集散控制系统中起着十分重要的作用。

JX-300XP 系统为了适应各种过程控制规模和现场要求，通信系统对于不同结构层分别采用了信息管理网、SCnet Ⅱ网络和 SBUS 总线三层通信网络结构，其典型的拓扑结构如图 2-3 所示。

（1）信息管理网 Ethernet（可选网络层）

信息管理网是最上层网络，采用符合 TCP/IP 协议的以太网，连接了各个控制装置的网桥以及企业内各类管理计算机，用于工厂级信息的传送和管理，是实现全厂综合管理的信息通道。

信息管理网通过在多功能站 MFS 上安装双重网络接口（信号管理和过程控制网络）转接的方法，获取集散控制系统中过程参数和系统运行信号，同时向下传送上层管理计算机的调度指令和生产指导信号。管理网采用大型网络数据库实现信号共享，并可将各种装置的控制系统连入企业信号管理网，实现工厂级的综合管理、调度、统计和决策等。

信息管理网的拓扑结构一般采取总线型或星型结构，通信控制符合 IEEE 802.3 标准协议和 TCP/IP 标准协议，网上站数最多为 1024 个，通信距离最大为 10km，信息管理网开发平台采用

PIMS 软件。

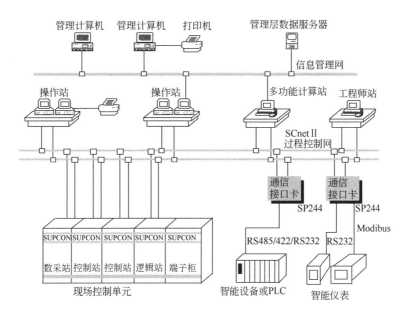

图 2-3　JX-300XP 系统网络结构示意图

（2）过程控制网 SCnet Ⅱ

过程控制网是中间层网络，JX-300XP 系统采用双高速冗余工业以太网 SCnet Ⅱ 作为其过程控制网络，直接连接系统的控制站、操作站、工程师站、通信接口单元等，是传送过程控制实时信号的通道，具有很高的实时性和可靠性。通过挂接网桥，SCnet Ⅱ 可以与上层的信号管理网或其他厂家设备连接。

过程控制网 SCnet Ⅱ 是在 10base Ethernet 基础上开发的网络系统，各节点的通信接口均采用专用以太网控制器，数据传输遵循 TCP/IP 和 UDP/IP 协议。

SCnet Ⅱ 拓扑结构为总线型或星型结构，通信控制符合 IEEE 802.3 标准协议和 TCP/IP 标准协议，节点容量为最多 15 个控制站、32 个操作站或工程师站或多功能站，通信距离最大为 10km。

JX-300XP SCnet Ⅱ 网络采用双重化冗余结构，如图 2-4 所示。在其中任一条通信线发生故障的情况下，通信网络仍保持正常的数据传输。

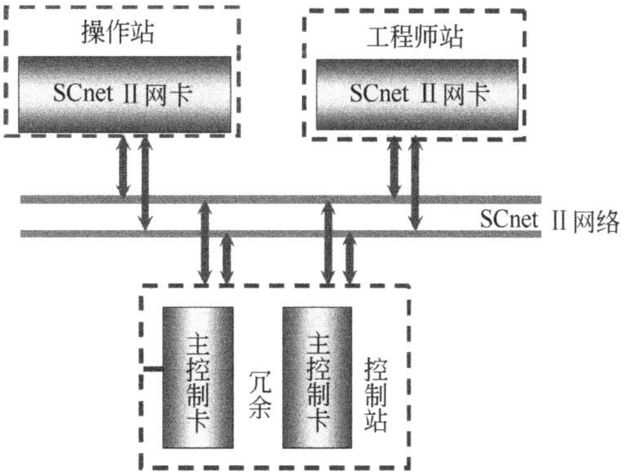

图 2-4　SCnet-Ⅱ 网络双重化冗余结构示意图

（3）SBUS 总线

SBUS 总线是控制站各卡件之间进行信息交换的通道。SBUS 总线由两层构成，即 SBUS-S1 和 SBUS-S2。主控制卡就是通过 SBUS 总线来管理分散于各个机笼 I/O 卡件的。

第一层为双重化总线 SBUS–S2，它是系统的现场总线，位于控制站所管辖的 I/O 机笼之间，连接主控制卡和数据转发卡，用于主控制卡与数据转发卡之间信息的交换。

第二层为 SBUS –S1 网络，位于各 I/O 机笼内，连接数据转发卡和各块 I/O 卡件，用于数据转发卡与各块 I/O 卡件之间的信息交换。SBUS-S2 和 SBUS-S1 级之间为数据存储转发关系，按 SBUS 总线的 S2 级和 S1 级进行分层寻址。图 2-5 所示为主控卡与所管辖的卡件机笼之间的连接关系图。

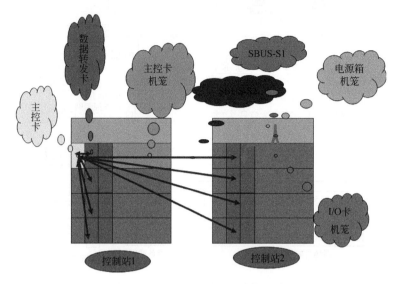

图 2-5　机笼之间的连接关系图

SBUS-S2 是主控制卡与数据转发卡之间进行信息交换的通道，采用 EIA 的 RS-485 的电器标准，总线型结构，最多可带 16 块（8 对）数据转发卡，通信距离最远 1.2km（使用中继器），采用 1∶1 热冗余。

SBUS-S1 是数据转发卡与同机笼内各 I/O 卡件进行信息交换的通道，采用数据转发卡指挥式的存储转发通信协议，TTL 电气标准，网上节点数目最多可带 16 块智能 I/O 卡件，SBUS-S1 属于系统内局部总线，采用非冗余的循环寻址（I/O 卡件）方式。

（二）系统控制规模

JX-300XP 控制系统控制站内部以机笼为单位。机笼固定在机柜的多层机架上，每个机柜最多配置 5 只机笼：一只电源箱机笼和 4 只卡件机笼（可配置控制站各类卡件）。控制站机柜结构如图 2-6 所示。

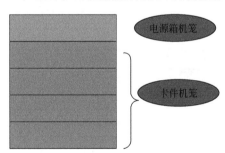

图 2-6　控制站机柜结构

1. 机笼配置

电源箱机笼一般预留四块电源卡件的位置，其中冗余备份电压两块，剩余位置空余。如图 2-7 所示。

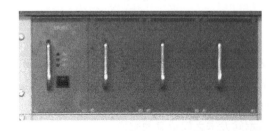
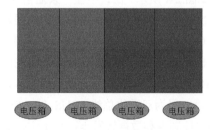

图 2-7　电源箱机笼结构

卡件机笼根据内部所插卡件的型号分为两类：主控制机笼（配置主控卡）和 I/O 机笼（不配置主控卡）。

主控制机笼可以配置 2 块主控卡、2 块数据转发卡、16 块 IO 卡件，如图 2-8 所示。

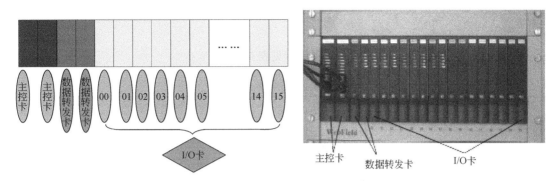

图 2-8　卡件机笼（主控卡机笼）结构

I/O 机笼可以配置 2 块数据转发卡，16 块 IO 卡件如图 2-9 所示。

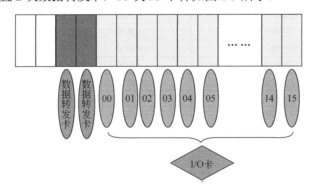

图 2-9　卡件机笼（I/O 卡机笼）结构

主控制卡必须插在机笼最左端的两个槽位。在一个控制站内，主控制卡通过 SBUS 网络可以挂接 8 个 IO 或远程 IO 单元（即 8 个机笼），8 个机笼必须安装在两个或者两个以上的机柜内。主控制卡是控制站的核心，可以冗余配置，保证实时过程控制的完整性。

主控制卡的高度模件化结构，用简单的配置方法实现复杂的过程控制。各种信息最大配置点数见表 2-1。

表 2-1　控制站信号配置

序号	信 息	点 数	序号	信 息	点 数
1	AO 模出点数	<= 128/站	8	自定义 1 字节开关量	<=2048（内部开关触点）
2	AI 模入点数	<=384/站	9	虚拟 2 字节变量	<=2048（int、sofloat）
3	DI 开入点数	<=1024/站	10	虚拟 4 字节变量	<=512（long，float）
4	DO 开出点数	<=1024/站	11	虚拟 8 字节变量	<=256（sum）
5	控制回路	128 个/站	12	秒定时器	256 个
6	程序空间	4MbitFlash RAM	13	分定时器	256 个
7	数据空间	4Mbit SRAM			

过程控制网络 SCnet II 连接系统的工程师站、操作员站和控制站，完成站与站之间的数据交换。SCnet II 可以接多个 SCnet II 子网，形成一种组合结构。1 个控制区域包括 15 个控制站、32 个

操作员站或工程师站,总容量 15360 点。其系统规模见表 2-2。

表 2-2 系统规模

	操 作 站	控 制 站	每站机笼数
允许值	≤32	≤15	≤8

2. 卡件型号及性能

JX-300XP 系统主要支持的卡件型号及性能见表 2-3。

表 2-3 卡件型号及性能

型 号	卡 件 名 称	性能及输入/输出点数
XP243	主控制卡（Scnet Ⅱ）	负责采集、控制和通信等，10Mbps
XP244	通讯接口卡（Scnet Ⅱ）	RS232/RS485/RS422 通信接口，可以与 PLC、智能设备等设备通信
XP233	数据转发卡	SBUS 总线标准，用于扩展 I/O 单元
XP313	电流信号输入卡	6 路输入，可配电，分两组隔离，可冗余
XP313I	电流信号输入卡	6 路输入，可配电，点点隔离，可冗余
XP314	电压信号输入卡	6 路输入，分两组隔离，可冗余
XP314I	电压信号输入卡	6 路输入，点点隔离，可冗余
XP316	热电阻信号输入卡	6 路输入，可配电，点点隔离，可冗余
XP316I	热电阻信号输入卡	4 路输入，点点隔离，可冗余
XP335	脉冲量信号输入卡	4 路输入，分两组隔离，不可冗余，可对外配电
XP341	PAT 卡（位置调整卡）	2 路输出，统一隔离，不可冗余
XP322	模拟信号输出卡	4 路输出，点点隔离，可冗余
XP361	电平型开关量输入卡	8 路输入，统一隔离
XP362	晶体管触电开关量输入卡	8 路输出，统一隔离
XP363	触电型开关量输入卡	8 路输入，统一隔离
XP369	SOE 信号输入卡	8 路输入，统一隔离

（三）JX-300XP DCS 在工业项目中的设计实现

JX-300XP DCS 系统组态需根据工作流程完成组态工作任务。

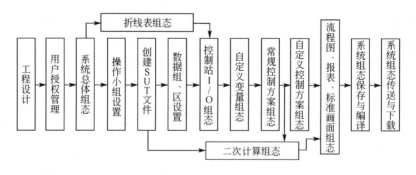

图 2-10 系统组态工作流程

1. 工程设计

工程设计包括测点清单设计、常规（或复杂）对象控制方案设计、系统控制方案设计、流程图设计、报表设计以及相关设计文档编制等。工程设计完成以后，应形成包括《测点清单》、《系统配置清册》、《控制柜布置图》、《I/O 卡件布置图》、《控制方案》等在内的技术文件。

① 根据项目工艺要求、控制要求，分析项目的 I/O 点类型。

现场管理级 I/O 测点模拟量/开关量信号类型；

现场管理级 I/O 测点信号输入/输出类型；

模拟量输入信号，测点信号电压/电流/热电阻/热电偶、信号标准、单位、量程、报警、趋势、分组分区等工艺要求；

模拟量输出信号，测点信号输出极性、类型；

开关量输入/输出信号，测点信号触点型/晶体管型、报警要求、趋势组态要求等。

② 完成工程设计系统框架结构图。

③ 完成系统测点清单。

④ 完成系统配置清册。

过程管理级设备操作站站点配置：操作员站的数量、网络地址、控制功能分配；工程师站的数量、网络地址、控制功能分配。

过程控制级设备控制站配置：控制站数量；控制站机笼配置；控制站主控制卡机笼与 I/O 卡机笼配置；控制站各机笼卡件配置；控制站各机笼卡件测点配置。

⑤ 分析系统配置清册，完成控制柜布置图。

⑥ 分析系统配置清册，完成 I/O 卡件布置图。

⑦ 分析工艺要求、控制要求，完成操作小组分配方案、数据分组分区方案、控制方案（常规控制方案、自定义控制方案）、二次计算方案、操作站标准画面（总貌画面、分组画面、一览画面、趋势画面）文档、流程图组态文档、报表记录计算输出文档、自定义键定义方案等。

工程设计是系统组态的依据，只有在完成工程设计之后，才能动手进行系统的组态。

2．用户授权管理

用户授权管理操作主要由 ScReg 软件来完成。通过在软件中定义不同级别的用户来保证权限操作，即一定级别的用户对应一定的操作权限。每次启动系统组态软件前都要用已经授权的用户名进行登录。软件基本操作有用户名、用户密码设置；用户等级分配、用户权限分配。

3．系统总体组态

系统组态是通过 SCKey 软件来完成的。系统总体结构组态是根据《系统配置清册》确定系统的控制站与操作站。

4．操作小组设置

对各操作站的操作小组进行设置，不同的操作小组可观察、设置、修改不同的标准画面、流程图、报表、自定义键等。操作小组的划分有利于划分操作员职责，简化操作人员的操作，突出监控重点。

5．数据组（区）设置

完成数据组（区）的建立工作，为 I/O 组态时位号的分组分区做好准备。

6．控制站 I/O 组态

根据《I/O 卡件布置图》及《测点清单》的设计要求完成 I/O 卡件及 I/O 点的组态。

7．控制站自定义变量组态

根据工程设计要求，定义上下位机间交流所需要的变量及自定义控制方案中所需的回路。

8．自定义控制方案组态

利用 SCX 语言或图形化语言编程实现联锁及复杂控制等，实现系统的自动控制。

9．二次计算组态

二次计算组态的目的是在 DCS 中实现二次计算功能、优化操作站的数据管理，提供更丰富的报警内容、支持数据的输入输出。把控制站的一部分任务由上位机来做，既提高了控制站的工作速度和效率，又可提高系统的稳定性。

二次计算组态包括：光字牌设置、网络策略设置、报警文件设置、趋势文件设置、任务设置、事件设置、提取任务设置、提取输出设置等。

10．操作站标准画面组态

系统的标准画面组态是指对系统已定义格式的标准操作画面进行组态，其中包括总貌、趋势、控制分组、数据一览等四种操作画面的组态。

11．流程图制作

流程图制作是指绘制控制系统中最重要的监控操作界面，用于显示生产产品的工艺及被控设备对象的工作状况，并操作相关数据量。

12．报表制作

编制可由计算机自动生成的报表以供工程技术人员进行系统状态检查或工艺分析。

13．系统组态保存与编译

对完成的系统组态进行保存与编译。

14．系统组态传送与下载

将在工程师站已编译完成的组态传送到操作员站，或是将已编译完成的组态下载到各控制站。

在进行系统组态前，首先应将系统构成、卡件布置图、测点清单、数据分组方法、系统控制方案、监控画面、报表内容等组态所需的所有文档资料收集齐全。

然后根据设计方案，使用准备好的文档资料，按照系统组态流程，使用组态软件完成系统组态文件。

任务二 单容水箱液位 PID 控制 DCS 系统体系结构

任务主要内容
在多媒体机房实训室，根据控制系统要求，完成： ① 分析工程项目的工艺要求、控制要求，进行测点分析； ② 建立系统框架结构，构建支撑文档； ③ 设计任务单
任务实施过程
资讯	① 单容水箱液位 PID 控制 DCS 系统设计要求？ ② 单容水箱液位 PID 控制 DCS 系统实现框架？ ③ 单容水箱液位 PID 控制 DCS 系统测点信息？ ④ 单容水箱液位 PID 控制 DCS 系统站点配置？ ⑤ 单容水箱液位 PID 控制 DCS 系统组态任务？
实施	① 资讯信息 ② 完成系统设计前的支撑材料准备

一、任务资讯

任务二资讯内容框架结构图见图 2-11。

图 2-12 所示为生产过程控制装置 AE2000 流程示意图，对其单容水箱上水箱液位实现 PID 控制，使用浙大中控 SUPCON JX-300XP DCS 组建控制系统。

（一）工艺要求

上水箱单容水箱液体通过左侧蓄水箱，电动机动力驱动，经电动调节阀主控制管路，由主管路进入上水箱，进水手动阀全开，出水手动阀打开一定开度，固定。

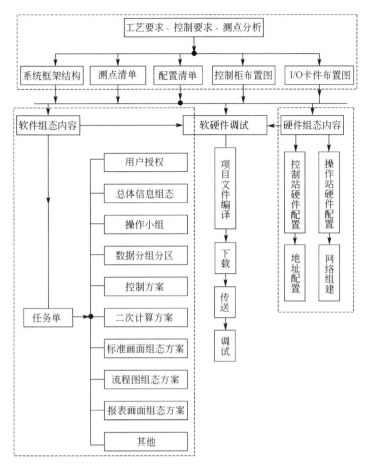

图 2-11 任务二资讯内容框架结构图

上水箱液位通过主控制管路的电动调节阀自动实现控制;液位通过压力液位传感器检测;整个系统通过 JX-300XP 实现液位信号检测、液位高低控制功能。

(二)控制要求

上水箱单容水箱液位采用常规 PID 控制方案实施控制功能。

(三)测点分析

上水箱液位信号测点:模拟量、输入、电流信号 4~20mA、单位 cm、范围 0~38,高限 35 报警、低限 5 报警、记录统计数据并进行趋势组态、低精度压缩且记录周期 1s。

电动调节阀控制信号测点:模拟量、输出、III型、正输出。

二、任务实施

(一)系统框架结构

根据系统工艺要求、控制要求、测点分析,设计系统为典型的 DCS 体系,即具有现场管理层、过程控制层、过程管理层三层结构框架。其中现场控制层由上水箱液位传感器输入测点和电动调节阀控制测点构成,过程控制层由 1 台过程控制站构成,过程管理层由一台操作员站和一台工程师站构成,其中工程师站配置打印机一台,打印当日系统运行报表数据。项目案例的系统框架结构如图 2-13 所示。

(二)框架结构分析

1. 软件组态

① 用户授权管理设置:用户?密码?级别?权限?

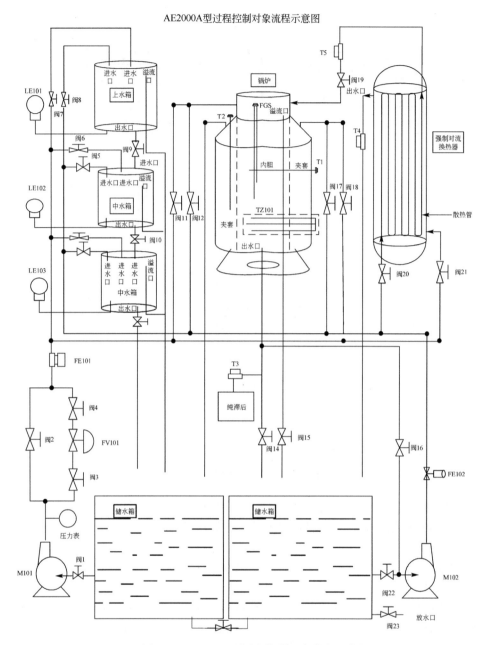

图 2-12 AE2000 型过程控制对象流程示意图

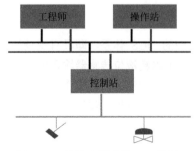

图 2-13 单容水箱液位 PID 控制
DCS 系统体系结构框图

② 系统配置：控制站主控卡、操作站的数量？冗余？站点地址？

③ 数据转发卡：冗余否？配置数量？（机笼个数）

④ I/O 卡：地址配置？测点通道配置？冗余否？

⑤ I/O 点组态：量程？单位？报警？趋势？

⑥ 控制方案：上水箱水位控制，采用常规单回路控制方案（典型 PID 控制方案），如何配置？

⑦ 操作小组：分几组？名称？切换权限？

⑧ 二次计算：如何配置数据分组分区？光字牌？

⑨ 位号区域划分：测点数据划分到哪个组？哪个区？如何划分？

⑩ 操作画面设置：总貌画面（索引画面）？分组画面？一览画面？趋势画面？

⑪ 流程图画面设置：根据 AE2000/CS2000A 生产过程装置，如何实现流程图的绘制？如何实现静态画面与实时测量参数的动态链接？画面的美观？标准化？

⑫ 报表设置：报表数据记录与输出要求？报表如何编辑？记录时间是否需要定义事件？不需要，怎么做？需要，怎么定义事件？又怎么配置报表？输出时间是否需要定义事件？不需要，怎么做？需要，怎么定义事件？又怎么配置报表？时间引用如何设置？位号引用如何设置？

⑬ 自定义键设置：键值语句？翻页语句？赋值语句？

2．硬件组态

① 根据软件组态信息，主控制卡 IP 地址如何设置？操作站 IP 地址如何设置？

② 根据软件组态信息，控制站机笼卡件位置、卡件是否冗余硬件设置等？

③ 根据软件组态信息，控制站与工程师站、操作员站如何通过双重冗余过程控制网 SCnet-II 进行网络互联？控制站与现场测点信号如何进行数据线路连接？

3．系统调试

① 如何编译？

② 如何下载？

③ 如何传送？

④ 如何实现 PID 控制调试？

4．测点清单（见表 2-4、表 2-5）

表 2-4 测点清单 1

序号	位号	描述	I/O	类型	量程	单位	报警	趋势（均记录统计数据）
1	YW_01	上水箱液位	AI	1~5V	0~38	cm	高限 35 低限 05	低精度压缩 记录周期 1s
2	DC_O	控制输出	AO	Ⅲ型 正输出				

表 2-5 测点清单 2

序号	信号类型		净点数	实配点数
1	模拟量输入（AI）	4~20mA	1	6
2	模拟量输出（AO）	4~20mA	1	4
	合计测点		2	10

5．配置清单（见表 2-6）

表 2-6 硬件配置清单

序号	名称	型号	规模	序号	名称	卡件号	规模
1	数据转发卡	XP233	2 块	7	电源指示卡	XP221	2 块
2	主控制卡	XP243	2 块	8	控制站机柜	机柜	1 台
3	电源箱机笼	XP251	1 个	9	操作员站	计算机	1 个
4	电源单体	XP251-1	2 块	10	工程师站	计算机	1 个
5	6 点电压信号输入卡	XP314	1 块	11	扩展卡	XP000	14 个
6	4 点模拟量输出卡	XP322	1 块	12	控制站机笼	XP211	1 个

6．控制柜布置图（见图 2-14）

7．I/O 卡件布置图

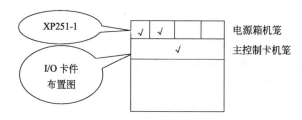

图 2-14 控制柜布置结构图

XP 243	XP 243	XP 233	XP 233	XP 314I	XP 000	XP 322	XP 000	XP 000	XP 000	XP 000	XP 000	XP 000	XP 000	XP 000	XP 000

8. 任务单

单容水箱液位 PID 控制 DCS 系统组态与运行调试任务单。

(1) 项目说明

AE2000/CS2000A 生产过程装置的单容上水箱液位实施 PID 控制,利用浙大中控的 JX-300XP 组建 DCS 控制系统(液位最高 38cm)。

(2) 系统配置

类 型	数 量	IP 地址	备 注
控制站	1	02	主控卡和数据转发卡均冗余配置 主控卡注释:控制站 数据站发卡注释:数据转发卡
工程师站	1	130	注释:工程师站 130
操作站	1	131	注释:操作员站 131

注:其他未作说明的均采用默认设置。

(3) 用户授权管理

权 限	用 户 名	用户密码	相应权限
特权	系统维护	SUPCONDCS	全部
工程师+	设计工程师	1111	全部
工程师	维护工程师	1111	全部
操作员	监测操作员	1111	全部
操作员	记录操作员	1111	全部

(4) 测点清单

序号	位号	描述	I/O	类型	量程	单位	报警	趋势 (均记录统计数据)
1	YW_01	上水箱液位	AI	1~5V	0~38	cm	高限 35 低限 05	低精度压缩 记录周期 1s
2	DC_O	控制输出	AO	III型 正输出				

说明：组态时卡件注释应写成所选卡件的名称，例：XP243；组态时报警描述应写成位号名称加报警类型，例：进炉区燃料油压力指示高限报警。

（5）控制方案

使用单回路控制，通过调压模块对上水箱液位进行控制，回路位号：S0_001，回路注释：上水箱液位调节。（测量值、输出值、设定值均进行趋势组态）

序 号	控制方案注释、回路注释	回 路 位 号	控 制 方 案	PV	MV
00	上水箱液位调节	S0_001	单回路	YW_01	DC_O

（6）操作站设置

① 操作小组组态

操作小组配置

操作小组名称	切换等级	光字牌名称及对应分区
工程师	工程师	液位：对应液位数据分区
监控操作组	操作员	
记录操作组	操作员	

数据分组分区配置

数 据 分 组	数 据 分 区	位 号
工程师	液位	YW_01
	温度	
	流量	
监控操作组		
记录操作组		

② 操作画面组态

当工程师操作小组进行监控时——可浏览的总貌画面

页 码	页 标 题	内 容
1	索引画面	索引：工程师操作小组所有流程图、所有分组画面、所有趋势画面、所有一览画面
2	液位信号	YW_01

当工程师操作小组进行监控时——可浏览趋势画面

页 码	页 标 题	内 容
1	上水箱液位趋势	YW_01
2	上水箱液位PID调节曲线趋势	S0_001.SV
		S0_001.PV
		S0_001.MV

当工程师操作小组进行监控时——可浏览分组画面

页 码	页 标 题	内 容
1	常规回路	S0_001
2	液位	YW_01

当工程师操作小组进行监控时——可浏览一览画面

页 码	页 标 题	内 容
1	上水箱液位信息一览	YW_01

当工程师操作小组进行监控时——可浏览流程图画面.

页 码	页标题及文件名称	内 容
2	单容水箱液位 PID 控制 DCS 系统流程图	图 1

当监控操作组的操作小组进行监控时——可浏览分组画面

页 码	页 标 题	内 容
1	常规回路	S0_001
2	液位	YW_01

当记录操作组的操作小组进行监控时——可浏览一览画面

页 码	页 标 题	内 容
1	上水箱液位信息一览	YW_01

③ 当工程师操作小组进行监控时

序 号	键 定 义
1	总貌一览键
2	翻到流程图第 1 页

④ 当工程师操作小组进行监控时

要求：记录液位信号 YW_01，要求每 10 分钟记录一次数据，报表中的数据记录到其真实值后面两位小数，时间格式为××：××：××（时：分：秒），每天 0 点，8 点，16 点输出报表。报表样板：报表名称及页标题均为班报表。

班 报 表											
		班___组		组长___		记录员___			年___月___日		
	时间										
内容	描述				数据						
YW_01	上水箱液位										

注：定义事件时不允许使用死区。

⑤ 流程图

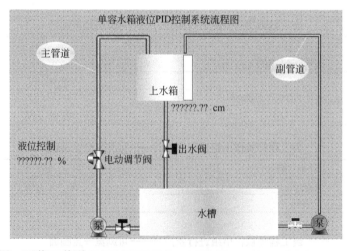

（7）项目编译、下载、传送
（8）单容水箱液位 PID 控制调试过程及衡量指标计算

任务三　JX-300XP DCS 项目工程组态实现

任务主要内容
在多媒体机房专业教室，根据任务单，支撑材料，完成基于 JX-300XP 的单容水箱液位 PID 控制 DCS 系统组态工作。 1. 资讯相关信息，了解组态软件、了解 JX-300XP 系统组态软件； 2. 回顾前面已完成任务中，在浙大中控的软件平台上进行系统组态的流程； 3. 资讯相关信息，学习浙大中控软件包 AdvanTro-Pro 组态软件、组态方法； 4. 根据任务单，支撑材料，准确实现系统组态，功能完整、界面与控制对象一致、界面美观，整齐。

任务实施过程	
资讯	① JX-300XP 进行系统设计时，使用的软件平台是什么？ ② 使用组态软件进行组态时，组态内容是什么？ ③ 针对任务单，实施每个步骤组态时的方法是什么？
实施	① 组态软件安装 ② 用户授权管理设置 ③ 组态实现

一、任务资讯

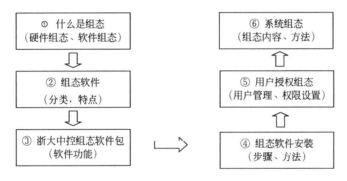

图 2-15　任务三资讯内容框架图

根据工程项目控制要求及工艺要求，完成系统项目分析，在支撑资料和任务单的基础上，完成系统硬件组态和软件组态工作。

（一）组态

组态（Configuration）指集散控制系统实际应用于生产过程控制时，需要根据设计要求，预先将硬件设备和各种软件功能模块组织起来，以使系统按特定的状态运行。具体讲，就是用集散控制系统所提供的功能模块、组态编辑软件及组态语言，组成所需的系统结构和操作画面，完成所需的功能。

组态包括硬件组态和软件组态两个方面，通常意义上所说的组态指软件组态，集散控制系统的组态包括系统组态、画面组态和控制组态。

组态是通过组态软件实现的，组态软件有通用组态软件和专用组态软件。目前工业自动化控制系统的硬件，除采用标准工业 PC 外，系统大量采用各种成熟通用的 I/O 接口设备和各类智能仪表及现场设备。在软件方面，用户直接采用现有的组态软件进行系统设计，大大缩短了软件开发周期，还可以应用组态软件所提供的多种通用工具模块，很好地完成一个复杂工程所要求的功能,并且可将许多精力集中在如何选择合适的控制算法,提高控制品质等关键问题上。从管理的角度来看,用组态软件开发的系统具有与 Windows 一致的图形化操作界面,便于生产的组织和管理。

基于组态软件的工业控制系统的一般组建过程如下。

① 组态软件的安装。按照要求正确安装组态软件,并将外围设备的驱动程序、通信协议等安装就绪。

② 工程项目系统分析。首先要了解控制系统的构成和工艺流程,弄清被控对象的特征,明确技术要求,然后再进行工程的整体设计,包括系统应实现哪些功能,需要怎样的用户界面窗口和哪些动态数据显示,数据库中如何定义哪些数据变量等。

③ 设计用户操作菜单。为便于控制和监视系统的运行,通常应根据实际需要建立用户自己的菜单以方便操作,例如设立按钮来控制电动机的启/停。

④ 画面设计与编辑。画面设计分为画面建立、画面编辑和动画编辑与链接几个步骤。画面由用户根据实际工艺流程编辑制作,然后需要将画面与已定义的变量关联起来,以便使画面上的内容随生产过程的运行而实时变化。

⑤ 编写程序进行调试。程序由用户编写好之后需进行调试,调试前一半要借助于一些模拟手段进行初调,检查工艺流程、动态数据、动画效果等是否正确。

⑥ 综合调试。对于系统进行全面的调试后,经验收方可投入试运行,在运行过程中及时完善系统的设计。

(二)组态软件

1. 常用组态软件

目前市场上的组态软件很多,常用的几种组态软件如下。

① InTouch　它是美国 Wonderware 公司率先推出的 16 位 Windows 环境下的组态软件。InTouch 软件图形功能比较丰富,使用方便,I/O 硬件驱动丰富,工作稳定,在国际上获得较高的市场占有率,在中国市场也受到普遍好评。7.0 版本及以上(32 位)在网络和数据管理方面有所加强,并实现了实时关系数据库。

② FIX 系列　这是美国 Intellution 公司开发的一系列组态软件,包括 DOS 版、16 位 Windows 版、32 位 Windows 版、OS/2 版和其他一些版本。它功能较强,但实时性欠缺。最新推出的 iFIX 全新模式的组态软件,体系结构新,功能更完善,但由于过分庞大,多余系统资源耗费非常严重。

③ WinCC　德国西门子公司针对西门子硬件设备开发的组态软件 WinCC,是一款比较先进的软件产品,但在网络结构和数据管理方面要比 InTouch 和 iFIX 差。若用户选择其他公司的硬件,则需开发相应的 I/O 驱动程序。

④ MCGS　北京昆仑通态公司开发的 MCGS 组态设计思想比较独特,有很多特殊的概念和使用方式,有较大的市场占有率。它在网络方面有独到之处,但效率和稳定性还有待提高。

⑤ 组态王　该组态以 Windows 98/Windows NT4.0 中文操作系统为平台,充分利用了 Windows 图形功能的特点,用户界面友好,易学易用。它是由北京亚控公司开发的国内出现较早组态软件。

⑥ ForceControl(力控)　大庆三维公司的 ForceControl 也是国内较早出现的组态软件之一,在结构体系上具有明显的先进性,最大的特征之一就是其基于真正意义的分布式实时数据库的三层结构,且实时数据库为可组态的"活结构"。

2. 组态信息的输入

各制造商的产品虽然有所不同,但归纳起来,组态信息的输入方式有两种。

① 功能表格或功能图法。功能表格是由制造商提供的用于组态的表格,早期常采用与机器

码或助记符相类似的方法，而现在则采用菜单方式，逐行填入相应参数。例如下面介绍的 SCKey 组态软件就是采用菜单方式。功能图主要用于表示连接关系，模块内的各种参数则通过填表法或建立数据库等方法输入。

② 编辑程序法。采用厂商提供的编程语言或者允许采用的高级语言编制程序输入组态信息，在顺序逻辑控制组态或复杂控制系统组态时常采用编制程序法。

（三）AdvanTrol-Pro 软件包组态软件 SCKey

对项目案例以浙大中控的 DCS 为系统软硬件设计平台，在此，主要以浙大中控有限公司的 AdvanTrol-Pro 软件包为案例实施软件平台，进行系统软件组态。AdvanTro-Pro 软件包是基于 Windows2000 操作系统的自动控制应用软件平台，在 SUPCON WebField 系列集散控制系统（Distributed Control System，DCS）中完成系统组态、数据服务和实时监控功能。

AdvanTrol-Pro 软件包可分成两大部分，一部分为系统组态软件，包括用户授权管理软件（SCReg）和系统组态软件（SCKey）等软件；另一部分为系统运行监控软件，包括：实时监控软件（AdvanTrol）、报警记录软件（AdvHisAlmSvr）、趋势记录软件（AdvHisTrdSvr）等。

系统组态软件通常安装在工程师站，各功能软件之间通过对象链接与嵌入技术，动态地实现模块间各种数据、信息的通讯、控制和管理。这部分软件以 SCKey 系统组态软件为核心，各模块彼此配合，相互协调，共同构成了一个全面支持 SUPCON WebFeild 系统结构及功能组态的软件平台。

系统运行监控软件安装在操作员站和运行的服务器、工程师站。

1．用户授权管理软件（SCReg）

在软件中将用户级别共分为十个层次：观察员、操作员−、操作员、操作员+、工程师−、工程师、工程师+、特权−、特权、特权+。不同级别的用户拥有不同的授权设置，即拥有不同范围的操作权限。对每个用户也可专门指定（或删除）其某种授权。

2．SCKey 组态软件

主要是完成 DCS 的系统组态工作，如设置系统网络节点、冗余状况、系统控制周期；I/O 卡件的数量、地址、冗余状况、类型；设置每个 I/O 点的类型、处理方法和其他特殊的设置；设置监控标准画面信息；常规控制方案组态等。系统所有组态完成后，最后要在该软件中进行系统的联编、下载和传送。

3．图形化编程软件（SCControl）

图形化编程软件（SCControl）是 SUPCON WebField 系列控制系统用于编制系统控制方案的图形编程工具。按 IEC61131-3 标准设计，为用户提供高效的图形编程环境。

图形化编程软件集成了 LD 编辑器、FBD 编辑器、SFC 编辑器、ST 语言编辑器、数据类型编辑器、变量编辑器。该软件编程方便、直观，具有强大的在线帮助和在线调试功能，用户可以利用该软件编写图形化程序实现所设计的控制算法。在系统组态软件（SCKey）中使用自定义控制算法设置可以调用该软件。

4．语言编程软件（SCLang）

语言编程软件（SCLang）又叫 SCX 语言，是 SUPCON WebField 系列控制系统控制站的专用编程语言。在工程师站完成 SCX 语言程序的调试编辑，并通过工程师站将编译后的可执行代码下载到控制站执行。SCX 语言属高级语言，语法风格类似标准 C 语言，除了提供类似 C 语言的基本元素、表达式等外，还在控制功能实现方面做了大量扩充。

5．二次计算组态软件（SCTask）

二次计算组态软件（SCTask）是 AdvanTrol-Pro 软件包的重要组成部分之一，用于组态上位机位号、事件、任务，建立数据分组分区，历史趋势和报警文件设置，光字牌设置，网络策略设置、数据提取设置等。目的是在 SUPCON WebField 系列控制系统中实现二次计算功能、提供更丰富的报警内容、支持数据的输入输出、数据组与操作小组绑定等。把控制站的一部分任务由上位机来做，既提高了控制站的工作速度和效率，又可提高系统的稳定性。SCTask 具有严谨的定义、强大的表达式分析功能和人性化的操作界面。

6．流程图制作软件（SCDrawEx）

流程图制作软件（SCDrawEx）是 SUPCON WebField 系列控制系统软件包的重要组成部分之一，是一个具有良好用户界面的流程图制作软件。它以中文 Windows2000 操作系统为平台，为用户提供了一个功能完备且简便易用的流程图制作环境。

7．报表制作软件（SCFormEx）

报表制作软件（SCFormEx）是全中文界面的制表工具软件，是 SUPCON WebField 系列控制系统组态软件包的重要组成部分之一。该软件提供了比较完备的报表制作功能，能够满足实时报表的生成、打印、存储以及历史报表的打印等工程中的实际需要，并且具有良好的用户操作界面。

自动报表系统分为组态（即报表制作）和实时运行两部分。其中，报表制作部分在 SCFormEx 报表制作软件中实现，实时运行部分与 AdvanTrol 监控软件集成在一起。

8．实时监控软件（AdvanTrol）

实时监控软件（AdvanTrol）是控制系统实时监控软件包的重要组成部分，是基于 Windows2000 中文版开发的 SUPCON WebField 系列控制系统的上位机监控软件，用户界面友好。其基本功能是数据采集和数据管理。它可以从控制系统或其他智能设备采集数据以及管理数据，进行过程监视（图形显示）、控制、报警、报表、数据存档等。

实时监控软件所有的命令都化为形象直观的功能图标，只需用鼠标单击即可轻而易举地完成操作，再加上操作员键盘的配合使用，生产过程的实时监控操作更是得心应手，方便简捷。

9．故障分析软件（AdvDiagnose）

故障诊断软件（AdvDiagnose）是进行设备调试、性能测试以及故障分析的重要工具。故障诊断软件主要功能包括：故障诊断、以太网络测试、网络响应测试、节点地址管理、控制回路管理、网络通讯监听等。

二、任务实施

项目案例组态实现——单容水箱液位 PID 控制 DCS 系统

（一）组态软件安装

AdvanTro-Pro 软件运行的系统平台是 Windows2000 Professional+SP4，系统组态软件安装在工程师站上，根据任务单，该项目案例的工程师站 IP 地址配置为 130，因此在该站点上安装组态软件，系统软件安装步骤如下。

① 将系统安装盘放入工程师站（A 网 128.128.1.130；B 网 128.128.2.130）光驱中，Windows 系统自动运行安装程序，出现图 2-16 所示对话框。

② 点击"下一步"，进入图 2-17 对话框。

③ 点击"是"进入图 2-18 对话框。

④ 输入用户名和公司名称，点击"下一步"进入图 2-19 对话框。

⑤ 点击"下一步"进入图 2-20 对话框。

⑥ 选择"工程师站安装"，工程师站安装工程师软件，实现组态和监控；操作站安装操作站软件，实现监控功能，由于要对项目案例进行系统组态，因此选择工程师站安装。点击"下一步"进入图 2-21 对话框。

项目二　JX-300XP集散控制系统的设计与实现

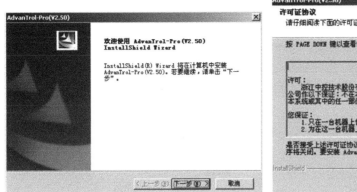

图 2-16　系统软件安装对话框 1

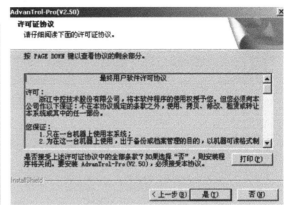

图 2-17　系统软件安装对话框 2

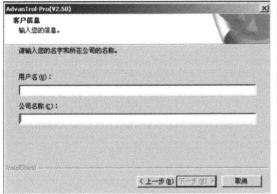

图 2-18　系统软件安装对话框 3

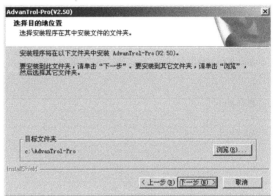

图 2-19　系统软件安装对话框 4

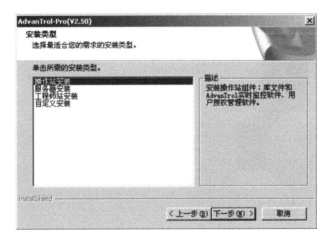

图 2-20　系统软件安装对话框 5

⑦ 点击"下一步"进入图 2-22 对话框。
⑧ 指示安装进度，不作任何操作，等待进入图 2-23 对话框。
⑨ 输入用户名称和装置名称，点击"下一步"进入图 2-24 对话框。
⑩ 选择"U.S.English"，点击"OK"进入图 2-25 对话框。

图 2-21　系统软件安装对话框 6

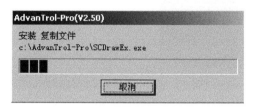

图 2-22　系统软件安装对话框 7

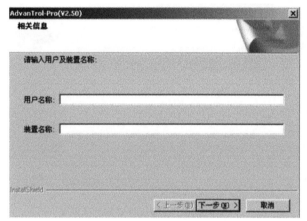

图 2-23　系统软件安装对话框 8

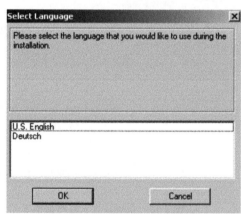

图 2-24　系统软件安装对话框 9

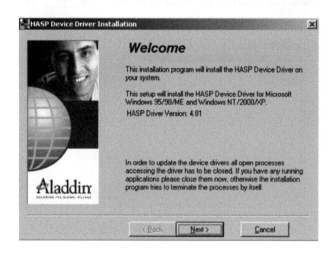

图 2-25　系统软件安装对话框 10

⑪ 点击"Next"进入图 2-26 对话框。
⑫ 点击"Next"进入图 2-27 对话框。
⑬ 点击"Finish"进入图 2-28 对话框。

项目二　JX-300XP 集散控制系统的设计与实现　73

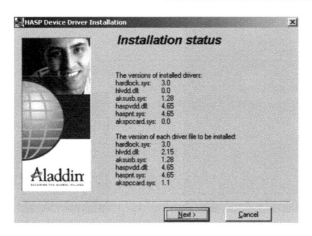

图 2-26　系统软件安装对话框 11

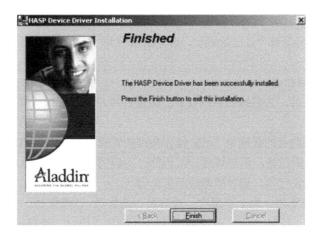

图 2-27　系统软件安装对话框 12

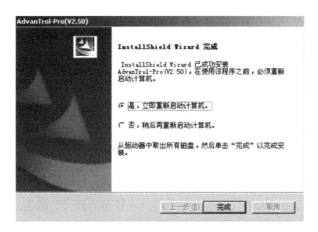

图 2-28　系统软件安装对话框 13

⑭ 点击"完成",重新启动系统。
⑮ 重新启动系统后,在桌面上出现系统组态和实时监控的快捷启动键。如图 2-29（a）所示。
注 1：若安装步骤⑥中选择"服务器安装",安装完成后在桌面上形成的快捷图标如图 2-29（b）所示。

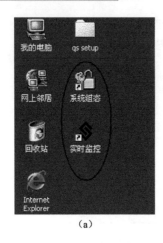

图 2-29　桌面快捷图标

注 2：若安装步骤⑥中选择"操作站安装"，安装完成后，在桌面上只形成"实时监控"快捷图标。

注 3：若安装步骤⑥中选择"自定义安装"，则需要选择安装文件，安装引导将根据选择结果进行系统安装。

（二）用户授权管理组态

在进行系统组态之前，先要按照系统设计方案通过用户授权管理软件（SCReg）完成组态文件的用户及权限设置。

用户授权管理组态的目的是确定 DCS 操作和维护管理人员并赋以相应的操作权限。不同的用户管理对应不同的权限，如，用户管理：工程师，对应的权限：退出系统、查找位号、PID 参数设置、重载组态、报表打印、查看故障诊断信息等。

在软件中将用户级别共分为十个层次：观察员、操作员–、操作员、操作员+、工程师–、工程师、工程师+、特权–、特权、特权+，其中观察员不能建立用户，特权+等级用户及权限由系统设定，其他不同级别的用户可根据需要进行设置，且不同等级用户拥有不同的授权设置，即拥有不同范围的操作权限。对每个用户也可专门指定（或删除）其某种授权。

图 2-30　用户授权管理软件登录窗口

① 点击命令[开始/程序/AdvanTrol-Pro/用户权限管理]，弹出对话框。对话框中的"用户名称"为系统缺省用户名 SUPER_PRIVILEGE_001"。如图 2-30 所示。

② "用户密码"中输入缺省密码：
SUPER_PASSWORD_001

③ 点击"确定"，进入到用户授权管理界面（见图 2-31）。

④ 在用户信息窗中，右键点击"用户管理"下的"特权"一栏（见图 2-32）。

⑤ 在右键菜单中点击"增加"命令，弹出用户设置对话框（见图 2-33）。

⑥ 在对话框中输入以下信息（见图 2-34）：

用户等级：特权

用户名称：系统维护

输入密码：SUPCONDCS

确认密码：SUPCONDCS

项目二 JX-300XP 集散控制系统的设计与实现

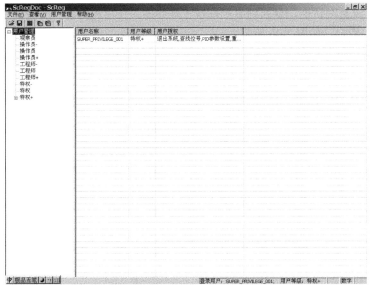

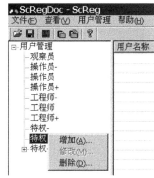

图 2-31 用户授权管理界面　　　　　　　　图 2-32 用户管理操作界面

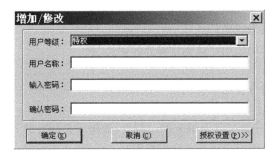

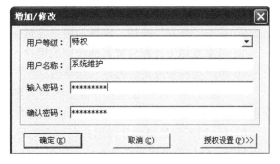

图 2-33 用户设置 1　　　　　　　　　　　图 2-34 用户设置 2

⑦ 点击对话框中的命令按钮"授权设置",将"所有授权项"下的内容按照要求进行添加到"当前用户授权"下(见图 2-35)。

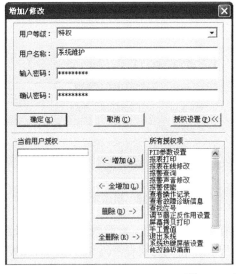

图 2-35 用户权限设置

⑧ 点击"确定"退出用户设置对话框，返回到用户授权管理界面。在用户信息窗的特权级等级下新增了一名"系统维护"用户，如图2-36所示。

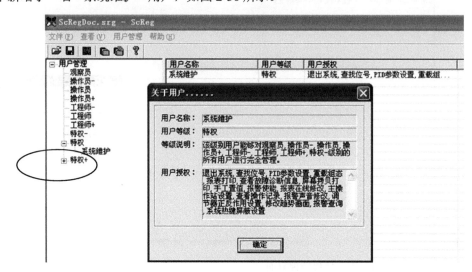

图2-36 用户管理设置完成

⑨ 点击"保存"按钮，将新的用户设置保存到系统中。
⑩ 可重复以上过程设置其他级别的用户，然后退出用户授权管理界面。
⑪ 用户授权管理文件的导入与导出。

可以通过用户授权管理软件提供的导入导出命令使组态好的用户授权管理文件实现导入或导出功能，方便进行系统管理工作，如图2-37所示。

但是，对不同等级的登录用户所拥有的导入导出功能是有限制的，特权+等级用户具有导入导出权限，特权等级用户只具有导入权限，特权–等级用户只具有导出权限，工程师+、工程师、工程师–不具备导入导出功能的权限。

（三）组态软件登录与组态文件建立
① 在桌面上点击图标 ![]，将弹出登录对话框，如图2-38所示。

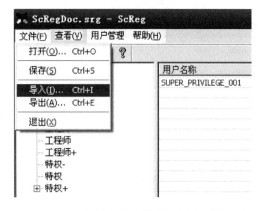

图2-37 用户授权文件导入导出功能

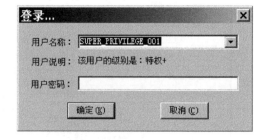

图2-38 组态软件登录框

如果是第一次登陆组态软件 SCKey，且没有进行用户权限设置，此登录对话框的登录用户名称仅有系统默认的用户名 SUPER_PRIVILEGE_001"，用户密码为缺省密码 SUPER_PASSWORD_001。如果要使用自定义的用户名、密码、权限登陆，则必须在系统组态之前进行用户授权组态。

如果已进行了用户授权管理设置,只有工程师-级别及以上的用户名称才会出现在该登录对话框的下拉框中,进行登录。如图 2-39 用户授权管理定义了 8 个等级用户,且有 1 个特权+系统用户共 9 个用户,而在系统组态登录对话框用户名称下拉框中却只有 6 个用户,如图 2-40 所示。这是因为只有工程师-等级及以上用户才具有登录系统组态软件的权限。

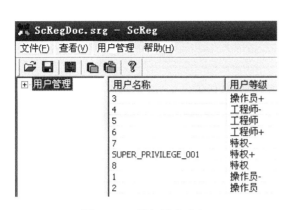

图 2-39　8 等级用户建立　　　　　　　　　图 2-40　用户设置后登录框

在这里以刚才建立的"系统维护"用户,密码"SUPCONDCS"进行系统组态登录。

② 选择用户名为"系统维护",输入密码为"SUPCONDCS"。如图 2-41 所示。点击"确定",进入系统组态选择对话框,如图 2-42 所示。

图 2-41　登录对话框

③ 点击"新建组态"命令,为该组态选择保存路径和建立规定名称。如图 2-43 所示。

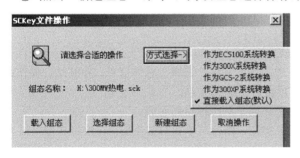
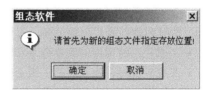

图 2-42　组态文件选择　　　　　　　　　图 2-43　新建组态提示

④ 点击"确定",进入组态界面。
⑤ 点击"确定",弹出文件保存对话框,如图 2-44 所示。
⑥ 选择保存路径(F:\),输入文件名(单容水箱液位 PID 控制 DCS 系统),点击"保存"命令,弹出标题名为"单容水箱液位 PID 控制 DCS 系统"的系统组态界面,如图 2-45 所示。

图 2-44　新建组态文件保存

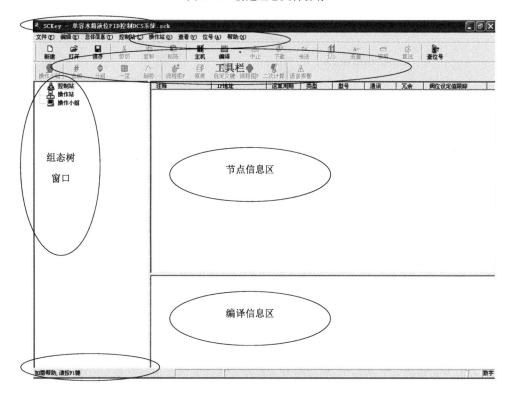

图 2-45　新建组态界面

- 标题栏：显示正在操作的组态文件的名称。
- 菜单栏：显示经过归纳分类后的菜单项，包括文件、编辑、总体信息、控制站、操作站、查看、位号和帮助等八个菜单项，每个菜单项含有下拉式菜单。
- 工具栏：将常用的菜单命令和功能图形化为工具图标排列而成。
- 工具栏图标基本上包括了组态的大部分操作，结合菜单和右键使用，将给用户带来很大的方便。
- 状态栏：显示当前的操作信息。当鼠标光标置于界面中任意处时，状态栏将提示系统处于何种操作状态。
- 组态树窗口：显示了当前组态的控制站、操作站和操作小组的总体情况。
- 节点信息区：详细显示了某个节点（包括左边组态树中任意一个项目）具体信息。单击任意一个节点名称，可以在此看到与其相关的详细信息。
- 编译信息区：显示了组态编译的详细信息，当错误发生时方便用户修改。

（四）系统组态

1．系统总体信息组态

图 2-45 所示，"单容水箱液位 PID 控制 DCS 系统"组态界面除"主机"按钮外，有"新建、保存、打开、编译"几个通用操作按钮，其他按钮所示功能都以灰色显示表示按钮所示功能在当前状态无效。因此，进行系统总体组态（主机设置）是整个系统组态过程中第一步工作，其目的是确定构成控制系统的网络节点数，即控制站和操作站节点的数量。

根据项目案例的任务单要求组态控制站、操作站。

主机设置用于设置控制站主机和操作站主机的信息。点击菜单命令[总体信息/主机设置]或是在工具栏中点击图标 ，将弹出主机设置界面，如图 2-46 所示。

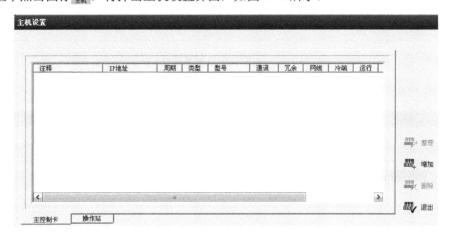

图 2-46 控制站主机设置界面

在主机设置界面右边有一组命令按钮用于进行设置操作。"整理"——对已经完成的节点设置按地址顺序排列，"增加"——增加一个节点，"删除"——删除指定的节点，"退出"——退出主机设置。

主机设置界面分主控制卡设置界面和操作站设置界面（见图 2-47）。主控制卡设置界面用于完成控制站（主控卡）设置；操作站设置界面用于完成操作站（工程师站与操作员站）设置。点击主机设置界面下方的主控制卡标签或操作站标签可进入相应的设置界面。

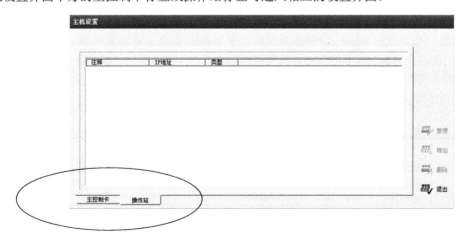

图 2-47 操作站主机设置界面

① 点击"主控制卡"标签，进入图 2-48 所示的主控制卡组态界面。

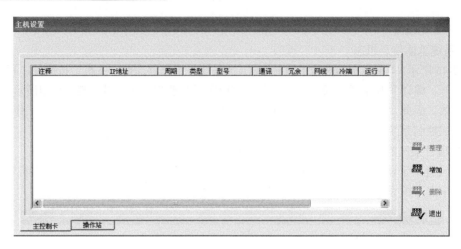

图 2-48　主控制卡设置界面（1）

② 点击"增加"按钮，如图 2-49 所示。

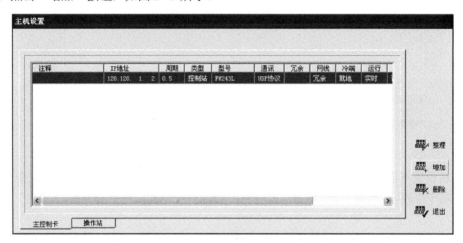

图 2-49　主控制卡设置界面（2）

控制站主控制卡组态内容如下。

注释：可以写入相关的文字说明（可为任意字符），注释长度为 20 个字符。

IP 地址：SUPCON WebField 控制系统采用了双高速-冗余工业以太网 SCnet Ⅱ 作为其过程控制网络。控制站作为 SCnet Ⅱ 的节点，其网络通讯功能由主控卡担当，其 TCP/IP 协议地址采用表 2-7 所示的系统约定，用户要保证实际硬件接口和组态时填写地址的绝对一致。单个区域网中最多可组 15 个控制站。

表 2-7　TCP/IP 协议地址的系统约定

类　别	地 址 范 围		备　　注
	网络码	IP 地址	
控制站地址	128.128.1	2～31	每个控制站包括两块互为冗余主控制卡。同一块主控制卡享用相同点 IP 地址，两个网络码
	128.128.2	2～31	

周期：其值必须为 0.1s 的整数倍，范围在 0.1～5.0s 之间，一般建议采用默认值 0.5s。运算周期包括处理输入输出的时间、回路控制时间、SCX 语言运行时间、图形组态运行时间等，运算周期主要耗费在自定义控制方案的运行，1K 代码大约需用运算时间 1ms。

类型：类型一栏有控制站、逻辑站、数采站三种选项，它们的核心单元都是主控制卡，都支持 SCX 语言、梯形图、功能块图和顺控图等控制程序代码。控制站提供常规回路控制的所有功能和顺序控制方案，控制周期最小可达 0.1s；逻辑站提供马达控制和继电器类型的离散逻辑功能，特点是信号处理和控制响应快，控制周期最小可达 50ms，逻辑控制站侧重于完成联锁逻辑功能，回路控制功能受到相应的限制；采集站提供对模拟量和开关量信号的基本监视功能。

型号：目前可以选用的型号为 XP243、XP244。

通讯：数据通讯过程中要遵守的协议。目前通讯采用 UDP 用户数据包协议。UDP 协议是 TCP/IP 协议的一种，具有通讯速度快的特点。

冗余：打勾代表当前主控制卡设为冗余工作方式，不打勾代表当前主控制卡设为单卡工作方式。单击冗余选项将自动打勾，再次单击将取消打勾。单卡工作方式下在偶数地址放置主控卡，冗余工作方式下，其相邻的奇数地址自动被分配给冗余的主控制卡，不需要再次设置。

网线：选择需要使用网络 A、网络 B 或者冗余网络进行通讯。每块主控制卡都具有两个通讯口，在上的通讯口称为网络 A，在下的通讯口称为网络 B，当两个通讯口同时被使用时称为冗余网络通讯。

冷端：选择热电偶的冷端补偿方式，可以选择就地或远程。就地：表示通过热电偶卡（或热敏电阻）采集温度进行冷端补偿。远程：表示统一从数据转发卡上读取温度进行冷端补偿。

运行：选择主控卡的工作状态，可以选择实时或调试。选择实时，表示运行在一般状态下；选择调试，表示运行在调试状态下。

保持：即断电保持。缺省设置为否。

按照项目案例任务单"系统配置"和配置清单完成主控制卡组态，主控制卡组态如图 2-50 所示。

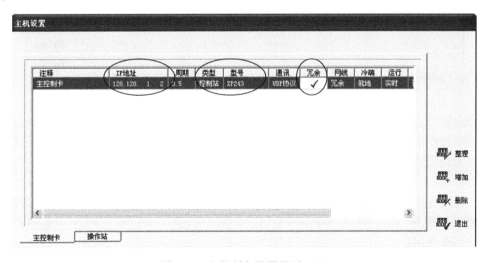

图 2-50　主控制卡设置界面（3）

主控制卡设置中，关键在于设置主控制卡在双重冗余过程控制网 SCnet-Ⅱ中的地址（IP）、站点类型（控制站）、卡件型号（XP243，JX-300XP 系统主控制卡型号）、主控制卡是否冗余（冗余）等信息，其中卡件型号的选择直接关系着后续数据转发卡、I/O 卡件的型号选择，一定要根据组态前的配置资料信息进行选取。

③ 点击图 2-51 所示主机设置界面的"操作站"标签，进入操作站设置。

④ 点击"增加"按钮，添加操作站基本信息，如图 2-52 所示。

注释：可以写入相关的文字说明（可为任意字符），注释长度为 20 个字符。

IP 地址：最多可组 32 个操作站，地址从 129～161。

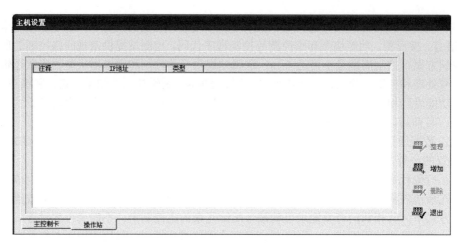

图 2-51 操作站设置界面（1）

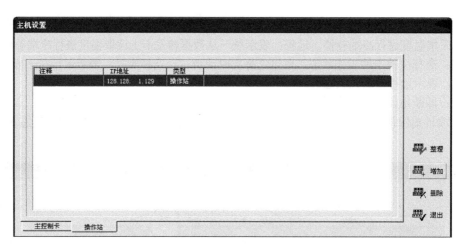

图 2-52 操作站设置界面（2）

类型：操作站类型分为工程师站、数据站和操作站三种，可在下拉列表框中选择。工程师站：主要用于系统维护、系统设置及扩展。由满足一定配置的普通 PC 或工业 PC 作硬件平台，系统软件由 Windows 系统软件和 AdvanTrol-Pro 软件包等组成，完成现场信号采集、控制和操作界面的组态。工程师站硬件也可由操作站硬件代替。操作站：是操作人员完成过程监控任务的操作界面，由高性能的工业 PC 机、大屏幕彩显和其他辅助设备组成。数据站：是用于数据处理的，目前系统保留，尚未使用。

按照项目案例任务单"系统配置"完成操作站组组态，系统组态工程师站如图 2-53 所示，操作员站组态重复此步骤，如图 2-54 所示。

点击"退出"按钮，系统文件点击"保存"。

2．控制站组态

在系统组态中，"控制站"菜单用于对系统控制站结构及控制方案的组态。对控制站组态所作的任何修改，都必须通过离线下载来实现。控制站组态包括 I/O 组态、自定义变量、常规控制方案、自定义控制方案和折线表定义。控制站 I/O 组态是完成对控制系统中各控制站内卡件和 I/O 点的参数设置。组态分三部分，分别是数据转发卡组态（确定机笼数）、I/O 卡件组态和 I/O 点组态。

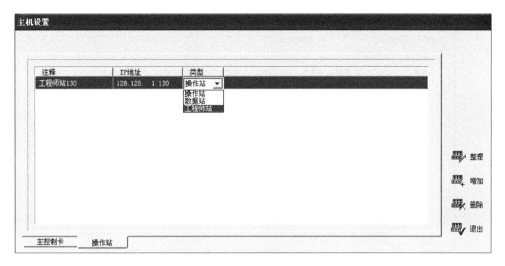

图 2-53　操作站设置界面（3）

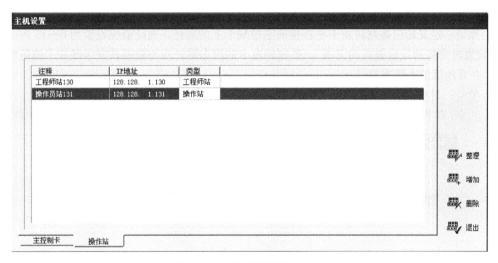

图 2-54　操作站设置界面（4）

点击"控制站"菜单下的"I/O 组态"子菜单或工具栏的"I/O"按钮，出现如图 2-55 所示界面。项目案例控制站的主控制卡信息已经组态完成，如主控制卡信息为"[2]主控制卡"（2 为主控制卡 IP 地址），在此主控制卡下最多可以控制 8 个机笼，通过双冗余的 16 块数据转发卡，两块数据转发卡分组最多实现本机笼内 16 块（控制站总计 16×8=128 块）I/O 卡件的信息交换，即最多一个机笼可实现对 16×8=128 点 I/O 测点的测量与控制（每块 I/O 卡件最多 8 个通道，控制站总计 I/O 测点数 8×16×8=1024 点）。

所以，I/O 组态包括了三部分组态信息：数据转发卡组态、I/O 卡组态、I/O 点组态。

（1）数据转发卡组态

选择数据转发卡标签页，点击"增加"，如图 2-56 所示。

在设置界面右边有一组命令按钮，其功能与主机设置界面右边命令按钮的功能相同。

数据转发卡组态内容如下。

● 主控制卡：此项下拉列表列出主机设置组态中已组态的所有主控制卡，可以从中选择一块作为当前的主控制卡。此后所有组态好的数据转发卡都将挂接在该主控制卡上，一块主控制卡下最多可组 16 块数据转发卡（8 个机笼）。

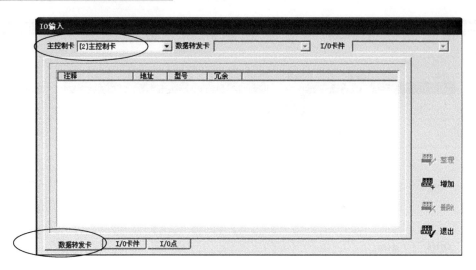

图 2-55 控制站组态界面

- 注释：可以写入数据转发卡的相关说明（可由任意字符组成）。
- 地址：定义相应数据转发卡在挂接的主控制卡上的地址，地址值应设置为 0～15 内的偶数（冗余设置时奇数地址设置自动完成）。数据转发卡的组态地址应与数据转发卡硬件上的跳线地址匹配，并且地址值不可重复。
- 型号：目前只有 XP233 可供选择。
- 冗余：即将组态的数据转发卡设为冗余单元，设置冗余单元的方法及注意事项同主控制卡。

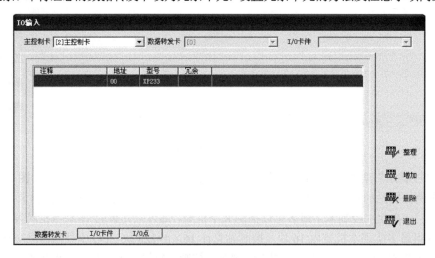

图 2-56 数据转发卡组态界面（1）

项目案例中配置一个控制站，控制站中配置一个机笼，该机笼中冗余设置主控制卡两块，IP 为 128.128.1.2（A 网口）（系统默认配置 B 网口地址 128.128.2.2，冗余主控卡 A 网口 128.128.1.3、128.128.2.3）；主控制卡管辖下的该机笼冗余数据转发卡两块，地址为 00（冗余数据转发卡地址系统默认配置为 01）。

按照项目案例任务单"系统配置"组态数据转发卡，如图 2-57 所示。

（2）I/O 卡件组态

I/O 卡件组态是对 SBUS-S1 网络上的 I/O 卡件型号及地址进行组态。一块主控制卡的数据转发卡（无论是否冗余）可通过 SBUS-S1 网络最多组态 16 块 I/O 卡件，卡件地址为 00～15。

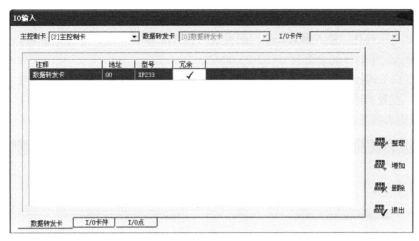

图 2-57　数据转发卡组态界面（2）

在图 2-57 控制站组态界面上点击"I/O 卡"标签，进入 I/O 卡组态界面，点击"增加"，如图 2-58 所示。

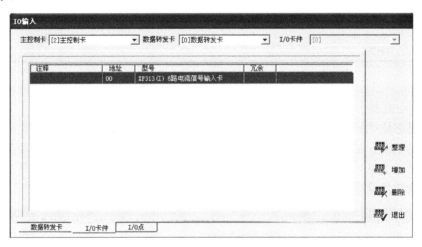

图 2-58　I/O 卡组态界面（1）

I/O 卡件组态内容如下。

● 数据转发卡：在其下拉列表中将显示当前数据转发卡的组态情况。可任意选择一块作为当前 I/O 卡件组态的数据转发卡。

● 注释：可以写入 I/O 卡件的相关说明（可由任意字符组成）。

● 地址：定义当前 I/O 卡件在挂接的数据转发卡上的地址，为 00～15。I/O 卡件的组态地址应与它在控制站机笼中的排列编号相匹配，并且地址编号不可重复。

● 型号：从下拉列表中选择需要的 I/O 卡件类型。

● 冗余：将当前选定的 I/O 卡件设为冗余单元。欲将某可冗余卡件设置为冗余结构，则其地址（设为偶数）的相邻地址必须未被占用。

注：若要对某可冗余的卡件进行冗余设置，必须确保其相邻地址不被占用，否则系统提示无法冗余。

按照项目案例配置清单、I/O 卡件布置图、I/O 测点，在[2]主控制卡的 00#数据转发卡下，配置系统 I/O 卡件，地址信息（02-00-？？-？？）

输入液位测点信息为 4~20mA 模拟量，考虑电流卡件和电压卡件的性价，在这里选择 6 路点隔离电压输入卡件 XP314（I），在其端子板 XP520 的端子上接入 250Ω 紧密电阻，实现 4~20mA 电流到 1~5V 电压转化。输入测点一个，配置 XP314（I）卡件一块，卡件地址 00，选择其 00 通道进行信息输入，卡件不冗余配置。（02-00-00-00）

输出电动调节阀控制信息为 4~20mA（III 型）模拟量，选择 4 路模拟输出卡件 XP322 一块，卡件地址 01，配置其通道 00 进行输出信息传递，卡件不冗余配置。（02-00-01-00）

I/O 卡件组态信息如图 2-59 所示。

图 2-59　I/O 卡件组态界面（2）

（3）I/O 点组态

I/O 点组态是对所组卡件的信号点进行组态。可以分别选择主控制卡、数据转发卡和 I/O 卡件进行相应的组态。在选定一块 I/O 卡件后可以点击"增加"按钮连续添加其信号点，直至达到该卡件的信号点上限，此时"增加"按钮呈灰色不可操作状态。删除时，其余信号点的地址将保持不变，不会重新编排。在 IO 卡组态界面中选择 I/O 点标签页，如图 2-60 所示。

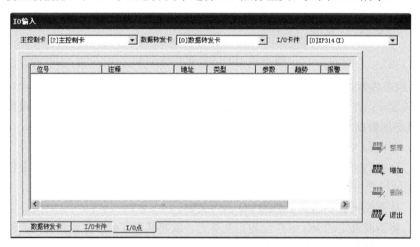

图 2-60　I/O 点组态界面

I/O 点组态内容如下。

- 位号：当前信号点在系统中的位号。每个信号点在系统中的位号应是唯一的，不能重复，位号只能以字母开头，不能使用汉字，且字长不得超过 10 个英文字符。
- 注释：注释栏内写入对当前 I/O 点的文字说明，字长不得超过 20 个字符。

- 地址：此项定义指定信号点在当前 I/O 卡件上的编号。信号点的编号应与信号接入 I/O 卡件的接口编号匹配，不可重复使用。
- 类型：此项显示当前卡件信号点信号的输入/输出类型，类型包括：模拟信号输入 AI、模拟信号输出 AO、开关信号输入 DI、开关信号输出 DO、脉冲信号输入 PI、位置输入信号 PAT、事件顺序输入 SOE 七种类型。
- 参数：根据信号点类型进行信号点参数设置。点击 >> 按钮将进入相应的参数设置界面。
- 趋势：确定信号点是否需要进行历史数据记录及记录的方式。点击 >> 按钮将进入相应的 I/O 趋势组态对话框。
- 报警：根据信号点类型进行信号点报警设置。点击 >> 按钮将进入相应的报警组态对话框。
- 区域：对信号点进行分组分区。点击 >> 按钮将进入相应的数据分组分区设置对话框。

根据 I/O 测点清单、卡件布置图、测点分析等，在电压输入卡件 XP314（I）的 00 通道进行单容水箱液位输入信号的采集通道，组态地址为：02-00-00-00；在模拟输出卡件 XP322 的通道 00 输出电动调节阀阀位控制信号，组态地址为：02-00-01-00。I/O 卡件组态信息如图 2-61 所示。

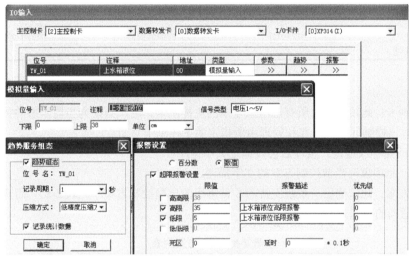

（a）输入点组态

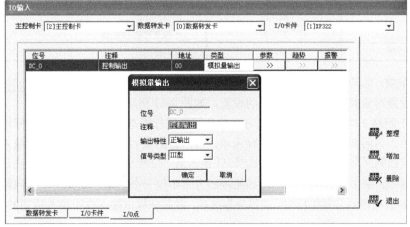

（b）输出点组态

图 2-61　输入及输出点组态

（4）常规控制方案组态

常规控制方案是指过程控制中常用的对对象的调节控制方法。这些控制方案在系统内部已经编程完毕，只要进行简单的组态即可。

点击工具栏中 图标或点击菜单命令[控制站/常规控制方案]，将弹出如图 2-62 所示对话框，点击增加按钮将自动添加默认的控制方案。每个控制站支持 64 个常规回路。

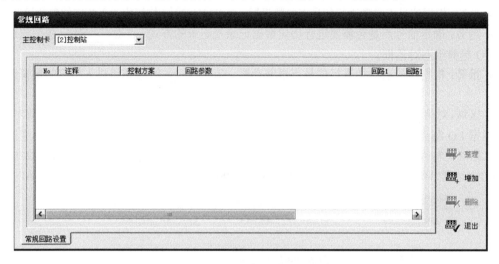

图 2-62　常规控制方案组态

- 主控制卡：此项中列出所有已组态登录的主控制卡，用户必须为当前组态的控制回路指定主控制卡，对该控制回路的运算和管理由所指定的主控制卡负责。
- No：回路存放地址，整理后会按地址大小排序。
- 注释：此项填写当前控制方案的文字描述。
- 控制方案：此项列出了系统支持的 8 种常用的典型控制方案（见表 2-8），用户可根据自己的需要选择适当的控制方案。

表 2-8　控制方案列表

控 制 方 案	回 路 数	控 制 方 案	回 路 数
手操器	单回路	串级前馈	双回路
单回路	单回路	单回路比值	单回路
串级	双回路	串级变比值-乘法器	双回路
单回路前馈	单回路	采样控制	单回路

- 回路参数：此功能组用于确定所组态控制方案的输出方法。单击后面的 >> 按钮，在弹出的回路设置对话框中进行回路参数的设置。如图 2-63 所示。
- 回路 1/回路 2 功能组用以对控制方案的各回路进行组态（回路 1 为内环，回路 2 为外环）。回路位号项填入该回路的位号；回路注释项填入该回路的说明描述；回路输入项填入回路反馈量的位号，常规控制回路输入位号只允许选择 AI 模入量，位号也可通过 ? 按钮查询选定。系统支持的控制方案中，最多包含两个回路。如果控制方案中仅一个回路，则只需填写回路 1 功能组。
- 当控制输出需要分程输出时，选择分程选项，并在分程点输入框中填入适当的百分数（40%时填写 40）。
- 如果分程输出，输出位号 1 填写回路输出<分程点时的输出位号，输出位号 2 填写回路输出>分程点时的输出位号。如果不加分程控制，则只需填写输出位号 1 项，常规控制回路输出位号只允许选择 AO 模出量，位号可通过一旁的 ? 按钮进行查询。

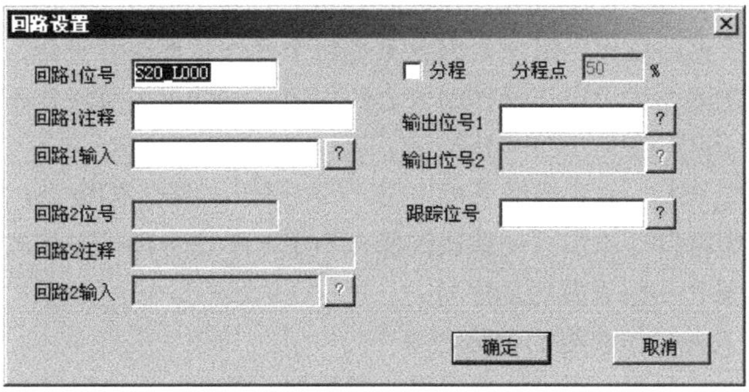

图 2-63 回路设置组态窗口

● 跟踪位号用于当该回路外接硬手操器时，为了实现从外部硬手动到自动的无扰动切换，必须将硬手动阀位输出值作为计算机控制的输入值，跟踪位号就用来记录此硬手动阀位值。

控制方案组态对话框中的控制方案表列出了系统内置的控制方案。用户可在表中选定某个控制方案进行组态操作。

对一般要求的常规控制，这里提供的控制方案基本都能满足要求。这些控制方案易于组态，操作方便，且实际运用中控制运行可靠、稳定，因此对于无特殊要求的常规控制，建议采用系统提供的控制方案，而不必用户自定义。

按照项目案例任务单，设置单容水箱液位 PID 控制系统常规控制方案。如图 2-64 所示。

图 2-64 系统常规控制方案设置

3．操作站组态

在系统组态中，"操作站"菜单用于对系统监控画面和监控操作进行组态。对监控画面的修改可以不用执行下载操作。

操作站组态包括操作小组设置、标准画面组态（总貌画面、趋势画面、分组画面、一览画面）、流程图、报表、自定义键、弹出式流程图、二次计算、语音报警。

在操作站设置中，必须先进行操作小组设置，才能在已设置好的操作小组上完成其他功能组态。

(1) 操作小组设置

设置操作小组的意义在于不同的操作小组可观察、设置、修改不同的标准画面、流程图、报表、自定义键等。所有这些操作站组态内容并不是每个操作站都需要查看，在组态时选定操作小组后，在各操作站组态画面中设定该操作站关心的内容，这些内容可以在不同的操作小组中重复选择。

点击工具栏中 图标，或者选择菜单中[操作站/操作小组设置]命令，将弹出如图 2-65 所示对话框。点击增加按钮将自动添加系统默认的操作小组，单击各项可以修改具体内容。

- 序号：此栏为操作小组设置时的序号。
- 名称：此栏写入各操作小组的名称。
- 切换等级：从下拉列表中可以选择操作小组的登录等级，系统提供观察、操作员、工程师、特权四种操作等级。在 AdvanTrol 监控软件运行时，需要选择启动操作小组名称，可以根据登录等级的不同进行选择。当切换等级为观察时，只可观察各监控画面，而不能进行任何修改；当切换等级为操作员时，可将修改权限设为操作员的自定义变量、回路、回路给定值、手自动切换、手动时的阀位值、自动时的 MV；当切换等级为工程师时，还可修改控制器的 PID 参数、前馈系数；当切换等级为特权时，可删除前面所有等级的口令，其他与工程师等级权限相同。

注：在实际工程应用中，一般设置一个特殊的操作小组，它包含所有操作小组的组态内容，这样，当其中有一操作站出现故障，可以运行此操作小组，查看出现故障的操作小组运行内容，以免时间耽搁而造成损失。

根据项目案例任务单，配置系统操作小组如图 2-66 所示。

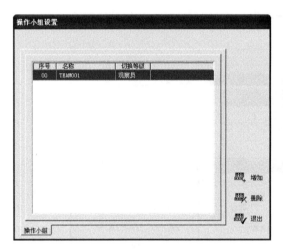

图 2-65 操作小组设置对话框

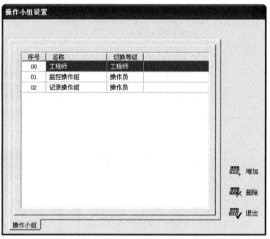

图 2-66 操作小组组态界面

(2) 二次计算（数据分组分区）

在系统组态界面的工具栏中点击命令按钮 ，进入"操作站设置"界面，点击"增加"命令，系统自动生成一个二次计算文件，页标题为"二次计算"，文件名与组态文件名相同。一个 SCKey 文件只能有一个 SCTask 文件，即在运行系统后只能选用一个 SCTask 文件，其他 SCTask 文件不予调用。它不从属于某个操作小组而被所有的操作小组引用。在任何操作小组中对其的修改也意味着其他操作小组同时修改。当系统已经建立二次计算文件后，"增加"命令就会变成灰色不可操作。如图 2-67 所示。

点击"编辑"命令，系统将弹出二次计算组态界面，如图 2-68 所示。

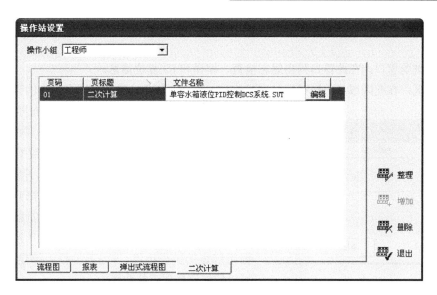

图 2-67 二次计算组态界面 1

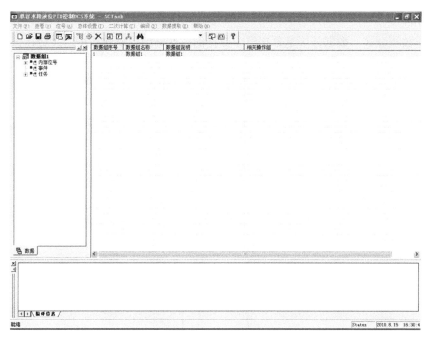

图 2-68 二次计算组态界面 2

- 标题栏：显示正在操作文件的名称。文件名与组态文件名相同。
- 菜单栏：显示经过归纳分类后的菜单项。包括文件、查看、位号、总体设置、二次计算、编译、数据提取和帮助八个菜单项，每个菜单项含有下拉式菜单。
- 工具栏：将常用的菜单命令和功能图形化为工具图标集中为工具栏。工具条可以在工具栏内整体移动，当鼠标放在各个图标上时都会出现解释字样。
- 状态栏：状态栏位于 SCTask 编辑界面的下部，在状态栏的左边显示相关的操作提示，右边显示时间信息。
- 数据浏览窗口：显示数据信息结构，在各个数据组下面有内部位号、事件、任务三个项。

其中内部位号下面是数据分区，数据分区下的数据变量类型有整型、布尔型、实型、字符串型和结构变量。

- 日志浏览窗口：在此窗口列出组态检查、编译和 ID 复位信息。
- 信息区：在此区域列出数据组、内部位号、事件、任务、结构等所有元素的详细信息。

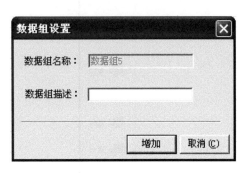

① 新建数据组　在二次计算组态界面工具栏中点击图标，或是点击菜单命令[位号/新建数据组]，系统根据内置排序自动生成一个新的数据组，同时弹出数据组设置对话框，如图 2-69 所示。

- 数据组名称：系统根据内置排序自动生成。
- 数据组描述：输入对数据组的说明。
- 操作组设置：从操作小组列表中选择要与此数据组绑定的操作小组。（与某数据组绑定的操作小组可以监控该数据组的数据）

图 2-69　数据组设置界面

数据组最多能组 32 个。数据组 0 为内置数据组，由系统自动生成，用户不可见。数据组 0 包括 SCKey 的全部 IO 位号，IO 位号可在任何一个操作站上直接操作。

② 新建数据分区　数据分区是数据组中数据的二次分配。新建数据组时会在该数据组下自动建立一个 0 号分区，当选择新建数据分区后，系统会内置排序。

在二次计算组态界面中点击菜单命令[位号/新建数据分区]，弹出新增数据分区对话框，如图 2-70 所示。

- 所属数据组：从下拉菜单中选择要在哪个数据组下设置数据分区。
- 分区名称：写入分区名称。
- 缩写标识：写入分区名称的缩写标识。
- 该组已有分区：列表显示出该组已建立的分区。

点击"确认"，在数据浏览窗口和信息区就会显示出新添加的数据分区的相关信息。按项目案例任务单，设置数据分组分区信息组态如图 2-71 所示。

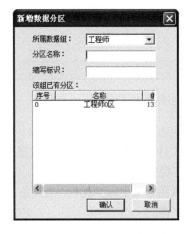

图 2-70　数据分区设置界面 1

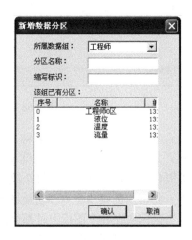

图 2-71　数据分区设置界面 2

③ 光字牌设置　光字牌是根据数据位号分区情况，在实时监控画面中将同一数据分区内的

位号所产生的报警集中显示。

在二次计算组态界面中点击菜单命令[总体设置/光字牌设置],弹出光字牌组态界面如图 2-72 所示。

图 2-72　光字牌设置界面

- 操作小组标签：选择使用光字牌的操作小组。
- 行列设置：在行的设置窗口中可输入一个 0~3 之间的任意整数，列的设置窗口中可输入一个 1~32 之间的任意整数。
- "设置"按钮：点击"设置"，则弹出图 2-73 所示的提示框，点击"确定"，则行列设置生效。

图 2-73　光字牌设置确认对话框

光字牌按钮：双击各个光字牌按钮，弹出图 2-74 所示的光字牌分区选择界面。在光字牌名称输入窗口中输入要设置的光字牌的名称。在数据组可选下拉菜单中选择各数据组，选定数据组后，在下面的数据分区名称列表中会自动显示出该数据组下的所有分区。在各分区前的可选框中选择任一分区，点击"确定"，设置生效，点击"取消"则此次操作将被忽略。

按任务单要求的光字牌如图 2-75 所示。

（3）位号区域划分

若在 IO 数据组态时未对各数据点位号分组分区，则可利用"位号"菜单中的"位号区域划分"命令对所有已组态完成的位号（包括自定义变量）进行 IO 数据的逻辑区域划分。

位号区域划分操作步骤如下。

点击菜单命令[位号/位号区域划分]，弹出位号区域设置界面，如图 2-76 所示：

- 控制站标签：选中某一控制站标签页可将该控制站所有位号列表显示。
- 数据组标签：选择接受位号的数据组。具体的数据组在二次计算中进行设置。

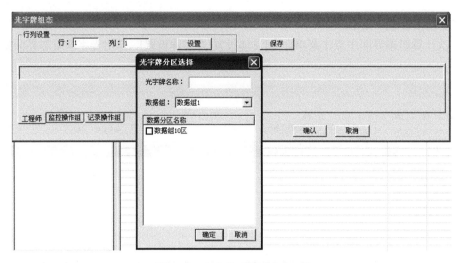

图 2-74 光字牌分区选择界面

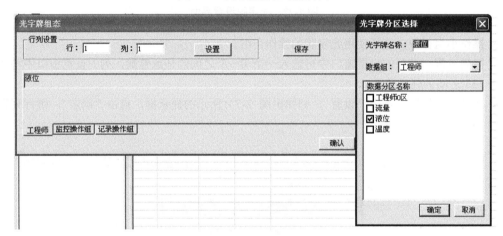

图 2-75 光字牌设置

图 2-76 位号区域设置界面

- 分组信息复位：将所有数据组分区中的位号删除。
- 数据区：数据组下的所有分区，具体分区在二次计算中进行设置。
- ⟩：将选中的位号添加到指定的数据区。
- ⟫：将选中控制站的所有位号添加到指定的数据区。
- ⟪：将指定数据区的所有位号删除。
- ⟨：将数据区内指定的位号删除。
- 描述查询：通过描述查找位号。（输入描述的内容，点击🔍，查找结果在控制站标签列的查找结果中显示）。
- 名称查询：通过位号名称查找位号。（输入位号名，点击🔍，查找结果在控制站标签列的查找结果中显示）。
- 分组-分区详细设置：点击此按钮将弹出分组分区设置界面，通过"数据分组"的下拉列表选择数据组，在右边的数据区域中显示对应分区中的所有位号。该功能可用于查看或增加/删除数据组对应的分区上的位号。

注：分组分区中选择的 IO 位号在二次计算组态的数据组中看不见，只有在实时的状态下才可以看到，具体的操作如下：在实时监控画面中点击 ◈ 图标，在弹出的窗口中选择"打开系统服务"，在"运行"的下拉列表中选择"实时浏览"，即可看到 IO 位号。

按照任务单中数据分组分区信息，进行位号区域划分，如图 2-76 所示。

（4）操作画面组态

1）总貌画面组态

每页总貌画面可同时显示 32 个位号的数据和说明，也可作为总貌画面页、分组画面页、趋势曲线页、流程图画面页、数据一览画面页的索引，总貌画面是标准画面之一。

点击工具栏中 # 总貌 图标，或者选择菜单中[操作站/总貌画面]命令，将弹出总貌画面设置对话框。点击增加按钮将自动添加一页新的总貌画面，如图 2-77 所示。

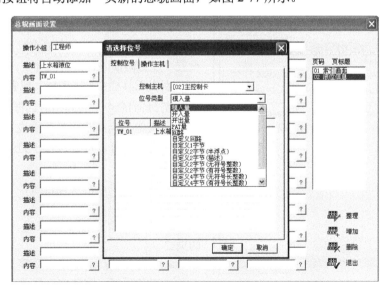

图 2-77 总貌画面设置界面

- 操作小组：此项指定总貌画面的当前页在哪个操作小组中显示。
- 页码：此项选定对哪一页总貌画面进行组态。
- 页标题：此项显示指定页的页标题，即对该页内容的说明。

● 显示块：每页总貌画面包含 8×4 共 32 个显示块。每个显示块包含描述和内容两行：上行写说明注释；下行填入引用位号，一旁的 ? 按钮提供位号查询服务。

● 总貌画面组态窗口右边有一列表框，在此列表框中显示已组态的总貌画面页码和页标题，用户可在其中选择一页进行修改等操作，也可使用键盘中的方向键及 PageUp 和 PageDown 键进行翻页。

根据项目案例任务单，在总貌画面组态中，需建立对一览画面、流程图画面、分组画面、趋势画面的索引，由于在项目组态中这些组态画面还没有进行，因此在总貌中设置索引信息可在其他画面完成后进行。

总貌画面操作步骤如下：

① 打开总貌画面，点击"增加"，添加总貌画面页；
② 选择操作小组为工程师，页码输入 1，页标题为"索引画面"；
③ 点击显示块的" ? "，出现"请选择位号"对话框，点击"操作主机"对话框，根据任务单要求，在"位号类型"中的总貌画面、趋势画面、流程图画面、一览画面、分组画面中选择需要进行索引的画面的页码信息，选中该页码，点击确定，在显示块中添加了操作画面的页码索引信息。如果需要进行索引的操作画面下有多页信息，可通过多选快捷键"Ctrl"或"Shift"进行选择，一次添加多页画面索引信息。
④ 索引画面设置完成后，点击"增加"，添加总貌画面页；
⑤ 选择操作小组为工程师，页码输入 1，页标题为"液位信号"；
⑥ 点击显示块的" ? "，出现"请选择位号"对话框，点击"控制位号"对话框，根据任务单要求，选择控制主机（即进行总貌画面组态的位号的控制主机/主控制卡），在"位号类型"中的模入量、开入量、开出量、PAT 量、回路、自定义回路、自定义字节大类中选择需要进行总貌画面组态的位号信息。选中该位号，点击确定，在显示块中添加了液位信息。如果需要组态的位号在同一位号类型中有多个位号信息，可通过多选快捷键"Ctrl"或"Shift"进行选择，一次添加多个同类型位号信息。

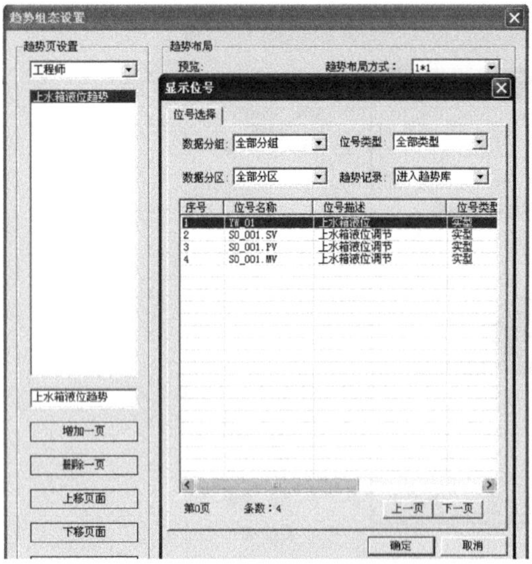

2）趋势画面

趋势画面组态用于完成实时监控趋势画面的设置。趋势画面是标准画面之一。

点击工具栏中 图标，或者选择菜单[操作站/趋势画面]命令，将弹出对话框如图 2-78 所示。

● 操作小组：在"趋势页设置"下方有个下拉可选菜单，可以进行操作小组的选择。趋势组态对话框。

● 增加一页：点击此按钮，将自动添加一页空白页。

● 删除一页：点击此按钮，可以删除选中的页。

● 上移页面：将选定页位置上移。

● 下移页面：将选定页位置下移。

● 退出：退出当前画面。

图 2-78 趋势组态界面 1

● 趋势布局方式：在趋势布局方式的可选下拉菜单中可以进行趋势布局的选择。有 1*1、1*2、2*1、2*2 四种布局方式，如图 2-79 所示。

● 选择当前趋势：此项选定对哪一个趋势控件进行组态。1*1 的布局模式，只可以选择为"趋势 1"。

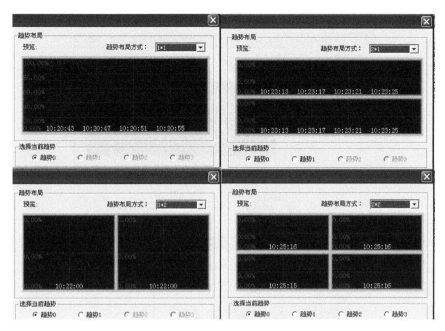

图 2-79　趋势画面布局

● 趋势设置：点击"趋势设置"按钮，弹出如图 2-80 所示控件设置对话框。在图的左半部分，可以对监控画面的显示方式进行各项设定，并可以对趋势的时间跨度进行设置。在图的右半部分，可以对监控画面中位号的显示信息进行各项设置。

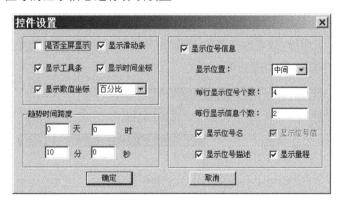

图 2-80　趋势控件设置对话框

● 趋势位号设置：每个趋势控件画面至多包含八条趋势曲线，每条曲线通过位号引用来实现。点击普通趋势位号右边的 ？ ，弹出如图 2-78 所示趋势位号选择对话框。点击数据分组右边的下拉可选菜单，进行数据组选择。点击位号类型右边的下拉可选菜单，进行位号类型的选择。点击数据区右边的下拉选项可选择数据区。点击趋势记录右边的下拉选项可选择是否趋势库中的位号。选择完毕后，下方的列表框中将显示出符合选项的全部位号，选中需要的位号并单击"确定"按钮，即完成位号的选择。

● 颜色设置：点击 ■ 按钮，弹出 228 色的绘图板，用户可任意选择趋势线条的显示颜色。

● 坐标设置：点击 坐标 按钮，弹出如图 2-81 所示对话框，在该对话框中可以进行坐标的上下限进行设置。

注：趋势曲线的位号引用不包括模出量，且趋势画面组态信息不在系统组态窗口的状态数种出现。

按项目案例任务单趋势曲线要求组态系统趋势信息，如图 2-81 所示。

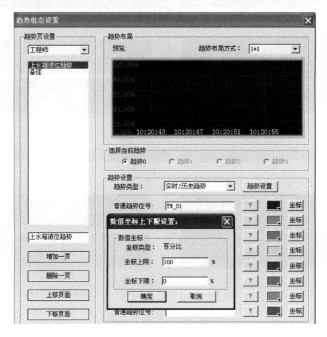

图 2-81　趋势画面组态界面 2

3）分组画面

分组画面组态是对实时监控状态下分组画面里的仪表盘的位号进行设置。分组画面是标准画面之一。

点击工具栏中 图标，或者选择菜单[操作站/分组画面]命令，将弹出如图 2-82 所示对话框。点击增加按钮，将自动添加一页空白页。

图 2-82　分组画面设置对话框

● 操作小组：此项指定当前分组画面页在哪个操作小组的操作画面中显示。

- 页码：此项选定对哪一页分组画面进行组态。
- 页标题：此项显示指定页的页标题，即对该页内容的说明。标题可使用汉字，字符数不超过 32 个。
- 仪表组位号：每页仪表分组画面最多包含八个仪表盘，每个仪表通过位号来引用。 ? 按钮提供位号查询功能。

注：分组画面中位号引用不包含模出量位号。

4）一览画面

一览画面在实时监控状态下可以同时显示多个位号的实时值及描述，是系统的标准画面之一。

点击工具栏中 图标，或者选择菜单中[操作站/一览画面]命令，将弹出如图 2-83 所示对话框。点击增加按钮，将自动添加一页空白页。

图 2-83　一览画面设置对话框

- 操作小组：此项指定当前一览画面页在哪个操作小组中显示。
- 页码：此项选定对哪一页一览画面进行组态。
- 页标题：此项显示指定页的页标题，即对该页内容的说明。
- 数据显示块：每页一览画面包含 8×4 共 32 个数据显示块。每个显示块中填入引用位号，在实时监控中，通过引用位号引入对应参数的测量值。一旁的 ? 按钮提供位号查询服务。

根据项目案例任务单一览分组画面要求，组态系统一览画面信息，如图 2-83 所示。

（5）自定义键

自定义键组态用于设置操作员键盘上 24 个自定义键的功能。

点击工具栏中 图标，或者选择菜单中[操作站/自定义键]命令，将进入自定义键组态对话框。点击增加按钮，将自动添加一个新的自定义键键号，如图 2-84 所示。

- 操作小组：此项指定当前自定义键在哪个操作小组中启用。
- 键号：此项选定对哪一个键进行组态，系统至多提供 24 个自定义键。
- 键描述：此项填写当前自定义键的文字描述，可用汉字，字符数不超过 32 个。
- 键定义语句：用户在键定义语句框中对当前选择的自定义键进行编辑，按后面的 ? 钮提供对已组态位号的查找功能。
- 错误信息：写好键定义语句后，按 检查 按钮将提供对已组态键代码的语法检查功能，检查结果显示在错误信息框中。

图 2-84　自定义键组态窗口

自定义键的语句类型包括按键（KEY）、翻页（PAGE）、位号赋值（TAG）3 种，格式如下。

1）KEY 语句格式：（键名）
2）PAGE 语句格式：（PAGE）（页面类型代码）[页码]
3）TAG 语句格式：（{位号}[.成员变量]）（=）（数值）

（）中的内容表示必须部分；[]中的内容表示可选部分。在位号赋值语句中，如果有成员变量，位号与成员变量间不可有间隔符（包括空格键、TAB 键），除上述三类语句格式，注释符";"表示本行自此以后为注释，编译时将略过。

注：当翻页中设置的页码数大于已存在页码，运行时将翻到页码最大的一页。

自定义键的按键语句可设置键名见表 2-9。

表 2-9　自定义键可设置键名列表

键　名	说　明	键　名	说　明
AL	报警一览	DUP	开关上
OV	系统总貌	DDN	开关下
CG	控制分组	QINC	快增
TN	调整画面	INC	增加
TG	趋势图	DEC	减小
GR	流程图	QDEC	快减

续表

键 名	说 明	键 名	说 明
DV	数据一览	F1	
PSWD	口令	F2	
PGUP	前翻	F3	
PGDN	后翻	F4	
COPY	屏幕拷贝	F5	
AUT	自动	F6	功能键
SLNC	消音	F7	
CUP	上	F8	
CDN	下	F9	
CLEFT	左	F10	
CRGT	右	F11	
ACC	确认	F12	
MAN	手动		

自定义键的翻页语句中可设置的页面类型见表 2-10。

表 2-10 页面类型列表

页面类型代码	页面类型	页面类型代码	页面类型
OV	系统总貌	GR	流程画面
CG	控制分组	TN	调整画面（无页码值）
TG	趋势画面	AL	报警一览（无页码值）
DV	数据一览		

自定义键的位号赋值语句中可赋值的位号类型见表 2-11。

表 2-11 位号类型列表

位 号	说 明	位号扩展名	说 明
DO	开出位号	.MV	阀位值位号（浮点 0~100 百分量）
SA	自定义模拟量位号	.SV	回路的设定值位号（浮点）
SD	自定义开关量位号（布尔值 ON/OFF）	.AUT	手/自动开关位号（布尔值）

按项目案例任务单自定义键要求设置"总貌一览键"、"翻到流程图第 1 页"设置系统自定义键信息，如图 2-85 所示。

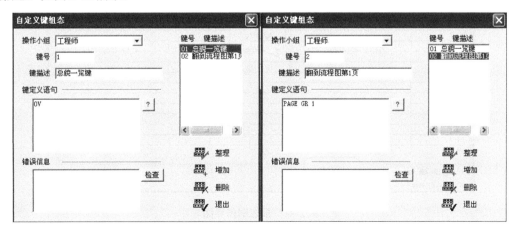

图 2-85 自定义组态界面

（6）报表

在工业控制系统中，报表是一种十分重要且常用的数据记录工具。它一般用来记录重要的系统数据和现场数据，以供工程技术人员进行系统状态检查或工艺分析。

SCFormEx 报表制作软件是全中文界面的制表工具软件，是 SUPCON WebField 系列控制系统组态软件包的重要组成部分之一，具有全中文化、视窗化的图形用户操作界面。

制作完成的报表文件应保存在系统组态文件夹下的 Report 子文件夹中。

在系统组态界面工具栏中点击图标 进入操作站报表设置对话框，在对话框中点击"增加"命令，增加报表页，如图 2-86 所示。

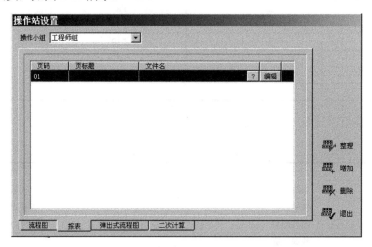

图 2-86　操作站报表设置界面

点击编辑按钮进入报表制作界面，如图 2-87 所示。

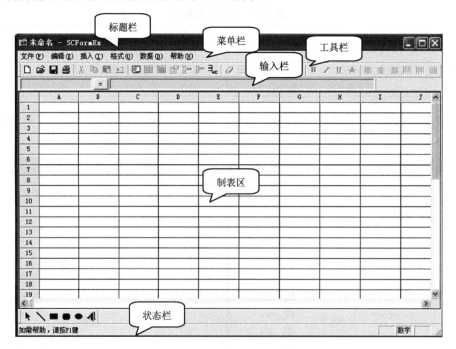

图 2-87　报表制作界面

注：进入设置对话框后，对报表文件名的直接定义无意义。可直接点击编辑按钮进入相应的报表制作

界面。报表制作完毕后选择保存命令,将组态好的报表文件保存在指定路径的文件夹中。再次进入设置对话框,从 ? 中选择刚刚编辑好的报表文件即可。

- 标题栏:显示报表文件的名称信息。尚未命名或保存时,该窗口被命名为"无标题-SCFormEx"。已经命名或保存后,窗口将被命名为***-SCFormEx。其中"***"表示正在进行编辑操作的报表文件名。
- 菜单栏:显示经过归纳分类后的菜单项,包括文件、编辑、插入、格式、数据、帮助等六项。鼠标左键单击某一项将自动打开其下拉菜单。
- 工具栏:包括 38 个快捷图标,是各菜单项中部分命令(使用最频繁)和一些补充命令的图形化表示,方便用户操作。
- 输入栏:可在此输入相应的文字内容,单击 = 键将输入的文字转换到左边位置信息对应的单元格中。注意,在右边空格中输入文字完毕后,必须单击 = 键,否则文字输入无效。
- 制表区:是本软件的工作区域,所有的报表制作操作都体现在此制表区中,该区域的内容将被保存到相应的报表文件中。
- 状态栏:位于报表制作软件界面的最底部,显示了当前的操作信息。

1)报表数据组态

报表数据组态主要通过报表制作界面的"数据"菜单完成。组态包括事件定义、时间引用、位号引用、报表输出四项,主要是通过对报表事件的组态,将报表与 SCKey 组态的 I/O 位号、二次变量以及监控软件 AdvanTrol 等相关联,使报表充分适应现代工业生产的实时控制需要。

① 事件定义 事件定义用于设置数据记录、报表产生的条件,系统一旦发现事件信息被满足,即记录数据或触发产生报表。事件定义中可以组态多达 64 个事件,每个事件都有确定的编号,事件的编号从 1 开始到 64,依次记为 Event[1]、Event[2]、Event[3]……Event[64]等,点击菜单命令[数据/事件定义]将弹出图 2-88 所示事件组态对话框。

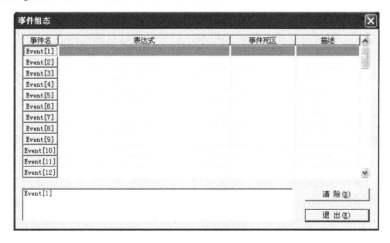

图 2-88 事件组态对话框

表达式是由操作符、函数、数据等标识符的合法组合而成的,表达式所表达的事件结果必须为一布尔值。

描述是对事件的文字或符号注释。

事件死区的单位是秒,在时间量组态对话框中将时间量与该事件绑定,引用事件触发后,在事件死区范围内将不会记录新的事件触发时间。

第一步:用鼠标单击菜单栏中数据项(或使用组合键 Alt+D),在其下拉菜单中选择事件定义命令,将弹出事件组态窗口,如图 2-88 所示。

第二步：组态事件。双击事件 1 后面的表达式条，输入表达式，按下回车键（注意，输入表达式后必须按下回车键确认，否则输入的信息将不被保存）。若所输入的表达式无语法错误，则在窗口下方的状态栏中将提示表达式正确，否则提示表达式错误，并在其后显示错误信息。如图 2-89 所示。

图 2-89　事件组态示例

第三步：设置事件说明。

第四步：退出。事件组态完成后，点击退出即关闭组态窗口。

事件组态完成后，就可以在相关的时间组态、位号组态以及输出组态中被引用了。

☆时间引用

时间引用用于设置一定事件发生时的时间信息。时间量记录了某事件发生的时刻，在进行各种相关位号状态、数值等记录时，时间量是重要的辅助信息。时间量组态步骤如下。

第一步：用鼠标单击菜单栏中数据项（或使用组合键 Alt+D 打开），在其下拉菜单中选择时间引用，将弹出时间量组态窗口，如图 2-90 所示。

第二步：组态时间量。双击 Timer1 后面的引用事件条，组态好的事件将全部出现在下拉列表中，选择需要的事件（若希望 Timer1 代表事件 1 为真时的时间，就在此处选择 Event[1]），按下回车键确认。在引用事件时也可不选择已经组态好的事件，而是使用 No Event，这样，时间量的记录将不受事件的约束，而是依据记录精度进行时间量的记录，按照记录周期在报表中显示记录时间（关于记录周期和记录精度将在后面报表输出中说明），按下回车键确认。如图 2-91，双击 Timer1 后面的时间格式条，在下拉列表中根据实际需要选择时间显示方式，回车确认（注意，在这里输入表达式后必须按下回车键确认，否则输入的信息将不被保存）。

第三步：设置时间量说明。双击 Timer1 后面的说明条，输入注释的文本即可，按回车键确认。

第四步：退出。设置完成后，点击退出即关闭组态窗口。

在 SCFormEx 报表制作中用户最多可对 64 个时间量进行组态，组态完成后即可在报表编辑中引用这些编辑好的时间量了。

图 2-90　时间量组态窗口 1

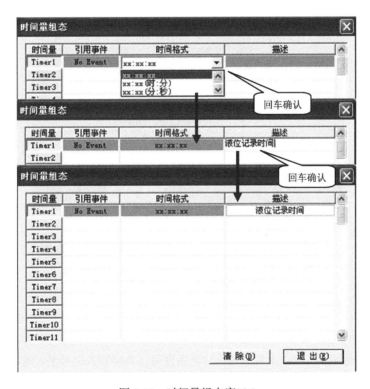

图 2-91　时间量组态窗口 2

② 位号引用　在位号量组态中，用户必须对报表中需要引用的位号进行组态，以便能在事件发生时记录各个位号的状态和数值。

位号量组态的过程如下。

第一步：用鼠标单击菜单栏中数据项（或使用组合键 Alt+D 打开），在其下拉菜单中选择位号引用，将弹出位号量组态窗口，如图 2-92 所示。

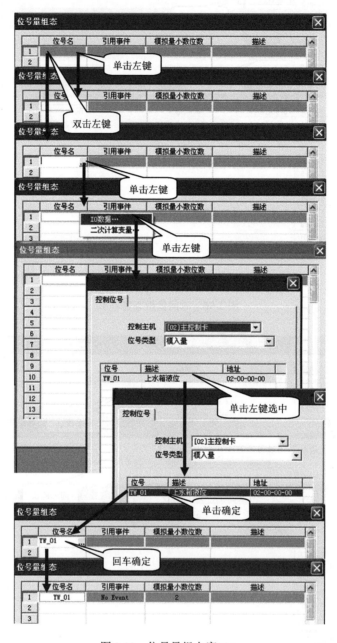

图 2-92　位号量组态窗口 1

第二步：位号时间量。双击 1 后面的位号名条便可以直接输入位号名，或者通过点击 ▓ 按钮来选择 I/O 位号和二次计算变量，分别将弹出对应的位号选择对话框，根据需要选择即可。

注：在输入或选择完成后必须按回车键确认，否则无效。

第三步：组态相关项。如果需要引用事件，可以双击引用事件条来选择事件，这与时间量组态时引用事件的方法相同。模拟量小数位数即需要显示的小数位数，双击对应的文本框，输入相应数字并回车确认即可,如果不需要引用时间(No Event),则位号信息完全按照输出组态中的设置进行记录,而不受任何事件条件的制约。

注:小数位数的显示范围在 0 到 7 之间。默认的应用事件为 No Event,默认的模拟量小数位数是 2 位。

第四步:设置说明。双击说明项文本条,输入注释文本,按下回车键确认即可。如图 2-93 所示。

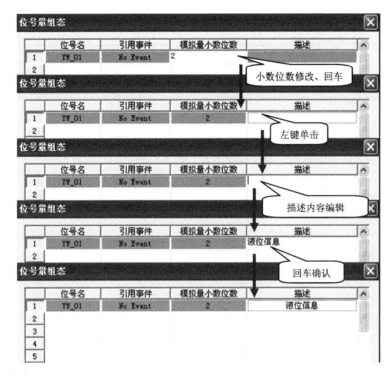

图 2-93 位号量组态窗口 2

③ 报表输出 报表输出用于定义报表输出的周期、精度以及记录方式和输出条件等。

用鼠标单击菜单命令[数据/报表输出](或使用组合键 Alt+D),将弹出报表输出定义对话框,如图 2-94 所示。

● 输出周期:当报表输出事件为 No Event 时,按照输出周期输出。若输出周期为 1 天,则当 AdvanTrol 启动后,每天将产生一张报表;当报表定义了输出事件时,则由事件触发来决定报表的输出,输出事件只是为报表输出提供一个触发信号,在报表已经开始输出后,即使触发事件为假也不会影响报表的继续输出。在报表输出定义中,输出周期的时间单位有:月、星期、日、小时、分、秒 6 种,记录周期的时间单位有:日、小时、分、秒 4 种,它们对应的周期值范围如表 2-12 所示。

图 2-94 报表输出定义对话框

表 2-12　报表输出周期、记录周期列表

		时间单位	周期范围
输出周期		月	1
		星期	1～4
		日	1～40
		小时	1～720
		分	1～43200
		秒	1～2592000
记录周期		日	1
		小时	1～24
		分	1～1440
		秒	1～86400

- 记录周期：对报表中组态好的位号及时间量进行数据采集的周期设置。记录周期必须小于输出周期，输出周期除以记录周期必须小于 5000。
- 纯事件记录：开始运行后，没有事件为真，则不对相关的任何时间变量或位号量进行数据记录，直到某个与添加变量相关的事件为真时，才进行数据记录。其中，引用的触发事件为真的时间变量或位号量的真实值将被记录，引用的触发事件不为真的时间变量或位号量将在本次记录中被记下一个无效值。
- 数据记录方式：如图 2-95 所示，用户可以为报表输出确定其数据记录方式为循环记录或重置记录。循环记录是指在输出条件满足前，系统循环记录一个周期的数据，即系统在时间超过一个周期后，报表数据记录头与数据记录尾的时间值向前推移，保证在报表满足输出条件输出时，输出的报表是一个完整的周期数据记录，且报表尾为当前时间值；如果事件输出条件满足时，未满一个周期，则输出当前周期的数据记录。重置记录是指如果报表在未满一个周期时满足输出条件，输出当前周期数据记录，如果系统已记录了一个周期数据，而输出条件尚未满足，则系统将当前数据记录清除，重新开始新一个周期的数据记录。周期方式下输出的总是一个完整周期的数据记录；而重置周期方式下则不一定。重置周期方式下，报表输出记录头是周期的整数倍时间值；而循环周期方式下，记录头可以为任何时间值。
- 报表保留数：报表份数的限制设定是为了防止产生大量的历史报表而导致硬盘空间不足。报表保留数范围为 1～10000，用户可根据实际需要设定。
- 报表输出条件：用户可使用在事件组态中定义的事件作为输出条件。在此定义的输出事件条件优先于系统缺省条件下的一个周期的输出条件，即当定义的输出事件未发生时，即使时间已达到或超过一个周期了，仍然不输出报表；相反，如果定义的输出事件发生，即使时间上尚未达到一个周期，仍然要输出一份报表。报表输出死区的单位是秒。当报表输出条件中输出事件定义为 No Event 时，历史报表即按照输出周期打印，与打印死区无关。当报表输出条件中输出事件

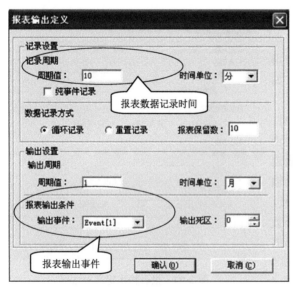

图 2-95　报表输出界面

不是 No Event 时，历史报表的生成时间与输出事件和打印死区有关，当该事件发生并输出报表后，在打印死区时间内，即使该事件再次发生，也不输出报表。

2）报表函数

① 报表事件函数　事件定义中使用事件函数用于设置数据记录条件或设置报表产生及打印的条件，系统一旦发现组态信息被满足，即触发数据记录或产生并且打印报表。表达式所表达的事件结果必须为布尔值。用户填写好表达式后，回车予以确认。

事件定义中可以使用的操作符及其功能说明，见表 2-13。

表 2-13　事件定义操作符

序　号	操 作 符	功 能 说 明	序　号	操 作 符	功 能 说 明
1	(	左括号	11	=	等于
2	)	右括号	12	<	小于
3	,	函数参数间隔号	13	>=	大于或等于
4	+	正号	14	<>	不等于
5	-	负号	15	<=	小于或等于
6	+	加法	16	Mod	取余
7	-	减法	17	Not	非
8	*	乘法	18	And	并且
9	/	除法	19	Or	或
10	>	大于	20	Xor	异或

事件定义中的函数定义（函数名不区分大小写），见表 2-14。

表 2-14　事件定义函数

序　号	函 数 名	参数个数	函 数 说 明	功　能
1	Abs	1	输入为 INT 型，输出为 INT 型	求整数绝对值
2	Fabs	1	输入为 FLOAT 型，输出为 FLOAT 型	求浮点绝对值
3	Sqrt	1	输入为 FLOAT 型，输出为 FLOAT 型	开方
4	Exp	1	输入为 FLOAT 型，输出为 FLOAT 型	自然对数的幂次方
5	Pow	2	输入为 FLOAT 型，输出为 FLOAT 型	求幂
6	Ln	1	输入为 FLOAT 型，输出为 FLOAT 型	自然对数为底对数
7	Log	1	输入为 FLOAT 型，输出为 FLOAT 型	取对数
8	Sin	1	输入为 FLOAT 型，输出为 FLOAT 型	正弦
9	Cos	1	输入为 FLOAT 型，输出为 FLOAT 型	余弦
10	Tan	1	输入为 FLOAT 型，输出为 FLOAT 型	正切
11	GETCURTIME		输出为 TIME_TIME 型	当前时间
12	GETCURHOUR		无输入，输出为 INTEGER 型	当前小时
13	GETCURMIN		无输入，输出为 INTEGER 型	当前分
14	GETCURSEC		无输入，输出为 INTEGER 型	当前秒
15	GETCURDATE		无输入，输出为 TIME_DATE 型	当前日期
16	GETCURDAY-OFWEEK		无输入，输出为 TIME_WEEK 型	当前星期
17	ISJMPH	1	输入为 BOOL 型，一般为位号，输出为 BOOL 型	位号是否为高跳变
18	ISJMPL	1	输入为 BOOL 型，一般为位号，输出为 BOOL 型	位号是否为低跳变
19	GetCurOpr		无输入，输出为字符串	当前的操作人员名

其中，GetCurTime (int　i)函数对应不同的参数，有不同的返回值，见表 2-15。

表 2-15　GetCurTime 函数返回值列表

函 数 名	参 数	返 回 值
GetCurTime	I = 1	××××年 ××月:××日 时:分:秒
	I = 2	××月 ××日 时:分:秒
	I = 3	××日　时:分:秒
	I = 4	周× 时:分:秒
	I = 5	××××年 ××月××日
	I = 6	××月××日
	I = 7	××日
	I = 8	周×
	I = 9	时:分:秒
	I = 10	时:分
	I = 11	分:秒
	缺省	时:分:秒

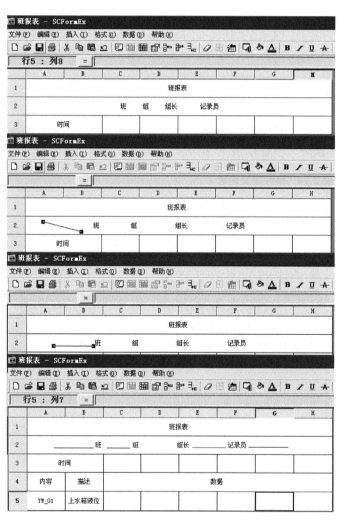

图 2-96　报表编辑界面

事件定义的数据如下。

字符串：以" "限定，在" "之间可以为任何字母、数字、符号等，例如："asfDFFGdS9790#%^u&($$$& #!?>90WE)"。位号：以{ }限定，例如：{adv-9-0}。

数字：例如：12.3% 1234.5678。

时间：例如：8:00:00 23:36。时间值不能为 24 时（或大于 24 时）、60 分（或大于 60 分）、60 秒（或大于 60 秒）及它们的组合。

日期：例如：DATE_1（每个月的 1 日)DATE_31(每个月的 31 日）。不区分字母大小写。日期值必须以 DATE_为前缀，且不能为大于 31 的数值。

星期：例如：MONDAY（星期一）TUESDAY（星期二）SUNDAY（星期天）。不区分字母大小写。

根据项目案例分析任务单报表组态信息，配置系统报表为：

（1）删除多余行、列，并进行相关单元格的合并，输入组态文字；

（2）绘制下划线，点击绘图区域的直线按钮，在编辑区的任意位置单击，绘制直线。如图 2-96 所示。

时间填充：

前面的时间引用中，时间采用"Time1"，且 Time1 触发事件选取为 Event[1]，时间填充信息选取 Time1[0]~ Time1[5]，如图 2-97～图 2-99 所示。

图 2-97 报表时间填充界面 1

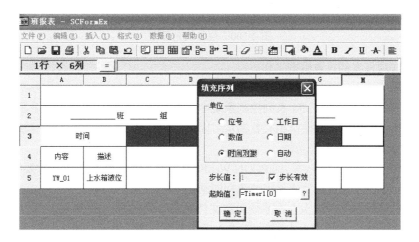

图 2-98 报表时间填充界面 2

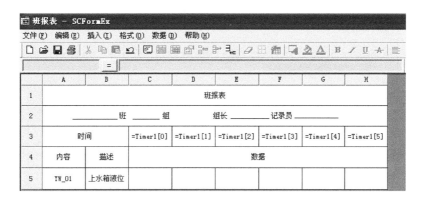

图 2-99 报表时间填充界面 3

位号填充:
在控制位号界面点击确定,在填充序列点击确定,组态如图 2-100 所示。

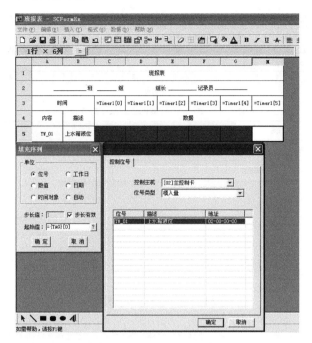

图 2-100　位号填充界面

至此,完成项目案例报表组态工作。

(7) 流程图

流程图是 SUPCON WebField 系列控制系统中最重要的监控操作界面,用于显示被控设备对象的整体流程和工作状况,并操作相关数据量。因此,控制系统的流程图应具有较强的图形显示(包括静态和动态)和数据处理功能。

流程图制作软件 SCDrawex 是 SUPCON WebField 系列控制系统软件包的重要组成部分之一,为用户提供了一个功能完备且简便易用的流程图制作环境。

绘制完成的流程图文件应保存在系统组态文件夹下的 Flow 子文件夹中。

在系统组态界面工具栏中点击图标 进入操作站流程图设置对话框,在对话框中点击"增加"命令,增加一幅流程图,如图 2-101 所示。

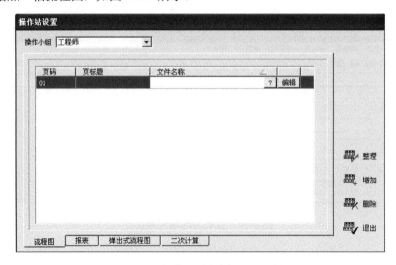

图 2-101　操作站流程图设置对话框

点击编辑按钮进入流程图制作界面,如图 2-102 所示。

注:进入设置对话框后,对流程图文件名的直接定义无意义。可直接点击编辑按钮进入相应的流程图制作界面。流程图制作完毕后选择保存命令,将组态好的流程图文件保存在指定路径的文件夹中。再次进入设置对话框,从 [?] 中选择刚刚编辑好的流程图文件即可。

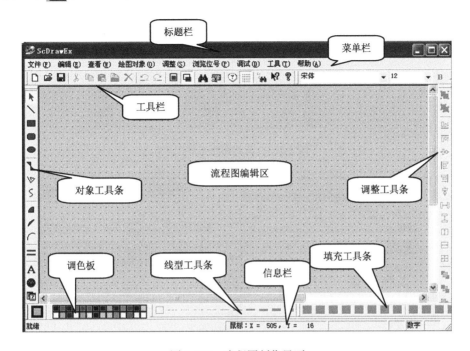

图 2-102 流程图制作界面

- 标题栏:显示正在操作文件的名称。尚未命名时,该窗口将自动被命名为"ScDrawEx"。
- 菜单栏:包括文件、编辑、查看、绘图对象、调整、浏览位号、调试、工具和帮助等九个菜单项。
- 作图区:位于画面正中的区域,是本软件的工作区域。所有的静态操作最终都反映在作图区的变化上,该区域的内容将被保存到相应的流程图文件中。
- 信息栏:位于流程图画面的底部,显示相关的操作提示、当前鼠标在作图区的准确位置和所选取图形对象的左边框和上边框(不规则图形为其选取框)坐标、中心坐标、宽、高等信息。
- 工具栏:包括各种编辑工具。
- 对象工具条:基本图形绘制工具。
- 调整工具条:图形对象调整工具。
- 调色板:图形对象颜色设置工具。
- 线型工具条:图形对象线型选择工具。

按任务单流程图绘制要求,系统组态流程图如图 2-103 所示。

根据案例样图要求,完成系统流程图的图形、文字编辑。

上水箱液位变化动态效果设置

右键点击上水箱液位编辑条,选择动态特性,进入动画属性设置界面,选择比例填充,选择位号为 YW_01,如图 2-104、图 2-105 所示。

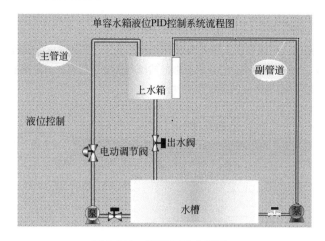

图 2-103　流程图组态界面 1

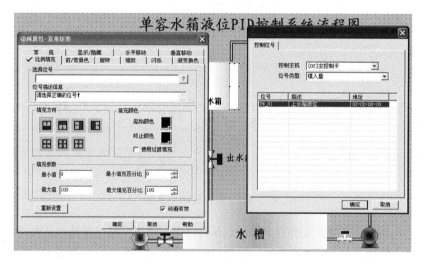

图 2-104　流程图组态界面 2

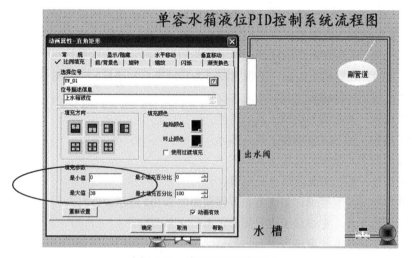

图 2-105　流程图组态界面 3

动态数据添加

点击"对象工具条"的动态数据按钮 0.0，为上水箱液位添加实施动态显示数据，为单容水箱液位 PID 控制设置在线调试回路信息，如图 2-106～图 2-108 所示。

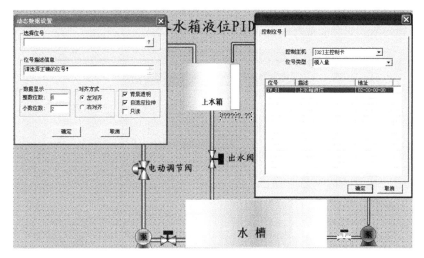

图 2-106　流程图组态界面 4

图 2-107　流程图组态界面 5

动态数据单位添加，颜色编辑。

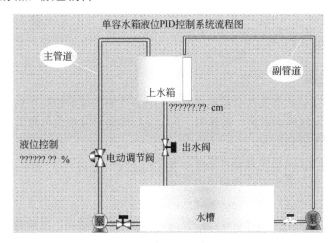

图 2-108　流程图组态界面 6

4. 总貌画面的索引信息组态

趋势画面的索引组态如图 2-109 所示，与分组画面、一览画面、流程图画面的索引组态步骤与其相同，系统总貌索引画面最终组态效果如图 2-110 所示。

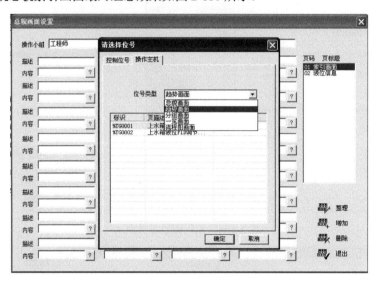

图 2-109　总貌索引画面组态 1

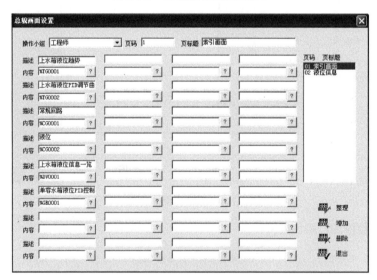

图 2-110　总貌索引画面组态 2

（五）系统组态编译

组态完成后所形成的组态文件必须经过系统编译，才能下载给控制站执行和传送到操作站监控。组态编译包括对系统组态信息、流程图、自定义程序语言及报表信息等一系列组态信息文件的编译。系统编译操作步骤如下。

- 在系统组态界面工具栏中点击"保存"命令。
- 在系统组态界面工具栏中点击编译命令 编译 。
- 检查编译信息显示区内是否提示编译正确。
- 若信息显示区内提示有编译错误，则根据提示修改组态错误，重新编译，系统编译界面如图 2-111 所示。

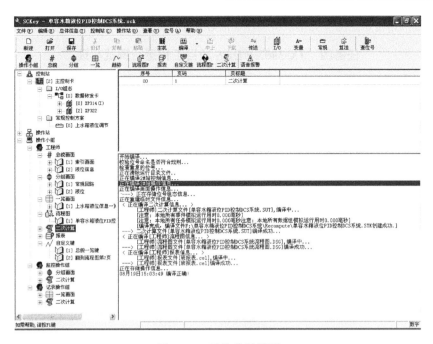

图 2-111　系统编译界面

（六）系统组态传送与下载操作步骤

组态下载与传送是系统组态过程的最后步骤。下载组态，即将工程师站的组态内容编译后下载到控制站；或在修改与控制站有关的组态信息（主控制卡配置、I/O 卡件设置、信号点组态、常规控制方案组态、自定义控制方案组态等）后，重新下载组态信息，如图 2-112 所示。如果修改操作站的组态信息（标准画面组态、流程图组态、报表组态等）则不需下载组态信息。

图 2-112　系统下载界面

传送组态，即在工程师站将编译后的.SCO 操作信息文件、.IDX 编译索引文件、.SCC 控制信息文件等通过网络传送给操作员站。组态传送前必须先在操作员站启动实时监控软件。

任务四 JX-300XP DCS 项目工程运行调试实现

任务主要内容	
在多媒体机房专业教室，根据单容水箱液位 PID 控制 DCS 系统组态文件，完成： ① 资讯相关信息，了解 JX-300XP 系统监控界面； ② 掌握 JX-300XP 系统监控平台的功能、使用方法； ③ 根据控制要求，完成系统在线调试工作； ④ 对调试结果进行分析，给出系统控制性能指标	
任务实施过程	
资讯	① JX-300XP 进行系统调试运行时，系统监控界面是什么？ ② 进行监控时，按钮功能是什么？ ③ 系统运行调试时，各控制性能指标计算方法是什么？
实施	① 系统监控界面认识； ② 系统监控界面基本画面认识； ③ 系统调试与运行结果

一、任务资讯

根据工程项目案例控制要求，在 JX-300XP DCS 系统的 AdvanTro-Prol 监控软件平台上，对工程项目案例的组态系统进行监控、调试、运行与维护。

JX-300XP 监控系统所采用的实时监控软件（文件名 AdvanTrol）是基于 Windows 2000/NT 4.0 中文版开发的 SUPCON 系列控制系统的上位机监控软件。

在 Windows 操作系统桌面上点击图标 可以进入实时监控画面。监控软件界面包括标题栏、工具栏、报警信息栏、综合信息栏、光字牌和主画面区六部分。如图 2-113 所示。

实时监控由标题栏、操作工具栏、报警信息栏、综合信息栏和主画面区五部分组成。

图 2-113 实时监控画面

1. 标题栏

它显示实时监控软件的标题信息。

2. 操作工具栏

标题栏下边是由若干形象直观的操作工具按钮组成的操作工具栏。自左向右它们代表系统简介、报警一览、系统总貌、控制分组、趋势图、流程图、数据一览、故障诊断、口令、前页、后页、翻页、系统、报警确认、消音、查找位号、打印画面、退出系统、载入组态文件、操作记录一览等。有些功能按钮只有在组态软件中对应的卡件或画面进行组态后才会出现在操作工具栏内。

3. 报警信息栏

报警信息栏位于操作工具栏下方，滚动显示最近产生的 32 条正在报警的信息。报警信息根据产生的时间依次排列，第一条永远是最新产生的。报警信息包括位号、描述、当前值和报警描述。

4. 综合信息栏

综合信息栏显示系统时间、剩余资源、操作人员与权限、画面名称与页码，如图 2-114 所示。

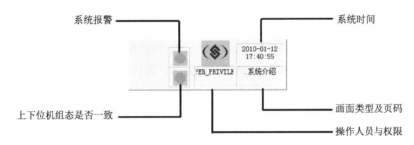

图 2-114　实时监控软件综合信息栏

5. 主画面区

主画面区根据具体的操作画面显示相应的内容，如工艺流程图、回路调整画面等。

单击画面操作按钮，进入相应的操作画面。实时监控软件操作工具栏如图 2-115 所示。

图 2-115　实时监控软件操作工具栏

① 系统。单击该按钮，用户将在"系统"对话框中获取实时监控软件版本，版权所有者拥有本版本软件合法使用权的装置，相应的用户名称、组态文件信息等。

② 口令。实时监控软件启动并处于观察状态时，不能修改任何控制参数。只有通过单击"口令"按钮登录到一定权限的操作人员才能操作。

实时监控软件提供 32 个其他人员（操作权限可任设）进行操作，操作权限分为观察、操作员、工程师和特权 4 级。

③ 报警确认。该按钮只在报警一览画面中有效，用于对监控过程中出现的报警情况进行确认，表明操作者对系统运行状态的知晓和认定。出现报警的时间、位号、描述、类型、优先级、确认时间、消除时间等有关报警的信息，会自动记录在报警一览画面中。

④ 消音。当操作者对监控过程出现的报警情况了解后，可以用"消音"按钮关闭当前的报警声音。AdvanTrol 具有时钟同步报警确认功能。

⑤ 翻页。用鼠标左键单击该按钮，可在当前画面中的任意一页之间相互切换。用鼠标右键单击该按钮，画面可在控制分组、系统总貌、趋势图、流程图、数据一览表任意一页之间相互切换。

⑥ 查找位号 🔍。单击该按钮可列出所有符合指定属性的位号并可选择其一，或用键盘直接输入位号后可显示该位号的实时信息。对于模入、回路和 SC 语言模拟量位号以调整画面显示，其他位号则以控制分组显示。

⑦ 载入组态文件 📁。如需调用新的组态，无须退出 AdvanTrol，只要单击该按钮，弹出"载入组态文件"对话框，选择正确的组态文件和操作小组，单击"确定"按钮，新的组态文件即被重新载入。

⑧ 操作记录 📋。单击该按钮可记录任何对控制站数据作了改变的操作。例如：手/自动切换，给定阀位的变化，下载组态，系统配置更改等。

⑨ 退出系统 ✖。在工程师以上权限（包括工程师）时可退出实时监控软件。注意：退出实时监控软件则意味着本操作站将停止采集控制站的实时控制信号，并且不能对控制站进行监控，但对过程控制和其他操作站无影响。在退出实时监控软件时，要求输入当前操作人员的指定密码（即登录时的口令），输入正确密码后即退出实时监控软件。

⑩ 报警一览画面 🔔。报警一览画面是主要监控画面之一，根据组态信息和工艺运行情况动态查找新产生的报警信息，并显示符合条件的信息。

报警一览画面滚动显示最近产生的 1000 条报警信息，每条报警信息可显示报警时间、位号、描述、动态数据、类型、优先级、确认时间、消除时间；可以根据需要组合报警信息的显示内容，包括报警时间、位号、描述、动态数据、类型、优先级、确认时间、消除时间。在报警信息主画面区内单击鼠标右键，可进一步选择所需或不需选项。

报警选项的颜色也表明报警状态。对于模拟量输入信号、控制回路的报警选项，用鼠标右键双击报警选项，可显示该位号的调整画面。

⑪ 系统总貌画面 ▦。系统总貌画面是各个实时监控操作画面的总目录，也是主要监控画面之一，由用户在组态软件中生产，主要用于显示重要的过程信息，或作为索引画面使用。它可作为相应画面的操作入口，也可以根据需要设计成特殊菜单页。每页画面最多显示 32 块信息，操作组态时可将相关操作的信息放在同一显示画面上。每块信息可以为过程信号点（位号）、标准画面（系统总貌、控制分组、趋势图、流程图、数据一览等）或描述。过程信号点（位号）显示相应的信息、实时数据和状态。例如控制回路位号显示描述、位号、反馈值、手/自动状态、报警状态与颜色等。

当信息块显示的信息为模入量位号、自定义半浮点位号、回路及标准画面时，单击信息块可进入相应的画面。

⑫ 内部仪表。在操作站画面中，许多位号的信息以模仿常规仪表的界面方式显示，这些仪表称为内部仪表。

在操作人员拥有操作某项数据的权限及该数据可被修改时，才能修改数据。此时数值项为白底，输入值按回车确认修改；通过操作员键盘的增减键也可以修改数据项；使用鼠标左键可切换按钮，如回路仪表的手动/自动/串级状态；回路仪表的给定（SV）和输出（MV）及仪表的描述状态以滑动杆方式控制，按下鼠标左键（不释放）拖动滑块至修改的位置（数值），释放鼠标左键，按回车确认。单击内部仪表的"S02_E005"处，可切换到相应的调整画面。

⑬ 控制分组画面 ✋。控制分组画面可根据组态信息和工艺情况动态更新每个仪表的参数和状态。

每页最多可显示 8 个位号的内部仪表；可修改内部仪表的数据或状态（键盘或鼠标）；用鼠标左键单击模入量位号、自定义半浮点位号、回路按钮的维护部分。则进入该位号的调整画面；通过键盘光标键移动选定内部仪表，或用功能键 F1～F8 选择相应的仪表，然后按调整画面键也可以显示该位号调整画面。

⑭ 趋势图画面█。趋势图画面是主要监控画面之一，由用户在组态画面中产生。趋势图画面根据组态信息和工艺运行情况，以一定的时间间隔（组态软件中设定）记录一个数据点，动态更新历史趋势图，并显示时间轴所在时刻的数据（时间轴不会自动随着曲线的移动而移动）。

每页最多显示 8 个位号的趋势曲线，在组态软件中进行操作组态时确定曲线的分组。

⑮ 数据一览画面█。数据一览画面根据组态信息和工艺运行情况，动态更新每个位号的实时数据值。

每页最多显示 32 个位号，操作组态确定数据的显示分组。每个位号的序号、位号、描述、数据值、单位、报警状态等。双击模入量、自定义半浮点位号、回路数据点可调用相应位号的调整画面。

⑯ 调整画面█。调整画面是由实时监控软件根据相关组态信息自动产生的监控画面，以数据、趋势图和内部仪表图显示位号信息。

数值方式显示位号的所有信息，并可修改。显示位号的类型包括模入、自定义半浮点位号、手操器、自定义回路、单回路、串级回路、前馈控制回路、比值控制回路、串级变比值控制回路、采样控制回路。

调整画面显示最近 132min 的趋势，显示时间范围（1，2，4，8，16，32min）可改变；用鼠标拖动时间轴显示某一时刻的曲线数值。

⑰ 流程图画面█。流程图画面是工艺过程在实施监控画面上的仿真，是主要的监控画面之一。流程图画面根据组态信息和工艺运行情况，在实时监控过程中动态更新各个动态对象（如数据点、图形、趋势图等），因此大部分的过程监视和控制操作都可以在流程图画面上完成。

流程图可显示静态图形和动态参数（动态数据、开关、趋势图、动态液位）。单击动态参数和开关图形，可在流程图画面上弹出该信号点相应的内部仪表的状态。

⑱ 故障诊断画面█。故障诊断可对控制站的硬件和软件运行情况进行远程诊断，及时、准确地掌握控制站运行状态。

此外还有系统简介、打印、关于软件版本、前页、后页、历史报表、SOE 信息等按钮。需要说明的是，某些功能只有在组态软件中组了相应的卡件（如 SOE 卡）或相应的画面或在工程师以上权限操作时，才会出现在实时监控软件的操作工具栏内。

二、任务实施

（一）工程项目案例调试与运行

单击"开始"按钮，点击"程序"，选择 █ 实时监控 图标，打开"组态文件"窗口，如图 2-116 所示，实现在线系统监控与调试。

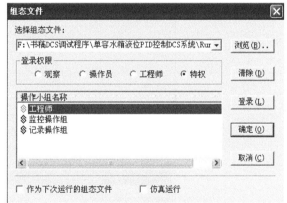

图 2-116　组态文件登录

单击"浏览"选择组态文件，点击"登录"进入，如图 2-117 所示。

当工程师操作小组进行监控时：

（1）系统总貌画面监控

点击工具栏中的 █ 图标，实现对系统总貌的监控，索引画面总貌页如图 2-118 所示，点击翻页图标 █，液位信号总貌页如图 2-119 所示。

（2）调整画面

点击工具栏中的 █ 图标，实现对单容水箱液位 PID 控制功能实现，系统调试时，调节器采用反作用，上水箱液位单回路控制调节参数在手动状态下选择为 P=35%，I=0.15 分，D=0.5 秒，上水箱单回路控制设定值 SV 在自动状态下设定为 9.001cm，系统在 DCS 控制下自动投入液位控制调试运行，具体设置及调试如图 2-120 所示。

图 2-117　系统监控界面首页

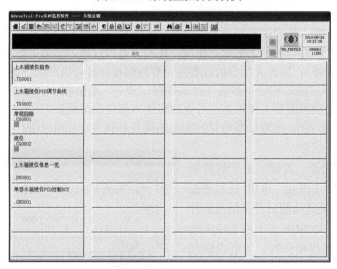

图 2-118　索引画面总貌页

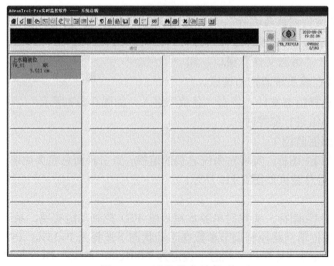

图 2-119　液位信息总貌页

项目二　JX-300XP 集散控制系统的设计与实现

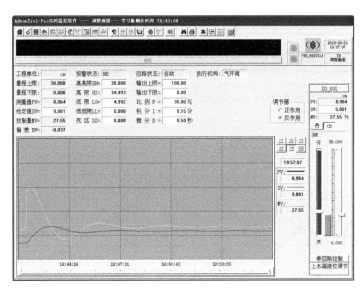

图 2-120　调整画面页

（3）趋势画面监控

点击工具栏中的 ![icon]，实现对系统趋势画面的监控，上水箱液位趋势页如图 2-121 所示，上水箱液位 PID 调节曲线趋势页如图 2-122 所示。

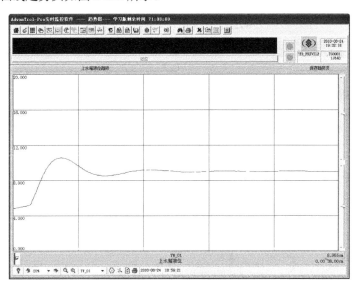

图 2-121　上水箱液位趋势页

由调试曲线进行分析运算有：最终稳态值 $C \approx r$=9.001，最大偏差 A=1.55，第一波峰 B_1=1.55，第二波峰 B_2=0.177，主要控制性能指标计算有：

余差 $e \approx 0$

超调 $\sigma = \dfrac{B_1}{C} \times 100\% =$（1.559/9.001）$\times 100\% \approx 17.3\%$

衰减比 $n = \dfrac{B_1}{B_2}$=1.55/0.177$\approx$8.76

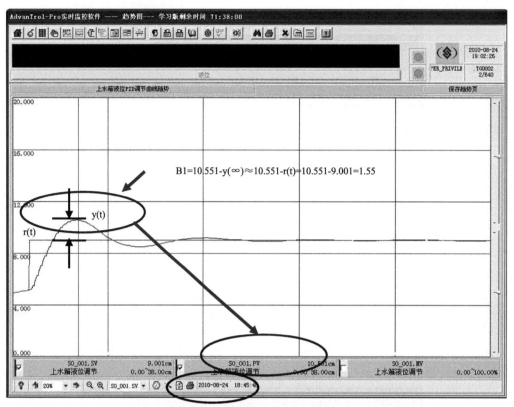

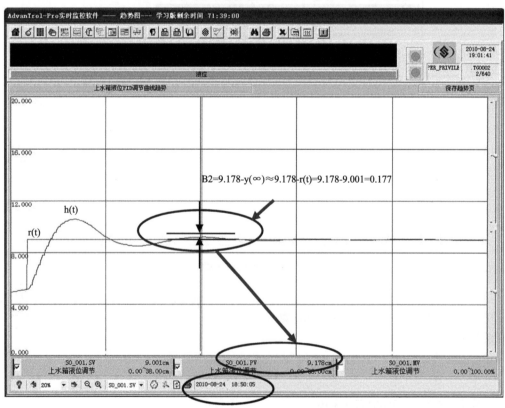

图 2-122　上水箱液位 PID 调节曲线趋势页

振荡周期 T =18:50:05–18:45:48=00:04:17=257s

（4）分组画面监控

点击工具栏中的 图标，实现对系统控制分组的监控，常规回路分组页面如图 2-123 所示，液位分组页面如图 2-124 所示。

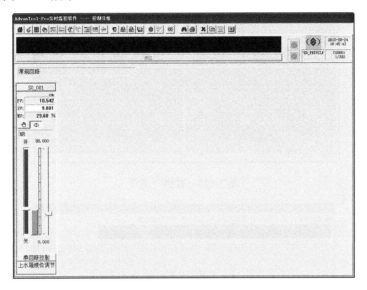

图 2-123　常规回路分组页面

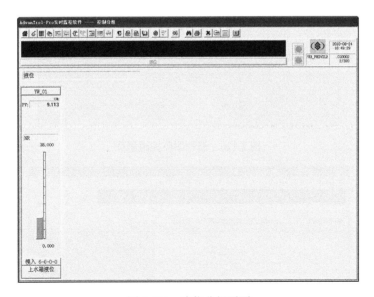

图 2-124　液位分组页面

（5）数据一览画面监控

点击工具栏中的 图标，实现对系统数据一览画面的监控，如图 2-125 所示。

（6）流程图画面监控

点击工具栏中的 图标，实现对系统流程图画面监控，如图 2-126 所示。

（7）报表画面监控

点击工具栏中的图标，实现对系统报表画面监控，如图 2-127 所示。

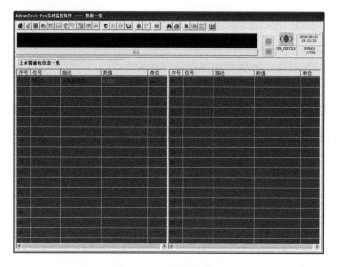

图 2-125 数据一览页

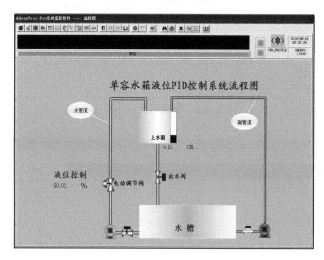

图 2-126 流程图监控画面页

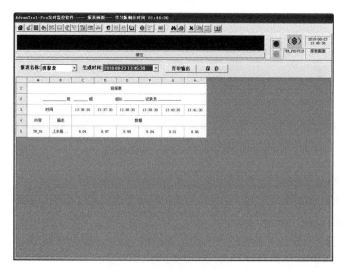

图 2-127 报表监控画面页

(8) 故障诊断画面监控

点击工具栏中的 图标，实现对系统故障诊断画面，如图 2-128 所示。

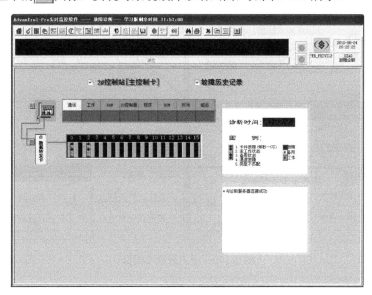

图 2-128　系统故障诊断页面

(9) 报警一览画面监控

点击工具栏中的 图标，实现对系统报警一览画面监控，如图 2-129 所示。

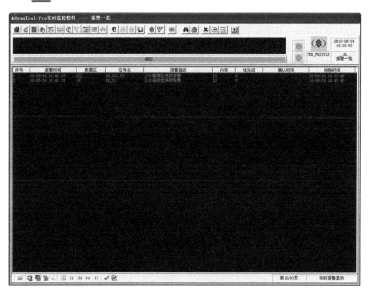

图 2-129　报警一览画面页

(二) 工程项目登录用户切换

在进行系统监控时，如需切换用户，点击口令 图标，进行用户切换。如图 2-130 所示。

(三) 工程项目监控界面退出

点击工具栏中 图标，出现如图所示的退出系统框，在"综合信息栏"的操作人员及权限描述区，该系统的登录用户为 SUPER_PRIVILEGE_001，权限为特权+，用户密码（口令）为 SUPER_PASSWORD_001，输入该口令并确认，监控系统退出，如图 2-131 所示。

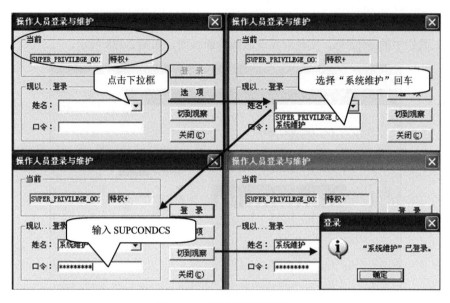

图 2-130　用户登录不排队

图 2-131　监控界面退出

【项目评估】

项目二　JX-300XP 集散控制系统的设计与实现任务单

① 学生每五人分成一个 DCS 系统设计小组，扮演实习工程师的角色；
② 课题小组领取任务（锅炉内胆温度 PID 控制 DCS 系统组态与调试）；

③ 课题小组根据领取的任务现场考察和资讯知识；
④ 领取工位号，熟悉装置平台、控制设备、熟悉系统操作软件；
⑤ 根据抽签任务号及任务内容，现场考察任务设备，分析和做出实施计划；
⑥ 任务实施，从系统分析、设计支撑材料准备、软件组态、硬件组态、编译下载传送、综合调试等多个方面进行；
⑦ 填写任务实施记录。

班级：　　　组号：　　　姓名：　　　　　　　　　　　　年　　月　　日

项目二　JX-300XP 集散控制系统的设计与实现考核要求及评分标准

班级_____　姓名_____　学号_____　成绩_____

考核内容	考核要求	评分标准	分值	扣分	得分
DCS 系统分析	分析控制系统组成部分； 分析系统控制要求	① 系统组成分析不正确，扣 5 分 ② 控制要求分析不正确，扣 5 分	10 分		
系统组态支撑材料	系统框架结构设计； 测点清单； 配置清单； 控制柜布置图； I/O 卡件布置图； 实施任务单	① 框架结构不清晰，扣 5 分 ② 测点清单不清晰，扣 5 分 ③ 配置清单不正确，扣 5 分 ④ 控制柜布置图，扣 5 分 ⑤ I/O 卡件布置图不正确，扣 5 分 ⑥ 任务单任务不清晰，扣 5 分	30 分		
系统软件组态	控制站组态； 操作站组态； 操作小组组态	① 控制站每错一处，扣 2 分 ② 操作站每错一处，扣 0.5 分 ③ 操作小组每错一处，扣 2 分	20 分		
系统硬件组态	卡件配置 网络配置	① 卡件配置每错一处，扣 1 分 ② 网络配置每错一处，扣 1 分	10 分		
系统综合调试	组态编译正确 组态正确下载 组态正确传送 系统正确调试	① 编译每错一次，扣 1 分 ② 不能下载，扣 2 分 ③ 不能传送，扣 2 分 ④ 系统控制功能无法实现，扣 20 分	30 分		
定额工时	3h	每超 5min（不足 5min 以 5min 计）扣 5 分			
起始时间		合计	100 分		
结束时间		教师签字：　　　　　　　　　　年　　月　　日			

项目三　生产过程控制系统控制功能实现

【项目学习目标】

知识目标

① 熟悉控制器（传统模拟式、数字式）、执行器（气动、电动、液动）的结构和工作原理；
② 掌握单回路控制系统的方案设计、设计原则、PID 参数整定、投运方法；
③ 掌握串级控制、比值控制、位式控制等复杂控制系统的概念及设计思想。

技能目标

① 能熟练使用单回路（常规 PID）控制算法对生产过程控制系统进行参数整定，控制效果良好；
② 能正确使用串级控制算法对生产过程控制系统进行参数整定，控制效果良好；
③ 能正确使用比值控制算法对生产过程控制系统进行参数整定，控制效果良好；
④ 能正确使用位式控制算法对生产过程控制系统进行参数整定，控制效果良好。

【项目学习内容】

学习过程控制仪表基本知识，了解控制器和执行器的分类、结构、特点、选型方法；生产过程控制系统设计中，学习控制器采用的基本控制规律、复杂控制规律，掌握控制工作原理，参数调整方法。

【项目学习计划】

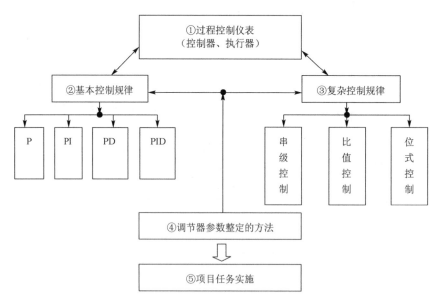

【项目实施载体】

载体：实训装置 CS2000（AE2000）过程控制系统控制功能实现。

【项目实施】

学习情境 基于 JX-300XP 的实训装置 CS2000（AE2000）控制算法实现

<学习要求>
① 完成单回路双容水箱液位控制系统设计与运行调试；
② 锅炉夹套和内胆温度串级控制系统设计与运行调试；
③ 电磁和涡轮流量计流量比值控制系统设计与运行调试。

<情境任务>

任务一 生产过程控制系统控制功能实现策略

任务主要内容	
在多媒体机房专业教室，资讯相关信息，完成： ① 了解生产过程控制系统控制器、执行器分类、结构、特点等； ② 了解常规控制算法和复杂控制算法的控制原理； ③ 掌握控制器控制规律参数调整方法	
任务实施过程	
资讯	① 生产过程控制系统控制功能如何实现？什么仪器实现？ ② 生产过程控制系统控制功能实现方法？算法原理？ ③ 生产过程控制系统控制功能实现过程？调试方法？
实施	① 资讯相关信息； ② 控制算法选择； ③ 控制功能实现中参数调整方法讨论； ④ 学习报告

一、任务资讯

（一）过程控制仪表与执行器

工业生产过程中，对影响产品质量的参数必须严格控制，在控制系统的选择上一般都采用典型的闭环控制系统，如图 3-1 所示。

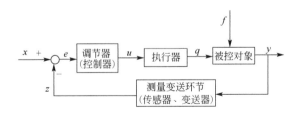

图 3-1 闭环控制组成框图

一个典型的闭环控制系统由调节器（控制器/过程控制仪表）、执行器、被控对象与传感器组成。在控制过程中，被控对象由传感器反馈给调节器，由调节器根据设计好的控制功能，对偏差（反馈值与设定值的差）进行控制从而得出控制信号驱动执行器对被控对象进行控制，直到被控变量满足控制精度的要求。

控制功能的实现效果，依靠调节器（控制器）控制规律的选择，运行时控制规律参数的选择与配置。

1．控制仪表

过程控制仪表（又称控制器或调节器），其作用是将被控变量的测量值和给定值进行比较，得出偏差后，按一定的调节规律进行运算，输出控制信号，以推动执行器动作，对生产过程进行自动调节。

按信号形式分，控制仪表可分为模拟控制仪表和数字控制仪表两大类。

（1）模拟控制仪表

模拟控制仪表所传送的信号形式为连续的模拟信号。目前应用的模拟式控制器主要是电动控制器。

模拟控制仪表基本结构包括比较环节、反馈环节和放大器三部分，如图 3-2 所示。

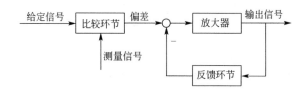

图 3-2　控制器基本构成

比较环节的作用是将给定信号与测量信号进行比较，产生一个与它们的偏差成比例的偏差信号。

反馈环节的作用是通过正、负反馈来实现比例、积分、微分等控制规律。

放大器是一个稳态增益很大的比例环节。

DDZⅢ型模拟调节器——DDZ 是电动单元组合仪表的汉语拼音所写，它经历了以电子管、晶体管和线性集成电路为基本放大单元的Ⅰ、Ⅱ、Ⅲ型系列产品，DDZⅢ型模拟调节器是目前主流的模拟调节器，其特点如下。

① 采用统一信号标准：4～20mA DC 和 1～5V DC。这种信号制的主要优点是电气零点不是从零开始，容易识别断电、断线等故障。同样，因为最小信号电流不为零，可以使现场变送器实现两线制。

② 广泛采用集成电路，仪表的电路简化、精度提高、可靠性提高、维修工作量减少。

③ 可构成安全火花型防爆系统，用于危险现场。

DDZ-Ⅲ型调节器的主要功能电路有输入电路、给定电路、PID 运算电路、自动与手动（硬手动和软手动）切换电路、输出电路及指示电路如图 3-3 所示。

随着生产规模的发展和控制要求的提高，模拟控制仪表的局限性越来越明显：

- 功能单一，灵活性差；
- 信息分散，需大量仪表，监视操作不便；
- 接线过多，系统维护困难。

（2）数字控制仪表

随着大规模集成电路和计算机技术的发展，测控仪表也迅速推出各种以微处理器为核心的数字式仪表。数字仪表集中了自动控制、计算机及通信技术，数字控制仪表的特点可概括如下。

- 功能丰富，更加灵活，体积小、功耗低；

项目三 生产过程控制系统控制功能实现

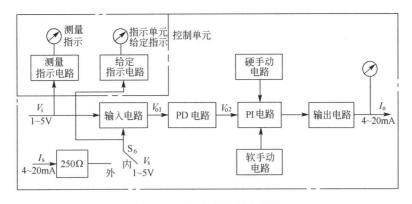

图 3-3 模拟调节器组成框图

- 具有自诊断功能；
- 具有数据通信功能，可以组成测控网络。

数字控制仪表是以微处理器为核心，具有丰富的运算控制功能和数字通信功能、灵活方便的操作手段，形象直观的数字或图形显示、高的安全可靠性，因而在工业生产过程的控制和管理方面得到了越来越广泛的应用。

① 数字控制器的特点如下。

- 实现了模拟仪表与计算机一体化。

将微处理机引入调节器，充分发挥了计算机的优越性，使调节器电路简化，功能增强，提高了性能价格比。同时考虑到人们长期以来习惯使用模拟式调节器的情况，可编程调节器的外形结构、面板布置保留了模拟式调节器的特征，使用操作方式也与模拟式调节器相似。

- 具有丰富的运算控制功能。

可编程调节器有许多运算模块和控制模块。用户根据需要选用部分模块进行组态，可以实现各种运算处理和复杂控制。除了具有模拟式调节器 PID 运算等一切控制功能外，还可以实现串级控制、比值控制、前馈控制、选择性控制、自适应控制、非线性控制等。因此，可编程调节器的运算控制功能大大高于常规的模拟调节器。

- 使用灵活方便，通用性强。

可编程调节器模拟量输入输出均采用国际标准信号（4～20mA 直流电流，1～5V 直流电压），可以方便地与 DDZ-III 型仪表相连。同时可编程调节器还有数字量输入输出，可以进行开关量控制。

- 具有通信功能，便于系统扩展。

通过可编程调节器标准的通信接口，可以挂在数据通道上与其他计算机、操作站等进行通信，也可以作为集散控制系统的过程控制单元。

- 可靠性高，维护方便。

② 数字控制器的硬件组成。

数字式调节器以微计算机为核心进行有关控制规律的运算，所有控制规律的运算都是周期性的进行，在硬件方面，一台可编程调节器可以替代数台模拟仪表，减少了硬件连接；同时调节器所用元件高度集成化，可靠性高。数字调节器的基本结构如图 3-4 所示。数字调节器的硬件主要由主机电路、过程输入通道、过程输出通道、人/机联系部件、通信部件五大部分组成。

主机电路。主要由微处理器 CPU、只读存储器 ROM 和 EPROM、随机存储器 RAM、定时/计数器 CTC 以及输入/输出接口等组成，它是数字控制器的核心，用于数据运算处理和各组成部分的管理。

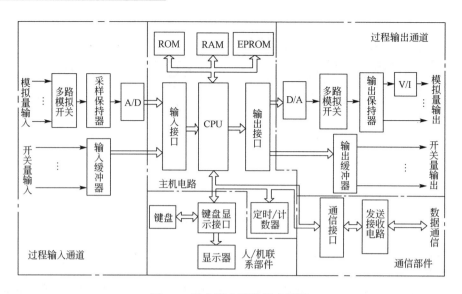

图 3-4 数字调节器的组成框图

过程输入通道。包括模拟量输入通道和开关量输入通道两部分,其中模拟量输入通道主要由多路模拟开关、采样/保持器和 A/D 转换器等组成,其作用是将模拟量输入信号转换为相应的数字量;而开关量输入通道则将多个开关输入信号通过输入缓冲器将其转换为能被计算机识别的数字信号。

过程输出通道。主要包括模拟量输出通道和开关量输出通道两部分,其中模拟量输出通道由 D/A 转换器、多路模拟开关输出保持器和 V/I 转换器等组成,其作用是将数字信号转换为 1~5V 模拟电压或 4~20mA 模拟电流信号。开关量输出通道则通过输出缓冲器输出开关量信号,以便控制继电器触点或无触点开关等。

人/机联系部件。主要包括显示仪表或显示器、手动操作装置等,它们被分别置于数字式控制器的正面和侧面。正面的设置与常规模拟式控制器相似,有测量值和设定值显示表、输出电流显示表、运行状态切换按钮、设定值增/减按钮、手动操作按钮等。侧面则有设置和指示各种参数的键盘、显示器等。

通信部件。主要包括通信接口、发送和接收电路等。通信接口将发送的数据转换成标准通信格式的数字信号,由发送电路送往外部通信线路,再由接收电路接收并将其转换成计算机能接收的数据。数字通信大多采用串行方式。

③ 数字调节器的软件组成

系统管理软件。主要包括监控程序和中断处理程序两部分,它们是控制器软件的主体。监控程序又包含系统初始化、键盘和显示管理、中断管理、自诊断处理及运行状态控制等模块;中断处理程序则包含键处理、定时处理、输入处理和运算控制、通信处理和掉电处理等模块。

用户应用软件。用户应用软件由用户自行编制,采用 POL(面向过程语言)编程,因而设计简单、操作方便。在可编程控制器中,这些应用软件以模块或指令的形式给出,用户只要将这些模块或指令按一定规则进行连接(也称组态)或编程,即可构成用户所需的各种控制系统。

2. 执行器

在组成控制系统的各个部分中,执行器也是一个必不可少的一个重要环节。执行器的作用是接受控制器发送的控制信号,直接控制能量或物料等介质的输送量,以控制过程变量,使之稳定在要求范围内。

生产过程中，执行器都是工作在现场和生产介质直接接触的，而工业生产中的介质一般都具有高温、高压、深冷、剧毒、易燃、易爆、强腐蚀、高黏度等特性，若执行器选择不当，可能会给生产过程自动控制带来困难，导致控制质量下降，甚至会造成严重的生产事故。因此必须学会执行器相关的基本知识。

执行器一般由执行机构和调节机构两部分组成。执行机构是执行器的推动装置，它按控制信号压力的大小产生相应的推力，推动控制机构动作，所以它是将信号压力的大小转换为阀杆位移的装置。调节机构是执行器的控制部分，它直接与被控介质接触，控制流体的流量。所以它是将阀杆的位移转换为流过阀的流量的装置。

执行器按其使用的能源可分为气动、电动和液动三种。它们都是通过改变阀芯与阀座之间的流通面积来控制过程中介质的流量的。

（1）气动执行器

气动执行器有气动薄膜式和活塞式两种，都以压缩空气为能源，具有结构简单、工作可靠、价格便宜、维护方便、防火防爆等优点，因而在工业生产过程中获得广泛的使用。由于化工生产过程多具有高温、高压、易燃、易爆等特点，因此许多场合对防爆有较为严格的要求，所以，化工生产中气动薄膜控制阀应用是极为广泛的。

（2）电动执行器

电动执行器接收来自控制器的 0~10mA 或 4~20mA 的直流电流信号，并将其转换成相应的角位移或直行程位移，去操纵阀门、挡板等控制机构，以实现自动控制。

电动执行机构根据配用的调节机构不同，输出方式有直行程、角行程和多转式三种类型，可分别与直线移动的调节阀、旋转的蝶阀、多转式的闸阀、截止阀或感应调压器等配合工作。

电动执行机构一般采用随动系统的方案组成，如图 3-5 所示。从调节器来的信号通过伺服放大器驱动电动机，经减速器带动调节阀，同时经位置发信器将阀杆行程反馈给伺服放大器，组成位置随动系统。依靠位置负反馈，保证输入信号准确地转换为阀杆的行程。

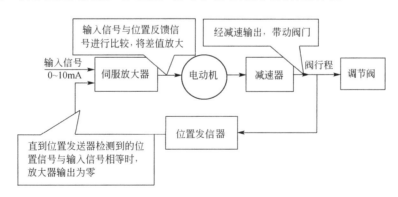

图 3-5　电动执行机构控制方框图

（3）液动执行器

液动执行器主要是利用液压原理推动执行机构。它的推力大，适用于负荷较大的场合，但由于其辅助设备大而笨重，化工生产中较少使用，主要用于制造业。

调节阀是最典型的执行器之一，有电动调节阀、气动调节阀、液动调节阀三大类，工业中使用最多的是气动调节阀和电动调节阀。

电动调节阀：电源配备方便，信号传输快、损失小，可远距离传输；但推力较小。

气动调节阀：结构简单，可靠，维护方便，防火防爆；但气源配备不方便。

液动调节阀：用液压传递动力，推力最大；但安装、维护麻烦，使用不多。

(二)控制器的基本控制规律

控制器是控制系统的核心,它在控制系统中根据设定目标和检测信息作出比较、判断和决策命令,控制执行器的动作。控制器使用是否得当,直接影响控制质量。

在自动控制系统中,由于种种干扰的作用,使被控变量偏离了设定值,即产生了偏差 $e(t)$。控制器根据偏差的情况按一定的控制规律输出相应的控制信号 $\Delta p(t)$,使执行器产生相应的动作,改变操纵变量以影响被控对象,补偿干扰对被控变量的影响,从而使被控变量回到设定值,这就是一般控制系统的控制过程。

所谓控制器特性,是控制器的输出与输入之间的关系。从控制系统的角度讲,控制器的输入信号是被控变量的设定值与测量值之差,(但须注意,控制器本身定义的输入信号是测量值与设定值之差);控制器的输出信号是送往执行机构的控制命令。因此,分析控制器的特性,也就是分析控制器的输出信号随输入信号变化规律,即控制器的控制规律。

控制规律器的基本控制有比例控制(P)、积分控制(I)和微分控制(D)三种。工业上所用的控制规律是这些基本规律之间的不同组合。不同的控制规律适用于不同特性和要求的工艺生产过程。

1. 比例控制

(1) 比例控制规律

控制器输出的控制信号与偏差的大小成比例。偏差越大,控制器输出的控制信号变化越大,偏差如果很小,控制器输出的控制信号变化也很小。比例控制规律输入、输出关系可用下面的表达式来表示:

$$\Delta p(t) = K_{\mathrm{P}} e(t) \tag{3-1}$$

式中 $\Delta p(t)$ ——控制器的输出变化量;
  $e(t)$ ——控制器的输入变化量;
  K_{P} ——控制器的比例放大倍数。

图 3-6 为其阶跃输入时比例控制器的输出特性图,从图中可见,控制器输出的控制信号与偏差的大小成比例,在时间上没有延迟。比例放大倍数 K_{P} 一定时,比例控制器的输入偏差变化越大,控制器的输出变化就越大,控制器输出的控制作用就越强。当控制器的输入偏差 $e(t)$ 变化一定时,比例放大倍数 K_{P} 越大,控制器的输出变化就越大,输出的比例控制作用就越强。所以,K_{P} 是衡量比例控制作用强弱的参数,调整 K_{P} 值的大小就可以调整比例作用的强弱。但是,在实际的控制器上通常都是通过调整另外一个参数比例度 δ 来调整比例作用的强弱。比例度可以理解为:要使控制器的输出信号作全范围的变化时,输入信号的改变占全量程的百分数。其关系可用下式表示

$$\delta = \frac{e(t)/(e_{\max} - e_{\min})}{\Delta p(t)/(p_{\max} - p_{\min})} = \frac{e(t)/\Delta e_{\max}}{\Delta p(t)/\Delta p_{\max}} \tag{3-2}$$

式中 $\Delta p(t)$ ——控制器的输出变化量;
  $e(t)$ ——控制器的输入偏差变化量;
  $p_{\max}$ ——控制器输出最大值;
  $p_{\min}$ ——控制器输出最小值;
  $e_{\max}$ ——控制器的输入最大值;
  $e_{\min}$ ——控制器的输入最小值;
  $\Delta p_{\max}$ ——控制器输出值的量程范围;
  $\Delta e_{\max}$ ——控制器输入值的量程范围。

对于一个具体的控制器来说,输入、输出的范围都已固定,所以 $\Delta p_{\max}/\Delta e_{\max}$ 是一个固定的

常数 K。又 $K_P = \Delta p/e$，而在单元组合仪表各单元之间互相联络采用的是统一的标准信号，即 $\Delta p_{max} = \Delta e_{max}$，所以 $K=1$。这说明，在单元组合仪表中，比例度 δ 与比例放大倍数 K_P 互为倒数关系，即

$$\delta = (1/K_P) \times 100\% \tag{3-3}$$

因此，比例度 δ 的数值越大，则比例放大倍数 K_P 越小，比例作用越弱，比例度 δ 的数值越小，则比例放大倍数 K_P 越大，比例作用就越强。在实际的控制器上有专门的比例度旋钮，如果由弱往强调整比例控制作用的话，就要由大往小改变比例度 δ 的数值。

图 3-7 所示为控制器的比例度与输入输出的关系图，由图示可以看出，在 $\delta=100\%$ 情况下，控制器的输入与输出在全范围内成比例，输入与输出比为 1:1；在 $\delta<100\%$ 情况下，例如，$\delta=50\%$ 时，控制器输出与输入的变化只在偏差 e 为 $-25\% \sim 25\%$ 的区域内成比例关系，输入与输出比为 1/2；在 $\delta>100\%$ 情况下，例如，$\delta=200\%$ 时，控制器的输入作 100% 的变化时，输出只作 50% 的变化。

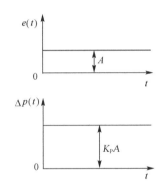

图 3-6 比例输出特性

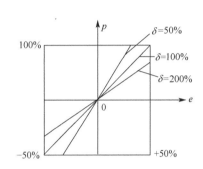

图 3-7 比例度与输入输出的关系

（2）比例度 δ 对过渡过程的影响

一个比例控制系统，如果对象的特性不同，相同比例度时所得到的控制系统的过渡过程形式也是各不相同的，为了得到系统理想的过渡过程形式，改善系统的特性，而对象的特性受实际工艺设备的限制是不能随意改变的，可以通过选择合适的比例度数值来获得人们所希望的过渡过程形式。下面就分析一下比例度的大小对过渡过程的影响。

比例度对过渡过程的影响如图 3-8 所示。

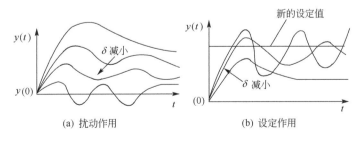

图 3-8 不同比例度下的过渡过程

根据比例控制规律的控制特点，比例度越大，比例放大倍数越小，比例控制作用的输出与偏差的大小成比例，要获得同样的控制作用，所需的偏差就越大，因此，在同样负荷变化大小下，控制过程终了时的余差就越大；反之，减小比例度，余差也随之减小。

比例度对系统稳定性的影响可以从图3-8看出。比例度越大，过渡过程曲线越平稳；比例度越小，则过渡过程曲线越振荡；比例度过小时，就可能出现发散振荡的情况。

为什么比例度对控制过程有这种影响呢？因为当比例度大时，控制器放大倍数小，控制作用弱，在干扰加入后，控制器的输出变化较小，控制作用弱，因而控制阀开度改变也小，这样被控变量的变化就很缓慢。当比例度减小时，控制器放大倍数增加，控制作用加强，即在同样的偏差下，控制器输出较大，控制阀开度改变就大，被控变量变化较迅速，开始有些振荡。当比例度再减小，控制阀开度改变就更大，当控制作用太剧烈时，控制阀的开度就过了头，结果会出现剧烈的振荡。当比例度减小到某一数值时，系统出现等幅振荡，这时的比例度称为临界比例度 δ_K。

一般不同特性的系统会在不同的 δ 值时出现不稳定情况。对于压力、流量系统，时间常数比较小，对输入作用的反应很快，大约在比例度 δ 小于20%的时候会出现不稳定状态，当比例度小于临界比例度时，系统加入干扰，将出现不稳定的发散振荡过程。这是很危险的，甚至会造成重大事故。所以，控制器并不是安装好了后就可以直接起作用的，还需要正确的设置好控制器的参数，对于比例度来说就要正确的设置好比例度的数值才能发挥控制器的作用。一般来说，若对象是较稳定的，也就是对象的滞后较小、时间常数较大及放大倍数较小时，控制器的比例度可以选得小一些，以提高整个系统的灵敏度，使反应加快一些，这样就可以得到较满意的过渡过程曲线。反之，若对象滞后较大、时间常数较小以及放大倍数较大时，比例度就必须选得大些，否则由于控制作用过强，就不能达到控制的目的了。一般说来，当广义对象的放大系数较小、时间常数较大、时滞较小的情况下，控制器的比例度可选得小一些，以提高系统的灵敏度；反之，当广义对象的放大系数较大，时间常数较小而时滞又较大的情况下，则必须适当加大控制器的比例度，以增加系统的稳定性。工业生产通常要求控制系统具有振荡不太激烈、余差不太大的过渡过程，即衰减比在4:1~10:1的范围内。

在基本控制规律中，比例作用是最基本、最主要也是应用最普遍的控制规律，它能较为迅速地克服扰动的影响，使系统很快地稳定下来。比例控制作用通常适用于扰动幅度较小、负荷变化不大、过程的滞后较小或者控制要求不高的场合。这是因为负荷变化越大，则余差越大，如果负荷变化小，余差就不太显著；过程的滞后越大，振荡越厉害，如果比例度 δ 大，这样余差也就越大，如果滞后较小，δ 可小一些，余差也就相应减小。控制要求不高、允许有余差存在的场合，可以用比例控制来实现快速及时的粗调，例如在液位控制中，往往只要求液位稳定在一定的范围内，没有严格的要求。只有当比例控制系统的控制指标不能满足工艺生产的要求时，才需要在比例控制的基础上适当引入积分控制作用或者微分控制作用。

2. 积分控制规律

（1）积分控制规律

当控制器的输出变化量 Δp 与输入偏差 e 的积分成比例时，就是积分控制规律，具有积分控制规律的控制器，其输入、输出关系可表示为：

$$\Delta p(t) = K_I \int e(t) dt \tag{3-4}$$

式中，K_I 称为控制器的积分速度。

由积分控制规律的表达式可以看出，具有积分控制规律的控制器，其输出信号的大小，不仅与偏差信号的大小有关，而且还与偏差积分的时间长短即偏差存在时间的长短有关。只要有偏差，控制器的输出就不断变化，控制机构就要动作，系统就不能稳定下来，而且偏差存在的时间越长，输出信号的变化量也越大，直到控制器的输出达到极限为止。积分控制器的输出只有在偏差信号等于零的情况下，控制器的输出信号才能相对稳定，控制机构才能停止动作，系统才能稳定下来。

也就是说，积分控制作用在最后达到稳定时，偏差是等于零的，因此积分控制作用的一个显著特点就是力图消除余差。

在幅度为 A 的阶跃偏差作用下，积分控制器的输出结果为

$$\Delta p(t) = K_I \int e(t)\mathrm{d}t = K_I A t \tag{3-5}$$

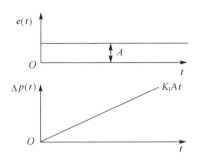

图 3-9　积分控制器的开环输出特性

积分控制器的开环输出特性如图 3-9 所示。这是一条斜率不变的直线，直到控制器的输出达到最大值或最小值而无法再进行积分为止，输出直线的斜率即输出的变化速度正比于控制器的积分速度 K_I，K_I 大，则积分作用强。在实际的控制器中，常用积分时间 T_I 来表示积分作用的强弱，在数值上 T_I 与积分速度 K_I 关系为

$$\frac{\mathrm{d}\Delta p}{\mathrm{d}t} = K_I A\ ;\quad T_I = 1/K_I \tag{3-6}$$

积分控制规律虽然能消除余差，但在工业生产上很少单独使用，因为一般情况下它的控制作用总是滞后于偏差的存在，会使控制过程变慢，不能及时有效地克服扰动的影响，难以使控制系统稳定下来。因此生产上都是将比例作用与积分作用组合成比例积分控制规律来使用的。

（2）比例积分控制规律

比例积分控制规律的数学表达式为

$$\Delta p(t) = \frac{1}{\delta}[e(t) + \frac{1}{T_I}\int e(t)\mathrm{d}t] \tag{3-7}$$

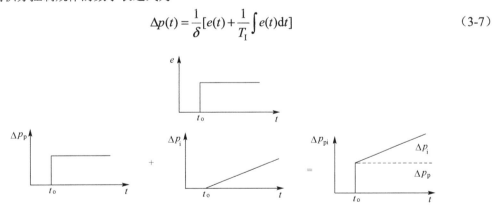

图 3-10　PI 控制器阶跃输出特性

表示其控制作用的参数有两个：比例度 δ 和积分时间 T_I。比例积分控制器的输出是比例和积分作用之和，积分部分的输出多出一个放大系数，这是比例积分控制器的结构所造成的，该放大系数不仅对比例部分产生影响，还对积分部分发挥作用，在调整比例作用部分的放大系数的同时，对积分控制作用也进行了调整。在幅值为 A 的阶跃偏差输入作用下，其输入输出特性如图 3-10

所示,从图中可见,比例积分控制作用与纯积分作用相比有较快的动态响应,是比例与积分两种控制规律的结合,它吸取了两种控制规律的优点,使控制器总的输出具有既控制及时,克服偏差有力,又可以克服余差,实现对被控变量的准确控制。

(3) 积分时间及其对控制过程的影响

设零时刻加入幅值为 A 的阶跃偏差,当积分的时间达到时刻 T_I 时,则比例积分控制器的输出可通过下面的方法求得。令式(3-7)中积分时间段为 $0\sim T_I$,代入运算可得

$$\Delta p(t) = \frac{1}{\delta}(A + \frac{1}{T_I}\int_0^{T_I} A dt) = \frac{A}{\delta} + \frac{A}{\delta} = 2\frac{A}{\delta} \quad (3-8)$$

偏差出现经过的时间为 T_I 时,积分部分的输出等于比例部分的输出,即 $\Delta p_P = \Delta p_I$,$A/\delta = 1/\delta \int A dt$。

可见,在阶跃偏差作用下,当 PI 控制器输出的积分作用部分等于比例作用部分时,所需要的时间就是 PI 控制器的积分时间 T_I。也就是说,从阶跃输入时刻起,PI 控制器的输出达到比例输出的 2 倍时所经历的时间就是积分时间 T_I。通常就是用这一方法来测定 T_I。

实际应用中,也是利用改变 T_I 的大小来改变积分控制作用的强弱。

在 δ 不变时,积分时间对控制过程的影响如图 3-11 所示,积分时间越长,积分作用越弱,积分时间过大则 PI 控制器可能丧失积分作用;T_I 减小,积分作用就加强,过程的振荡加剧,但余差能被克服。当 T_I 过小,过程也会出现发散振荡。在积分控制器上把积分时间置于无穷大(∞)时,则比例积分控制器就变成纯比例控制器。

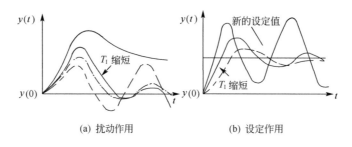

(a) 扰动作用 (b) 设定作用

图 3-11 δ 不变时 T_I 对过渡过程的影响

总之,加了积分作用后,系统能克服余差,但稳定性受影响,在不要求无余差时,完全不必选用积分作用。

在自动控制系统中,积分时间 T_I 的大致范围如下:对压力控制系统,T_I 为 0.4~3min;对于流量控制系统,T_I 为 0.1~1min;对于温度控制系统,T_I 取 3~10min;液位控制系统一般情况下不需要加入积分作用。

3. 微分控制规律

前面介绍的比例积分控制规律,由于同时具有比例和积分控制规律的优点,针对不同的对象,比例度和积分时间两个参数均可以调整,因此适用范围较广,工业上多数系统都可采用。但是当对象的滞后特别大时,可能控制时间较长、最大偏差较大;当对象负荷变化特别剧烈时,由于积分作用的迟缓性质,使控制作用不够及时,系统的稳定性较差。如果再增加微分作用,可以提高系统的控制质量。

(1) 微分控制规律

具有微分控制规律的控制器,其输出 Δp 与偏差 e 的关系可表示为

$$\Delta p = T_D \frac{de(t)}{dt} \quad (3\text{-}9)$$

式中，T_D 为微分时间；$\frac{de}{dt}$ 为偏差对时间的导数，即偏差的变化速度。

由式（3-9）可知，偏差变化的速度越大，则微分控制器的输出变化也越大，即微分作用的输出大小与偏差变化的速度成正比。如果输入偏差是一个固定不变的数值，不管这个偏差有多大，微分作用的输出总是零，这就是微分作用的特点。

在幅度为 A 的阶跃偏差作用下，按式（3-9）微分控制器的输出如图 3-12（a）所示。在输入变化的瞬间，产生一个较大的变化速度，输出趋于无穷大。在此以后，由于输入保持常数不变，微分控制器的输出降为零。在实际的控制器中，要实现这种控制作用是不可能的，也没有什么实用价值。这种控制作用称为理想微分控制作用。图 3-12（b）是一种近似的微分作用。在阶跃输入发生时刻，输出突然上升到一个较大的有限数值，然后呈指数规律衰减直至零。

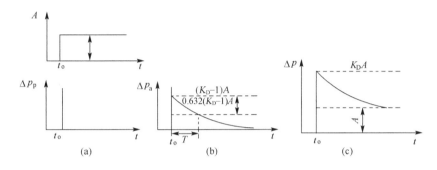

图 3-12 微分输出变化

（2）比例微分控制规律

微分控制作用在偏差存在但不变化时，是没有输出的，也就是说它对恒定不变的偏差是没有克服能力的。因此，微分控制器不能作为一个单独的控制器使用。在实际上，微分控制作用总是与比例作用或比例积分作用同时使用的。

实际微分控制规律是由两部分组成的：比例作用与近似微分作用，其比例度是固定不变的，δ 恒等于 100%，所以可以这样认为：实际的微分控制器是一个比例度为 100%的比例微分控制器。

在输入为 A 的阶跃信号时，实际微分控制规律的输出 Δp 将等于比例输出 Δp_P 与近似微分输出 Δp_D 之和，可用下式表示

$$\Delta p = \Delta p_P + \Delta p_D = A + A(K_D - 1)e^{-\frac{K_D}{T_D}t} \quad (3\text{-}10)$$

式中，K_D 为微分放大倍数；T_D 为微分时间；$e^{-\frac{K_D}{T_D}t}$ 代表指数衰减函数，$e = 2.718$。

图 3-12（c）是实际微分控制器在阶跃输入下的输出变化曲线。由式（3-10）可见：

当 $t = 0$ 时，$\Delta p = K_D A$

$t = \infty$ 时，$\Delta p = A$

所以，微分控制器在阶跃信号的作用下，输出 Δp 一开始就立即升高到输入幅值 A 的 K_D 倍，然后再逐渐下降，到最后就只有比例作用 A 了。

在式（3-10）中，微分放大倍数 K_D 决定了微分控制器在阶跃作用瞬间的最大输出幅度。实际微分器的放大倍数都是在仪表设计时确定的，如电动Ⅲ型控制器 K_D 为 10 等。

微分时间 T_D 是表示微分作用强弱的重要参数，T_D 大则微分作用强，T_D 小则微分作用弱。实

用中，K_D 是不变的，T_D 是可调的，改变 T_D 也就改变了微分作用的强弱。因此 T_D 的作用更为重要。

在式（3-10）中，微分控制作用部分为

$$\Delta p_D = A(K_D-1)e^{-\frac{K_D}{T_D}t} \tag{3-11}$$

$t=0$ 时，微分作用的最大输出为 $A(K_D-1)$。

如果假定 $t=\dfrac{T_D}{K_D}$，代入式（3-11），则有

$$\Delta p_D = A(K_D-1)e^{-1} = 0.368A(K_D-1) \tag{3-12}$$

微分控制器受到阶跃输入的作用后，其微分部分输出一开始跳跃一下，其最大输出为 $A(K_D-1)$，然后慢慢下降，把微分部分的输出下降到微分作用最大输出的 36.8%，所经历的称为时间常数，其大小为 $t=\dfrac{T_D}{K_D}$，用 T 表示，即：$T=\dfrac{T_D}{K_D}$。

从图 3-12 中可以看出，在 $t=T$ 时，整个微分控制器的输出为

$$\Delta p_T = A + 0.368A(K_D-1) \tag{3-13}$$

由于整个微分控制器开始的最大输出为 $K_D A$，所以时间常数 T 实际上等于输出由 $K_D A$ 下降到式（3-13）所表示的所需要的时间。这个时间可以通过实验的方法来测定。由式（3-12）可知，实际微分时间 T_D 为时间常数 T 和微分放大倍数的乘积，即

$$T_D = K_D T \tag{3-14}$$

对于 K_D 已经确定的控制器，通过测定 T，就可以得到微分时间 T_D。T_D 可以表征微分作用的强弱。当 T_D 大时，微分输出部分衰减得慢，T_D 说明微分作用强。反之，T_D 小，表示微分作用弱。对于一个实际的微分器，通过改变 T_D 的大小可以改变微分作用的强弱。

由上述可知，实际的微分控制器是一个比例度不能改变的比例微分控制器。但是由于比例作用是控制作用中最基本最主要的作用，比例度的大小对控制质量的影响很大，所以比例度是必须能够改变的。当比例作用和微分作用结合时，构成比例微分控制规律，一般用字母 PD 表示。

比例微分控制包括比例作用和微分作用两部分。当输入一个幅值为 A 的阶跃信号时，其输出可由下式表示

$$\Delta p = \Delta p_P + \Delta p_D = \frac{1}{\delta}[e(t)+T_D\frac{de(t)}{dt}] \tag{3-15}$$

由式（3-15）可见，比例微分控制器的输出等于比例作用的输出 Δp_P 与微分作用的输出 Δp_D 之和。改变比例度 δ（或 K_P）和微分时间 T_D 分别可以改变比例作用和微分作用的强弱。其中比例度不仅对比例作用部分有影响，同时还影响微分作用的强弱。

在比例度为一固定值的情况下，微分时间 T_D 的改变对过渡过程的影响见图 3-13。由于微分作用的输出是与被控变量的变化速度成正比的，而且总是力图阻止被控变量的任何变化的。当被控变量增大时，微分作用就改变控制阀开度去阻止它增大；反之，当被控变量减小时，微分作用就改变控制阀开度去阻止它减小。由此可见，微分作用具有抑制振荡的效果。所以，在控制系统中，适当地增加微分作用后，可以提高系统的稳定性，减少被控变量的波动幅度，并降低余差。但是，微分作用也不能加得过大，否则由于控制作用过强，控制器的输出剧烈变化，不仅不能提高系统的稳定性，反而会引起被控变量大幅度的振荡。特别对于噪声比较严重的系统，采用微分作用要特别慎重。工业上常用控制器的微分时间可在数秒至几分钟的范围内调整。

由于微分作用是根据偏差的变化速度来控制的，在扰动作用的瞬间，尽管开始偏差很小，但如果它的变化速度较快，则微分控制器就有较大的输出，它的作用较之比例作用还要及时，还要

大。对于一些滞后较大、负荷变化较快的对象,当较大的干扰施加以后,由于对象的惯性,偏差在开始一段时间内都是比较小的,如果仅采用比例控制作用,则偏差小,控制作用也小,这样一来,控制作用就不能及时加大来克服已经加入的干扰作用的影响。但是,如果加入微分作用,它就可以在偏差尽管不大,但偏差开始有剧烈变化的时刻,立即产生一个较大的控制作用,及时抑制偏差的继续增长。所以,微分作用的强弱是依据所寻找到的偏差的变化速度而定的,这种控制作用有时称它为一种"超前"的控制作用。

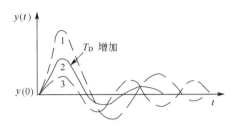

图 3-13　不同 T_D 下的过渡过程

总之,T_D 大微分作用强,使过程的动态偏差减小,余差也能小些,但 T_D 太大,则容易引起系统的振荡;T_D 小则微分作用弱,对动态偏差抑制不好,波动周期长。

一般来说,由于微分控制的"超前"控制作用,可以减少过程的最大偏差和控制时间,能够改善系统的控制质量的。特别适用于负荷变化较大、扰动幅度较大或对象滞后较大的场合,例如温度对象一般都选择微分控制规律。但是,从微分控制的特点可见,当系统的纯滞后较大时,微分作用是无能为力的。

(3) 比例积分微分控制

微分控制作用只在被控变量变化时才起作用,一般不单独使用,比例微分控制过程存在余差。通常加入积分控制作用一起构成 PID 三作用控制器,用 PID 表示。

PID 控制作用可表示为

$$\Delta p = \Delta p_P + \Delta p_I + \Delta p_D = \frac{1}{\delta}(e + \frac{1}{T_I}\int e dt + T_D \frac{de}{dt}) \tag{3-16}$$

式(3-16)表明,PID 控制器的输出就是比例、积分、微分三种控制作用的组合,当有阶跃输入时,其输出如图 3-14 所示。

由图可见,当阶跃输入时,微分作用的变化最大,它叠加在比例作用上,使总输出大幅度变化,产生一个强烈的控制作用。然后微分作用逐渐消失,积分作用逐渐占主导地位,直到余差消失,积分才不再变化,而比例作用一直是基本的作用。

在 PID 控制中,有三个控制参数,即比例度 δ、积分时间 T_I、微分时间 T_D。适当调整这三个参数值,可以获得良好的控制质量,以适应不同控制对象的需要。

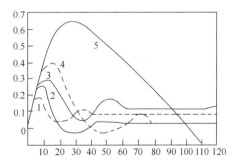

图 3-14　各种控制规律过渡过程曲线

把 PID 控制器的 T_D 调到零,就成了一个 PI 控制器;把 T_I 放到最大(即积分作用最小),就成了 PD 控制器;如果把 δ 放到最大、T_I 放到最大、T_D 放到最小,就等于控制器不起作用。

PID 三作用控制规律综合了各类控制规律的优点,既能实现快速控制,又能消除余差,具有较好的控制性能。三种控制规律的不同组合对过程影响如图 3-14 所示,曲线 1 为 PD 作用,曲线

2 为 PID 作用，曲线 3 为 P 作用，曲线 4 为 PI 作用，曲线 5 为 I 作用。由图可见，PID 三作用最好；PI 控制第二；PD 控制有余差；纯比例作用虽然动态偏差较 PI 控制小，但余差大；单纯积分作用质量最差。既然 PID 三作用组合控制具有最好的控制性能，是不是所有的系统都要选用 PID 三作用组合的控制规律呢？一般来说，当对象滞后较大，负荷变化较快、不允许有余差的情况下，可以选用 PID 控制器。但三作用控制器需要调整的参数较多，投运时参数调整也较麻烦。如果采用比较简单的控制器就能满足生产要求，就不要采用三作用控制器了。

总结 P、I、D 三种控制作用的特点可归纳如下。

① 比例控制（P） 依据"偏差大小"来进行控制。它的输出变化与输入偏差的大小成比例，控制及时、有力，但有余差。用比例度 δ 来表示其控制作用的强弱；δ 越小，比例控制作用越强，余差也小。但比例作用过强，系统不稳定，有可能发生振荡。δ 过大，等于取消比例控制作用。

② 积分控制（I） 依据"偏差是否存在"来进行控制。它的输出变化与输入偏差随时间的积分成比例，只有当余差完全消失，积分作用才会停止。其根本的作用就是消除余差。但积分作用使偏差增大，延长了控制时间。用积分时间 T_I 表示其作用的强弱，T_I 越小，积分作用越强，积分作用太强时也易引起系统的振荡。

③ 微分控制（D） 依据"偏差的变化速度"来进行控制。它的输出与输入偏差的变化速度成比例，其实质是阻止被控变量的一切变化，有超前的控制作用，对容量滞后较大的对象有很好的效果，使控制过程动态偏差减小、控制时间缩短、余差小。用微分时间 T_D 来表示其控制作用的强弱，但 T_D 太大也会引起系统的振荡。

（三）控制器参数的工程整定

通过调节系统的工程整定，使控制器获得最佳参数，即过渡过程要有较好的稳定性与快速性。一般希望调节过程具有较大的衰减比，超调量要小些，调节时间越短越好，又要没有余差。对于定值控制系统，一般希望有 4∶1 的衰减比，即过程曲线振动一个半波就大致稳定。如对象时间常数太大，调整时间太长时，可采用 10∶1 衰减。有了以上最佳标准，就可整定控制器参数在最佳值上。

最常用的工程整定方法有经验法、临界比例度法、衰减曲线法和反应曲线法等。

1. 临界比例度法

临界比例度法是应用较广的一种整定调节器参数的方法。它的特点是不需要求得被控对象的特性，而直接在闭环情况下进行参数整定。具体整定方法如下：先在纯比例作用下，即将控制器的 T_I 放到最大，T_D 置于零，逐步地减小比例度 δ，直至系统出现等幅振荡为止，记下此时的比例度和振荡周期，分别称作为临界比例度 δ_K 和临界振荡周期 T_K，见图 3-15。δ_K 和 T_K 就是控制器参数整定的依据。然后可按表 3-1 中所列的经验算式，分别求出三种不同情况下的控制器最佳参数值。

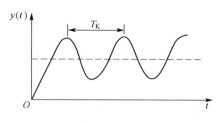

图 3-15 临界振荡曲线

表 3-1 临界比例度法整定参数的经验算式

调节规律	整定参数 $\delta/\%$	T_I	T_D
P	$2\delta_K$		
PI	$2.2\delta_K$	$0.85T_K$	
PID	$1.7\delta_K$	$0.5T_K$	$0.125T_K$

此法简单明了，容易判断整定质量，因而在生产上应用较多。但是工艺上被控变量不允许等幅振荡时不宜采用。另外流量控制系统由于 T_0 太小，在被控变量的记录曲线上看不出等幅振荡的 T_K 和波形时，也不能采用。

2．衰减曲线法

临界比例度法是要使系统产生等幅振荡，还要多次试凑，而用衰减曲线法较为简单。而且可直接求得调节器比例度。衰减曲线法分为 4∶1 和 10∶1 两种。

① 4∶1 衰减曲线法：使系统处于纯比例作用下，在达到稳定时，用给定值改变的方法加入阶跃干扰，观察被控变量记录曲线的衰减比，然后逐渐从大到小改变比例度，使其出现 4∶1 的衰减比为止，如图 3-16 所示。记下此时的比例度 δ_S（4∶1 衰减比例度）和它的衰减周期 T_S。然后按表 3-2 的经验公式确定三种不同规律控制下调节器的最佳参数值。

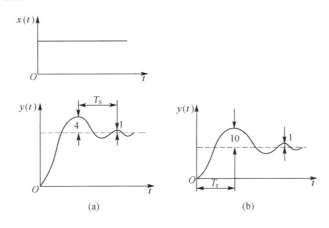

图 3-16　衰减调节过程曲线

表 3-2　衰减法整定计算（4∶1）

控制规律	调节器参数 $\delta/\%$	T_I/min	T_D/min
P	δ_k		
PI	$1.2\delta_S$	$0.5T_S$	
PID	$0.8\delta_S$	$0.3T_S$	$0.1T_S$

② 10∶1 衰减曲线法：有的生产过程，由于采用 4∶1 的衰减振荡仍太强，则可采用 10∶1 衰减曲线法。方法同上，使被控变量记录曲线得到 10∶1 的衰减时，记下这时的比例度 δ'_S 和上升时间 T'_S（见图 3-16）。然后再按表 3-3 的经验公式来确定调节器的最佳参数值。

表 3-3　衰减法整定计算（10∶1）

控制规律	调节器参数 $\delta/\%$	T_I/min	T_D/min
P	δ_S		
PI	$1.2\delta_S$	$2t_r$	
PID	$0.8\delta_S$	$1.2t_r$	$0.4T_r$

采用衰减曲线法时必须注意以下几点。

① 加给定干扰不能太大，要根据工艺操作要求来定，一般为 5%左右（全量程），但也有特

殊的情况。

② 必须在工况稳定的情况下才能加设定干扰，否则得不到较正确的 δ_S、T_S 和 δ'_S、T'_S 值。

③ 对于快速反应的系统，如流量、管道压力等控制系统，想在记录纸上得到理想的 4∶1 曲线是不可能的。此时，通常以被控变量来回波动两次而达到稳定，就近似地认为为 4∶1 的衰减过程。

3．经验试凑法

经验法是根据参数整定的实际经验，对生产上最常见的温度、流量、压力和液位等四大控制系统进行调节。将调节器参数预先放置在常见范围（见表 3-4）的某些数值上，然后改变设定值，观察控制系统的过渡过程曲线。如过渡过程曲线不够理想，则按一定的程序改变控制器参数，这样反复凑试，直到获得满意的控制质量为止。

表 3-4 各种控制系统 PID 参数经验数据

被控变量	调节器参数		
	$\delta/\%$	T_i/min	T_D/min
温度	20～60	3～10	0.5～3
液位	20～80	1～5	
压力	30～70	0.4～3	
流量	40～100	0.1～1	

引入积分作用时，需将已调好的比例度适当放大 10%～20%，然后将积分时间 T_i 由大到小不断凑试，直到获得满意的过渡过程。

微分作用最后加入，这时 δ 可放得比纯比例作用时更小些，积分时间 T_i 也可相应地减小些。微分时间 T_D 一般取 $(\frac{1}{3} \sim \frac{1}{4}) T_i$，但也需不断地凑试，使过渡过程时间最短，超调量最小。

另一种凑试法的程序是：先选定某一 T_i 和 T_D，T_i 取表 3-4 中所列范围内的某个数值，T_D 取 $(\frac{1}{3} \sim \frac{1}{4}) T_i$，然后对比例度 δ 进行凑试。若过渡过程不够理想，则可对 T_i 和 T_D 作适当调整。实践证明，对许多被控对象来说，要达到相近的控制质量，δ、T_i 和 T_D 不同数值的组合有很多，因此这种试凑程序也是可行的。

经验凑试法的几点说明如下。

① 表 3-4 中所列的数据是各类控制系统控制器参数的常见范围，但也有特殊情况。例如有的温度控制系统的积分时间长达 15min 以上，有的流量系统的比例度可达到 200% 左右等。

② 凡是 δ 太大，或 T_i 过大时，都会使被控变量变化缓慢，不能使系统很快地达到稳定状态。这两者的区别是：δ 过大，曲线漂移较大，变化较不规则（见图 3-17 曲线 a）；T_i 过大，曲线虽然带有振荡分量，但它漂移在给定值的一边，而且逐渐地靠近给定值，见图 3-17b 曲线。

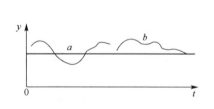

图 3-17 两种曲线的比较

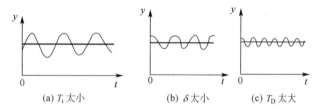

图 3-18 三种过渡过程曲线

③ 凡是 δ 过小，T_i 过小或 T_D 过大，都会使系统剧烈振荡，甚至产生等幅振荡。它们的区别是：T_i 过小时，系统振荡的周期较长；T_D 太大时，振荡周期较短；δ 过小时，振荡周期介于上述两者之间，图 3-18 是这三种由于参数整定不当而引起系统等幅振荡的情况。

④ 等幅振荡不一定都是由于参数整定不当所引起的。例如，阀门定位器、控制器或变送器调校不良，调节阀的传动部分存在间隙，往复泵出口管线的流量等，都表现为被控变量的等幅振荡。因此，整定参数时必须联系上面这些情况，作出正确判断。

经验法的实质是：看曲线，作分析，调参数，寻最佳，方法简单可靠，对外界干扰比较频繁的控制系统，尤为合适，因此，在实际生产中得到了最广泛的应用。

（四）复杂控制系统设计

按控制系统的结构特征分类，控制系统一般又可分为简单控制系统和复杂控制系统两大类。所谓复杂，是相对于简单而言的。凡是多参数，具有两个以上变送器、两个以上控制器或两个以上调节阀组成多回路的自动控制系统，称之为复杂控制系统。

目前常用的复杂控制系统有串级、均匀、比值、前馈-反馈、选择性、分程以及三冲量等，并且随着生产发展的需要和科学技术的进步，又陆续出现了许多其他新型的复杂控制系统。

1．串级控制

串级控制系统是应用最早，效果最好，使用最广泛的一种复杂控制系统。它的特点是两个控制器相串接，主控制器的输出作为副控制器的设定，适用于时间常数及纯滞后较大的被控对象，如加热炉的温度控制等。

图 3-19 所示为加热炉原油出口温度控制系统。若采用简单温度控制，当负荷发生变化，由温度变送器、控制器和调节阀组成一个单回路控制系统，去克服由于负荷变化而引起的原油出口温度的波动，以保持出口温度在设定值上。但是，当燃料气压力波动大且频繁时，由于加热炉滞后很大，将引起原油出口温度 t 的大幅度波动。为此，先构成一个燃料气压力（或流量）的控制系统（回路Ⅱ），首先稳定燃料气压力（或流量），而把原油出口温度控制器 TC 的输出，作为压力控制器 PC 的设定值，形成回路Ⅰ，使压力控制器随着原油出口温度控制器的需要而动作，这样就构成了如图 3-19 中所示的温度-压力串级控制系统。

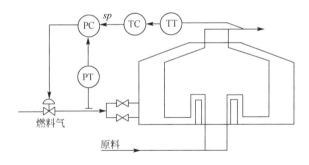

图 3-19　加热炉出口温度与燃料气压力串级控制系统

典型的串级控制框图如图 3-20 所示。在这个控制系统中，原油出口温度 t 称为主被控变量，简称主变量。调节阀阀后的燃料气压力称为副被控变量，简称为副变量。温度控制器称为主控制器，压力控制器称为副控制器。从燃料阀（调节阀）阀后到原油出口温度这个温度对象称为主对象。调节阀阀后压力对象称为副对象。由副控制器、调节阀、副对象、副测量变送器组成的回路称为副回路。而整个串级控制系统包括主对象、主控制器、副回路等效环节和主变量测量变送器，称为主回路，又称主环或外环。

在串级控制系统中，有主、副两个控制回路以及主、副两个控制器，由于着眼点不同，使得主调节器与副调节器的控制规律选择不一样。设置副回路的目的主要是为了提高主变量的控制质量，因此，副回路具有快速抗干扰的功能，起着"粗调"和"先调"的作用，对副变量本身没有严格的要求。故此，副控制器一般只需选比例作用，不必加积分作用，而主变量是需要严格控制的,因此,主控制器常采用比例积分式或比例积分微分控制器。

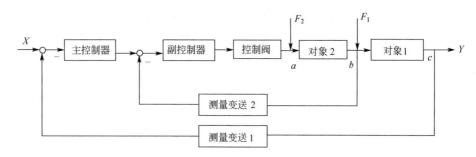

图 3-20 串级控制系统框图

从总体上看,串级控制系统仍是定值控制系统,因此,主被控变量在扰动作用下的过渡过程和单回路定值控制系统的过渡过程具有相同的品质指标和类似的形式。但是,串级控制系统在结构上增加了一个随动的副回路,因此,与单回路相比有以下几个特点。

① 对进入副回路的扰动具有较迅速、较强的克服能力;
② 可以改善对象特性,提高工作频率;
③ 可消除调节阀等非线性特性的影响;
④ 串级控制系统具有一定的自适应能力。

2. 比值控制

在炼油、化工等生产过程中,经常要求两种或两种以上的物料,按一定比例混合后进行化学反应,否则会发生事故或浪费原料量等。

工业生产上为保持两种或两种以上物料比值为一定的控制叫比值控制。

在生产过程中经常需要两种或两种以上的物料以一定的比例进行混合或参加化学反应。在需要保持比例关系的两种物料中,往往其中一种物料处于主导地位,称为主物料或主动量 F_1,而另一种物料随主物料的变化呈比例的变化,称为从物料或从动量 F_2。例如在稀硝酸生产中,空气是随氨的多少而变化的,因此氨为主动量 F_1,空气为从动量 F_2。F_2/F_1 称为流量比值,通常用 K 来表示。

常见的比值控制系统有单闭环比值、双闭环比值和串级比值等三种。

(1) 单闭环比值控制系统(见图 3-21)

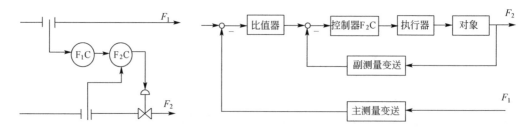

图 3-21 单闭环比值控制系统图

单闭环比值控制系统的优点是:两种物料流量的比值较为精确,实施方便,从而得到了广泛的应用。但是这种控制方案当主流量出现大的扰动或负荷频繁波动时,副流量在调节过程中,相对于控制器的给定值会出现较大的偏差。因此,这种方案对严格要求动态比值的化学反应是不合适的。

（2）双闭环比值控制系统（见图3-22）

为了既能实现两流量的比值恒定，又能使进入系统的总流量 F_1+F_2 不变，因此在单闭环比值控制的基础上又出现了双闭环比值控制系统。

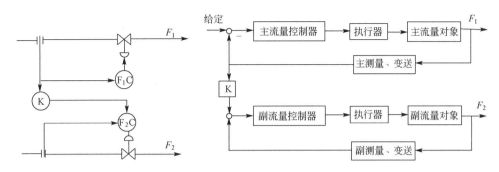

图3-22 双闭环比值控制系统图

双闭环比值控制系统实质上是由一个定值控制系统和一个随动控制系统所组成，它不仅能保持两个流量之间的比值关系，而且能保证总流量不变。与采用两个单回路流量控制系相比，其优越性在于主流量一旦失调，仍能保持原定的比值。并且当主流量因扰动而发生变化时，在控制过程中仍能保持原定的比值关系。

双闭环比值控制系统除了能克服单闭环比值控制的缺点外，另一个优点是提降负荷比较方便，只要缓慢地改变主流量控制器的设定值，就可提、降主流量，同时副流量也就自动地跟踪主流量，并保持两者比值不变。

它的缺点是采用单元组合仪表时，所用设备多，投资高；而当今采用功能丰富的数字式仪表，它的缺点则可完全消失。

（3）变比值控制系统

以上介绍的两种比值控制系统，其流量比是固定不变的，故也可称定比值控制系统。然而，在某些生产过程中，却需要两种物料的比值按具体工况而改变，比值的大小由另一个控制器来设定，比值控制作为副回路，从而构成串级比值控制系统，也称变比值控制系统。例如在合成氨变换炉生产过程中，用蒸汽控制一段催化剂层温度，蒸汽与半水煤气的比值应随一段催化剂层温度而变，这样就构成了串级比值控制系统。

如图3-23所示，其方块图见图3-24。若在稳定工况下，假设催化剂层温度为 t_1，蒸汽与半水煤气的比值为 K_1。由于扰动的影响，催化剂层温度由 t_1 变化到 t_2，为了把温度调回到给定值，就需要把蒸汽和半水煤气的比值由 K_1 变化到一个新的比值 K_2。又因半水煤气为不可控流量，因此通过改

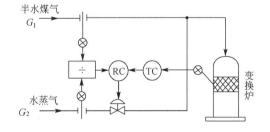

图3-23 合成氨变换炉生产过程

变水蒸气流量来达到变比值的目的。这种控制系统控制精度高，应用范围广。

3. 位式控制

位式控制是一种通过控制执行器通断的方式实现多被控对象的控制方式。该控制方式是一种非连续的控制，被控制的执行器也只有"0"断和"1"通两种方式。如空气阀门的通与断，加热器的开与关等。

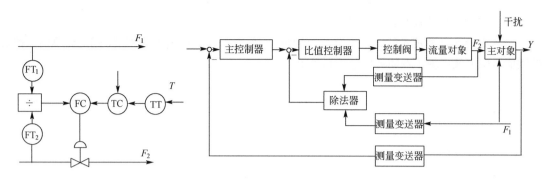

图 3-24 串级比值控制系统

二、任务实施

（一）单回路控制系统方案设计

单回路控制系统（控制方案）设计的基本原则，包括合理选择被控参数和控制参数、信息的获取和变送、调节阀的选择、调节器控制规律及其正、反作用方式的确定等。对于过程控制系统的设计和应用来说，控制方案的设计是核心。

1．被控变量的选择

选取被控变量的一般原则如下。

① 选择对产品的产量和质量、安全生产、经济运行和环境保护具有决定性作用的、可直接测量的工艺参数为被控参数。

② 当不能用直接参数作为被控参数时，应该选择一个与直接参数有单值函数关系的间接参数作为被控参数。

③ 被控参数必须具有足够大的灵敏度。

④ 被控参数的选取，必须考虑工艺过程的合理性和所用仪表的性能。

2．控制参数的选择

（1）过程静态特性的分析

（2）过程动态特性的分析

考虑时间常数 T_f 的影响，结论：扰动通道的时间常数愈大，容积愈多，则扰动对被控参数的影响越小，控制质量也越好。

考虑时延 τ_f 的影响，结论：扰动通道的时延，不影响系统的控制质量，仅使系统响应曲线推迟了一个时延。

考虑扰动作用点位置的影响，结论：当扰动引入系统的位置离被控参数愈近时，则对其影响愈大；相反，当扰动离被控参数愈远（即离调节阀愈近）时，则对其影响愈小。

3．执行器的选择

选取执行器的一般原则如下。

① 在系统设计时，应根据生产过程的特点、被控介质的情况（如高温、高压、剧毒、易燃易爆、易结晶、强腐蚀、高黏度等）、安全运行和推力等，选用气动执行器和电动执行器。

② 按生产安全原则，选取气开或气关式。根据被控过程的特性、负荷变化的情况以及调节阀在管道中的安装方式等，选择适当的流量特性。

③ 在过程控制中，使用最多的是气动执行器，其次是电动执行器。

4．调节器控制规律的选择

调节器的控制规律即控制算法有多种，目前比较流行的还是经典的比例积分微分（PID）调节算法。

5．调节器正、反作用的确定

控制器有正作用和反作用两种形式，其作用形式取决于被控制过程、执行器、变送器等相关部分的作用形式。过程控制系统中相关部分的作用形式取决于各部分的静态放大系数，如图 3-25 所示，过程控制系统要能够正常工作，则组成系统的各个环节的静态系数相乘必须为负，即形成负反馈。

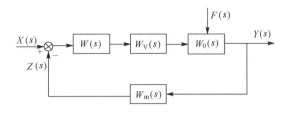

图 3-25　过程控制系统框图

（1）对象的正反作用形式

对象正作用：对象的输入量增加（或者减少），其输出量也增加（或者减少），$K_0 > 0$

对象反作用：对象的输入量增加（或者减少），其输出量也减少（或者增加），$K_0 < 0$

（2）执行器正反作用形式

执行器正作用：执行器（调节阀）是气关式，$K_V < 0$

执行器反作用：执行器（调节阀）是气开式，$K_V > 0$

（3）控制器的正反作用形式

控制器正作用：控制器测量值增加（或者减少），其输出量也增加（或者减少），$K_c > 0$

控制器反作用：控制器测量值增加（或者减少），其输出量也减少（或者增加），$K_c < 0$

（4）变送器的作用形式

变送器的静态放大倍数通常为正，即 $K_m > 0$

（二）简单控制系统的投运

控制系统的投运，是指当系统设计、安装就绪，或者经过停车检修之后，使控制系统投入使用的过程。要使控制系统顺利地投入运行，首先必须保证整个系统的每一个组成环节都处于完好的待命状态。这就要求操作人员（包括仪表人员）在系统投运之前，对控制系统的各种装置、连接管线、供气、供电等情况进行全面检查。同时要求操作人员掌握工艺流程，熟悉控制方案，了解设计意图，明确控制目的与指标，懂得主要设备的功能，以及所用仪表的工作原理和操作技术等。

简单控制系统的投运步骤如下。

① 现场手动操作。简单控制系统的构成如图 3-26 所示。先将切断阀 1 和阀 2 关闭，手动操作旁通阀 3，待工况稳定后，可以转入手动遥控调节。

② 手动遥控。由手动操作变换为手动遥控的过程是：先将阀 1 全开，然后慢慢地开大阀 2，关小阀 3，与此同时，拨动控制器的手操拨盘，逐渐改变调节阀的开度，使被控变量基本不变，直到旁通阀 3 全关，切断阀 2 全开为止。待工况稳定后，即被控变量等于或接近设定值后，就可以从手动切换到自动控制。

③ 手动遥控切换到自动。在进行手动到自动切换前，需将控制器的比例度、积分时间和微分时间置于已整定好的数值上。对于第一次投运的系统，控制器参数可参照表 3-5，预置在该类系统控制器参数常见范围的某一数值上。然后观察被控变量是否基本上稳定在设定值或极小偏差，若是，立刻把切换开关从手动切换到自动（指无中间平衡类控制器），再继续观察，如被控变量仍然稳定在给定值上，切换成功。如切自动后，被控变量波动剧烈，可反切到手动，重复上述步骤；如果切自动后，被控变量有波动，且不很理想时，可通过控制器的参数设定，使自动控

制达到正常运行状态,即被控变量基本上稳定在设定值上或附近,最大偏差不超过工艺允许值。

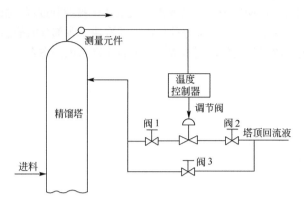

图 3-26 精馏塔塔顶温度调节系统原理图

表 3-5 选择 δ、T_i 和 T_D 的一些规则

比例度 δ	积分时间 T_i	微分时间 T_D
$\delta \downarrow$,将使衰减比 $n \downarrow$,振荡倾向 $\uparrow$	$T_i \downarrow$,将使衰减比 $n \downarrow$	$T_D \uparrow$,将使衰减比 $n \uparrow$(但 T_D 太大时,$n \downarrow$)
δ 应大于临界值,例如增大一倍	T_i 应取振荡周期的 $\frac{1}{2}$ 倍	取 $T_D = \left(\frac{1}{3} \sim \frac{1}{4}\right) T_i$
K_0(对象放大系数)大时,δ 应大些	引入积分作用后,δ 应比单纯比例时增大(10~20)%	引入微分作用后,δ 可比单纯比例时减少(10~20)%
τ/T_0 大时,δ 应大些		

(三)串级控制系统的设计

串级控制系统的投运和简单控制系统一样,要求投运过程保证做到无扰动切换。串级控制系统由于使用的仪表和接线方式各不相同,投运的方法也不完全相同。目前采用较为普遍的投运方法是:先把副控制器投入自动,然后在整个系统比较稳定的情况下,再把主控制器投入自动。实现串级控制。这是因为在一般情况下,系统的主要扰动包含在副回路内,而且副回路反应较快,滞后小,如果副回路先投入自动,把副变量稳定,这时主变量就不会产生大的波动,主控制器的投运就比较容易了。再从主、副两个控制器的联系上看,主控制器的输出是副控制器的设定,而副控制器的输出直接去控制调节阀。因此,先投运副回路,再投运主回路,从系统结构上看也是合理的。

1. 主、副控制器控制规律的选择

串级控制系统中主、副控制器的控制规律选择都应按照工艺要求来进行。主控制器一般选用 PID 控制规律,副控制器一般可选 P 控制规律。

2. 主、副控制器正、反作用方式的确定

副控制器作用方式的确定,与简单控制系统相同。主控制器的作用方向只与工艺条件有关。

3. 串级控制系统控制器参数整定

串级控制系统的控制器参数整定可采取下述两种方法。

(1)二步整定法。步骤如下。

① 将主回路闭合,主、副控制器的积分时间置最大值,微分时间置零,系统纯比例运行。

② 将主控制器比例度置于 100%,按某种衰减比(如 4:1)整定副回路(整定时副控制器比例度应由大往小逐渐改变),求取在该衰减比下副控制器的比例度 δ_{2s} 数值和操作周期 T_{2s}。

③ 将副控制器比例度置于 δ_{2s} 值,用同样方法和同样衰减比整定主回路,求取在该衰减比下

主控制器的比例度 δ_{1s} 数值和操作周期 T_{1s}。

④ 由 δ_{1s}、T_{1s} 及 δ_{2s}、T_{2s} 数据，结合控制器的选型，按整定时所选择的衰减比，选择适当的经验公式，求取主、副控制器的参数。

当整定时选用的衰减比为 4:1 时，主、副控制器参数可按表 3-6 中的数据计算。

表 3-6 两步整定法的控制器参数经验数据

调节规律	调节参数		
	比例度 δ/%	积分时间 T_I	微分时间 T_D/min
P	δ_s		
PI	$1.2\delta_s$	$0.5T_s$	
PID	$0.8\delta_s$	$0.3T_s$	$0.1T_s$

⑤ 按"先副后主"与"先比例次积分后微分"的次序，依次将计算出的主、副控制器参数放置好。

⑥ 观察控制过程，必要时进行适当的调整。

（2）一步整定法。步骤如下。

① 根据副变量的类型，按表 3-7 的经验数据选择好副控制器的比例度。

表 3-7 一步整定法的控制器参数经验数据

副变量类型	副控制器放大系数 K_{C2}	副控制器比例度 δ/%
温度	5～1.7	20～60
压力	3～1.4	30～70
流量	2.5～1.25	40～80
液位	5～1.25	20～80

② 将副控制器参数置于经验值，然后按单回路控制系统中任一整定方法整定主控制器参数。

③ 观察控制过程，根据主、副控制器放大系数匹配的原理，适当调整主、副控制器的参数，使主变量控制质量最好。

④ 若出现振荡，可加大主（或副）控制器的 δ，即可消除。如出现剧烈振荡，可先转入遥控，待产生稳定之后，重新投运和整定。

（四）比值控制系统的设计

① 主、从动量的确定：生产过程中主要物料的流量为主动量，次要物料的流量为从动量。两物料中有一个物料的量为可测但不可控为主动量，可控的物料为从动量。

② 控制方案的选择：根据各控制方案的特点及工艺的具体情况而确定。

③ 比值系数的计算。

④ 控制方案的实施。

比值控制系统在设计、安装好以后，就可进行系统的投运。投运的步骤大致与简单控制系统相同。系统投运前，比值系数不一定要精确设置，可以在投运过程中，逐渐进行校正，直到工艺认为比值合格为止。对于变比值控制系统，因结构上是串级控制系统，因此，主控制器可按串级控制系统的主控制器整定。双闭环比值控制系统的主物料回路可按单回路定值控制系统来整定。但对于单闭环比值控制系统和双闭环的从物料回路、变比值回路来说，它们实质上均属于随动控制系统，即主流量变化后，希望副流量能快速地随主流量按一定的比例作相应的变化。因此，它不应该按定值控制系统 4:1 最佳衰减曲线法的要求进行整定，而应该整定在振荡与不振荡的边界为好。其整定步骤大致如下。

① 根据工艺要求的两流量比值，进行比值系数计算。在现场整定时，根据计算的比值系数投运，在投运过程中再作适当调整，以满足工艺要求。

② 将 $T_i \longrightarrow \infty$，在纯比例作用下，调整比例度(使 δ 由大到小变化)，直到系统处于振荡与不振荡的临界过程为止。

③ 在适当放大比例度的情况下，一般放大 20%，然后慢慢地减小积分时间，引入积分作用，直至出现振荡与不振荡的临界过程或微振荡过程为止。

任务二　实训装置 CS2000（AE2000）控制功能实现

任务主要内容	
在多媒体机房专业教室，资讯相关信息，完成： ① 了解系统控制要求； ② 掌握常规控制算法控制原理、参数调整方法、调节参数对控制效果的影响； ④ 掌握串级控制、比值控制等复杂控制算法控制原理、参数调整方法、调节参数对控制效果的影响。	
任务实施过程	
资讯	① 控制算法？ ② 调节参数对控制性能影响？ ③ 参数调整方法？
实施	① 资讯相关信息； ② 单回路双容水箱液位控制系统设计与运行调试； ③ 锅炉夹套和内胆温度串级控制系统设计与运行调试； ④ 电磁和涡轮流量计流量比值控制系统设计与运行调试； ⑤ 任务实施实训报告

一、任务资讯

① 单回路控制算法、复杂控制算法
② 参数调整
③ 系统设计方法
④ 控制性能指标衡量

二、任务实施

（一）单回路双容水箱液位控制系统设计与运行调试

1. 实施目的

① 熟悉单回路双容液位控制系统的组成和工作原理。
② 研究系统分别用 P、PI 和 PID 调节器时的控制性能。
③ 定性地分析 P、PI 和 PID 调节器的参数对系统性能的影响。

2. 单回路双容水箱液位控制系统工作原理

图 3-27 为双容水箱液位控制系统，这是一个单回路控制系统，两个水箱相串联，控制的目的是使中水箱的液位高度等于给定值所期望的高度，具有减少或消除来自系统内部或外部扰动的影响功能。显然，这种反馈控制系统的性能完全取决于调节器 $G_c(S)$ 的结构和参数的合理选择。由于双容水箱的数学模型是二阶的，故系统的稳定性不如单容液位控制系统。

对于阶跃输入（包括阶跃扰动），这种系统用比例（P）调节器去控制，系统有余差，且与比例度成正比，若用比例积分（PI）调节器去控制，不仅可实现无余差，而且只要调节器的参数 δ 和 T_i 调节得合理，也能使系统具有良好的动态性能。比例积分微分（PID）调节器是在 PI 调节器的基础上再引入微分 D 的控制作用，从而使系统既无余差存在，又使其动态性能得到进一步改善。

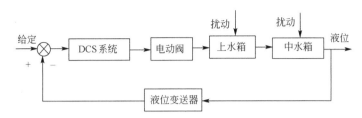

图 3-27　双容水箱液位控制系统的方框图

3．单回路双容水箱液位控制系统控制功能实现过程

（1）设备的连接和检查

① 将 AE2000 实验对象的储水箱灌满水（至最高高度）。

② 打开以丹麦泵、电动调节阀、电磁流量计组成的动力支路至中水箱的出水阀门，关闭动力支路上通往其他对象的切换阀门。

③ 打开中水箱的出水阀至适当开度。

④ 检查电源开关是否关闭。

（2）操作步骤

① 启动电源和 DCS 上位机组态软件，进入主画面，然后进入单回路双客水箱液位控制系统画面。

② 在上位机软件界面用鼠标点击调出 PID 窗体框，用鼠标按下自动按钮，在"设定值"栏中输入设定的中水箱液位。

③ 在参数调整中反复调整 P，I，D 三个参数，控制上水箱水位，同时兼顾快速性、稳定性、准确性。

④ 待系统的输出趋于平衡不变后，加入阶跃扰动信号（一般可通过改变设定值的大小或打开旁路来实现）。

4．要求与思考

① 画出双容水箱液位控制实验系统的结构图。

② 画出 PID 控制时的阶跃响应曲线，并分析微分 D 对系统性能的影响。

③ 为什么双容液位控制系统比单容液位控制系统难以稳定？

④ 试用控制原理的相关理论分析 PID 调节器的微分作用为什么不能太大？

⑤ 为什么微分作用引入必须缓慢进行？这时比例 P 是否要改变？为什么？

⑥ 调节器参数（P、T_i 和 T_d）的改变对整个控制过程有什么影响？

（二）锅炉夹套和内胆温度串级控制系统设计与运行调试

1．实施目的

① 熟悉串级控制系统的结构与控制特点。

② 掌握串级控制系统的投运与参数整定方法。

③ 研究阶跃扰动分别作用在副对象和主对象时对系统主被控量的影响。

2．锅炉夹套和内胆温度串级控制系统工作原理。

3．锅炉夹套和内胆温度串级控制系统控制功能实现过程。

（1）设备的连接和检查

温度串级控制系统如图 3-28 所示。

① 打开以丹麦泵、变频器、涡轮流量计以及锅炉内胆、夹套进水阀所组成的水路系统，关闭通往其他对象的切换阀。

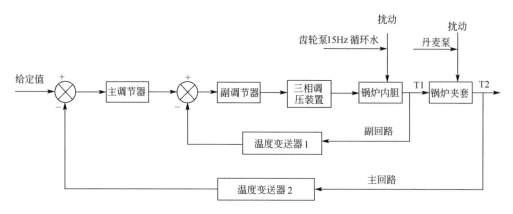

图 3-28 温度串级控制系统

② 先把锅炉内胆和夹套的水装至适当高度。
③ 将锅炉内胆的进水阀至适当开度。
④ 将锅炉内胆的出水阀关闭。
⑤ 将锅炉内胆的溢流口出水阀全开。
⑥ 检查电源开关是否关闭。

(2) 正确设置 PID 调节器

副调节器：比例积分（PI）控制，反作用，自动，K_{C2}（副回路的开环增益）较大。

主调节器：比例积分（PI）控制，反作用，自动，$K_{C1}<K_{C2}$（其中 K_{C1} 为主回路开环增益）。

(3) 待系统稳定后，类同于单回路控制系统那样，对系统加扰动信号，扰动的大小与单回路时相同。

(4) 通过反复对副调节器和主调节器参数的调节，使系统具有较满意的动态响应和较高的控制精度。

4．任务要求与思考
① 画出详细的实验框图。
② 扰动作用于主、副对象，观察对主变量（被控制量）的影响。
③ 观察并分析副调节器 K_P 的大小对系统动态性能的影响。
④ 观察并分析主调节器的 K_P 与 T_i 对系统动态性能的影响。
⑤ 串级控制系统为什么对主扰动具有很强的抗扰动能力？如果副对象的时间常数不是远小于主对象的时间常数时，这时副回路抗扰动的优越性还具有吗？为什么？
⑥ 串级控制系统投运前需要做好哪些准备工作？ 主、副调节器的内、外给定如何确定？正、反作用如何设置？
⑦ 改变副调节器比例放大倍数的大小，对串级控制系统的抗扰动能力有什么影响？
⑧ 分析串级系统比单回路系统控制质量高的原因。

(三) 电磁和涡轮流量计流量比值控制系统设计与运行调试

1．实施目的
① 了解两种流量计的结构及其使用方法。
② 熟悉单回路流量控制系统的组成。
③ 了解比值控制在工业上的应用。

2．电磁和涡轮流量计流量比值控制系统控制功能实现
① 将 AE2000 实训对象的储水箱灌满水（至最高高度）。

② 打开实训所需要的手动阀，关闭动力支路上通往其他对象的切换阀门。
③ 操作步骤
- 将实训装置电源插头接上交流电源。
- 打开电源带漏电保护空气开关，电压有指示。
- 打开总电源钥匙开关，按下电源控制屏上的启动按钮，即可开启电源。
- 调节比值器的放大系数，在上位机上实现，软件设定放大系数。
- 观察计算机显示屏上实时的响应曲线，改变放大系数，待系统稳定后记录过渡过程曲线，记录各项参数。

3．任务要求与思考
① 画出比值控制系统的方块图。
② 用临界比例度法整定三种调节器的参数，并分别作出系统在这三种调节器控制下的阶跃响应曲线。
③ 作出比值器控制时，不同 K_C 值时的阶跃响应曲线？得到结论是什么？
④ 分析 PI 调节器控制时，不同 P 和 I 值对系统性能的影响？
⑤ 比值器在控制功能实现中起什么作用？

【项目评估】

项目三　生产过程控制系统控制功能实现任务单

① 学生每五人分成一个 DCS 系统设计小组，扮演实习工程师的角色；
② 课题小组领取任务内容（项目三任务二中三个实施环节内容）；
③ 课题小组根据领取的任务现场考察和资讯知识；
④ 领取工位号，熟悉装置平台、控制设备，熟悉系统操作软件；
⑤ 根据抽签任务号及任务内容，现场考察任务设备，分析和做出实施计划；
⑥ 任务实施，从系统分析、设计支撑材料准备、软件组态、硬件组态、编译下载传送、综合调试等多个方面进行；
⑦ 填写任务实施记录。

班级：　　　组号：　　　姓名：　　　　　　　　年　　　月　　　日

项目三　生产过程控制系统控制功能实现考核要求及评分标准

班级＿＿＿＿　姓名＿＿＿＿　学号＿＿＿＿　成绩＿＿＿＿

考核内容	考 核 要 求	评 分 标 准	分值	扣分	得分
工作原理	系统工作原理框图绘制；系统工作原理分析	① 框图绘制不正确，扣 5 分 ② 系统工作原理分析不正确，扣 5 分	10分		
任务实训装置线路连接	管道连接 上电顺序 组态操作界面	① 管道连接不正确，每处扣 2 分 ② 上电顺序不正确，每个错误点扣 2 分 ③ 组态界面不能打开，扣 2 分 ④ 组态文件未编译，扣 2 分 ⑤ 组态文件不能传送，扣 3 分 ⑥ 组态文件不能下载，扣 5 分 ⑦ I/O 卡件布置图不正确，扣 5 分	30分		

续表

考核内容	考核要求	评分标准	分值	扣分	得分
系统运行调试	监控操作界面 调试步骤 调试方法 调试结果	① 监控操作界面操作错误，扣 2 分 ② 调试方法选择错误，扣 10 分 ③ 调试步骤每错一步，扣 2 分 ④ 调试结果不符合控制要求，扣 10 分	40 分		
系统调试结果分析	调试曲线及参数分析	① 参数分析错误，扣 5 分 ② 曲线分析错误，扣 5 分	20 分		
定额工时	3h	每超 5min（不足 5min 以 5min 计）扣 5 分			
起始时间		合计	100 分		
结束时间		教师签字：		年　月　日	

项目四　生产过程控制的系统监控、故障排除及运行维护

【项目学习目标】

知识目标

① 熟悉 AdvanTrol-Pro 软件包监控软件界面及操作；
② 了解过程控制系统故障的类型及其特点；
③ 掌握过程控制系统常见故障的分析与排除方法；
④ 熟悉过程控制系统运行维护的内容和步骤。

技能目标

① 能熟练对 JX-300XP 监控运行软件平台进行系统监控、运行与调试；
② 能熟练分析与排除生产过程控制系统的常见故障；
③ 能对生产过程控制系统进行日常维护、预防维护、故障维护。

【项目学习内容】

学习 JX-300XP 监控系统结构、组成及各部分的作用。根据所给项目案例，对 CS2000 化工仪表维修工实训装置进行常见故障的分析与排除，并能对生产过程控制系统进行日常维护、预防维护、故障维护。

【项目学习计划】

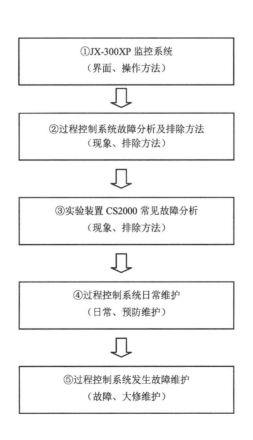

【项目学习与实施载体】

载体一：JX-300XP 监控系统（学习案例）。
载体二：CS2000 化工仪表维修工实训装置（实训案例）。

【项目实施】

学习情境　CS2000 实训装置 DCS 控制系统运行维护（学习+实训）

<学习要求>

① 分析 CS2000 实训装置系统结构；
② 分析 CS2000 实训装置控制要求；
③ 完成基于 JX-300XP 的 CS2000 实训装置运行维护；
④ 完成基于 JX-300XP 的 CS2000 实训装置运行故障分析、排除。

<情境任务>

任务一　基于 JX-300XP 的 CS2000 实训装置运行与维护

任务主要内容	
	在多媒体机房专业教室，通过资讯，完成： ① 了解 JX-300XP 监控系统界面、启动方法； ② 了解过程控制系统在线故障分析及排除方法； ③ CS2000 实训装置运行故障现象、分析方法、故障排除技巧。
任务实施过程	
资讯	① JX-300XP 监控系统？ ② 过程控制系统在线故障分析及排除方法？ ③ 过程控制系统日常维护方法？
实施	① 资讯相关信息 ② 小组交流讨论 ③ CS2000 实训装置故障排除技能训练 ④ 故障分析报告

一、任务资讯

（一）JX-300XP 监控系统

浙大中控有限公司的组态软件包 AdvanTrol-Pro 包含组态软件和监控软件两部分，其中监控软件包括：实时监控软件（AdvanTrol）、数据服务软件（AdvRTDC）、数据通信软件（AdvLink）、报警记录软件（AdvHisAlmSvr）、趋势记录软件（AdvHisTrdSvr）、ModBus 数据连接软件（AdvMBLink）、OPC 数据通信软件（AdvOPCLink）、OPC 服务器软件（AdvOPCServer）、网络管理和实时数据传输软件（AdvOPNet）、历史数据传输软件（AdvOPNetHis）等。系统运行监控软件安装在操作员站和运行的服务器、工程师站中。

这部分软件以实时监控软件（AdvanTrol）为核心，共同实现系统运行调试与维护。实时监控软件（AdvanTrol）是控制系统的上位机监控软件，通过鼠标和操作员键盘的配合使用，可以方便地完成各种监控操作。实时监控软件的运行界面是操作人员监控生产过程的工作平台。在这个平台上，操作人员通过各种监控画面监视工艺对象的数据变化情况，发出各种操作指令来干预生产过程，从而保证生产系统正常运行。熟悉各种监控画面，掌握正确的操作方法，有利于及时解决生产过程中出现的问题，保证系统的稳定运行。

1．启动实时监控软件（AdvanTrol）

双击桌面上实时监控软件的快捷方式图标，启动软件。首先出现实时监控软件登录画面，如图4-1所示。

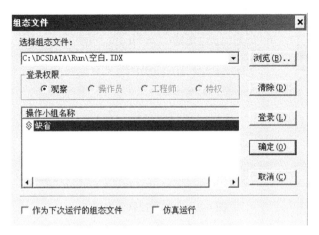

图4-1　实时监控软件登录画面

窗口中的操作包括以下内容。

① 输入组态文件名。需要输入组态文件编译后的文件名（扩展名为.IDX，输入的文件名也可不带扩展名）。可直接通过键盘输入绝对路径下的组态文件名，也可以通过"浏览"选取所需的组态文件。

② "作为下次运行的组态文件"复选框若被选中，则下次系统启动后，将以当前的文件名作为组态文件启动实时监控软件。

③ 登录权限设置。在系统操作组态时，可以分别对多个操作小组进行组态，操作小组的权限有观察、操作员、工程师、特权4个级别。用户在 AdvanTrol 实时监控中调用不同的操作小组则有不同的画面，由用户在 SCkey 中对不同操作小组的组态决定。根据用户的设定，有限额小组可以被禁用（比当前登录权限大的操作小组被禁用，这时变成灰色显示）。例如，当用户设定以"工程师"方式登录，于是在 AdvanTrol 的登录窗口中"特权"选项被禁用，用户只可以选择"观察"、"操作员"、"工程师"登录权限的任意操作小组登录。

当系统已启动了一个 AdvanTrol 文件时，不管是在"开始"菜单中启动，还是在资源管理器中双击 AdvanTrol 图标，系统都不再有响应，即在同一时刻，系统只有一个 AdvanTrol 监控软件运行。

点击浏览，选择所要调试的工程项目组态文件（编译通过），选择工程项目组态的登录权限，单击"确定"按钮后，将进入实时监控软件窗口，如图4-2所示。AdvanTrol 允许用户修改或编写系统简介和操作指导画面，用户可以用任何一种编辑 HTML 的工具修改 introduction.htm 文件或自编一个 HTML 文件并保存为 introduction.htm（注意应把它和组态文件放在同一个目录下，否则 AdvanTrol 启动时将无法调用该文件）。

2．实时监控软件（AdvanTrol）的主要监控操作画面

（1）调整画面

调整画面通过数值、趋势图以及内部仪表来显示位号的信息。调整画面显示的位号类型有：模拟输入量、自定义半浮点量、自定义回路、单回路、串级回路、前馈控制回路、串级前馈控制回路、比值控制回路、串级变比值控制回路、采样控制回路等。调整画面如图4-3所示。

图 4-2 实时监控软件窗口

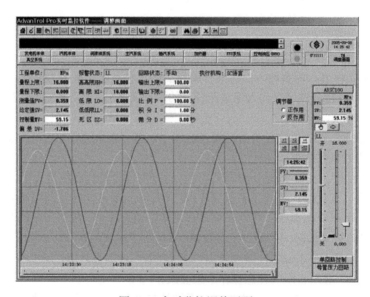

图 4-3 实时监控调整画面

(2) 报警一览画面

报警一览画面用于动态显示符合组态中位号报警信息和工艺情况而产生的报警信息，查找历史报警记录以及对位号报警信息进行确认等。画面中分别显示了报警序号、报警时间、数据区（组态中定义的报警区缩写标识）、位号名、位号描述、报警内容、优先级、确认时间和消除时间等。在报警信息列表中可以显示实时报警信息和历史报警信息两种状态。实时报警信息列表每过 1 秒检测一次位号的编辑状态，并刷新列表中的状态信息。历史报警信息列表只是显示已经产生的报警记录。报警一览画面如图 4-4 所示。

(3) 系统总貌画面

系统总貌画面是实时监控操作画面的总目录，主要用于显示过程信息，或作为索引画面，进入相应的操作画面，也可以根据需要设计成特殊菜单页。每页画面最多显示 32 块信息，每块信息可以为过程信息点（位号）和描述、标准画面（系统总貌、控制分组、趋势图、数据一览等）索引位号和描述。过程信息点（位号）显示相应的信息、实时数据和状态。标准画面显示画面描述和状态。总貌画面如图 4-5 所示。

图 4-4　实时监控报警一览画面

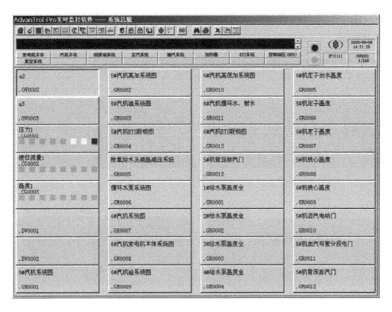

图 4-5　实时监控系统总貌画面

（4）控制分组画面

通过内部仪表的方式显示各个位号以及回路的各种信息。信息主要包括位号名（回路名）、位号当前值、报警状态、当前值柱状显示、位号类型以及位号注释等，每个控制分组画面最多可以显示八个内部仪表，通过鼠标单击可修改内部仪表的数据或状态。控制分组画面如图 4-6 所示。

（5）趋势画面

根据组态信息和工业运行情况，以一定的时间间隔记录一个数据点，动态更新趋势图，并显示时间轴所在时刻的数据。每页最多显示 8 * 4 个位号的趋势曲线,在组态软件中进行监控组态时确定曲线的分组。运行状态下可在实时趋势与历史趋势画面间切换。点击趋势设置按钮可对趋势进行设置。趋势画面如图 4-7 所示。

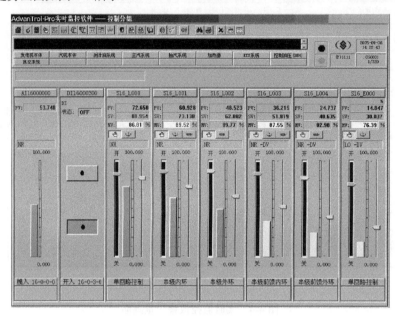

图 4-6 实时监控控制分组画面

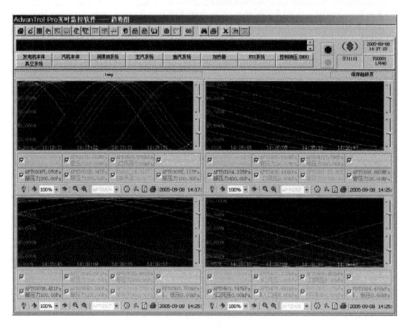

图 4-7 实时监控趋势画面

(6)流程图画面

流程图画面是工艺过程在实时监控画面上的仿真,由用户在组态软件中产生,流程图画面根据组态信息和工艺运行情况,在实时监控过程中动态更新动态对象,写入数据点、图形等。流程图画面如图 4-8 所示。

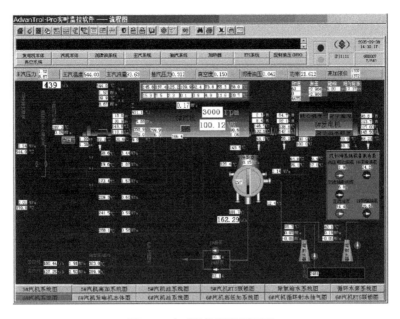

图 4-8 实时监控流程图画面

（7）数据一览画面

数据一览画面根据组态信息和工艺运行情况，动态更新每个位号的实时数据值。最多显示 32 个位号信息，包括序号、位号、描述、数值和单位共五项信息。数据一览画面如图 4-9 所示。

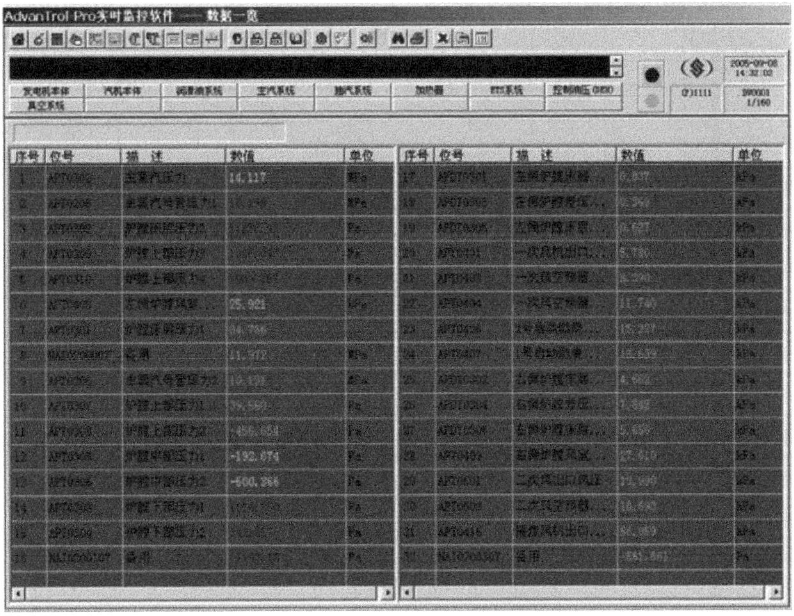

图 4-9 实时监控数据一览画面

（8）故障诊断画面

故障诊断画面对系统通讯状态、控制站的硬件和软件情况进行诊断，以便及时、准确地掌握系统运行状况。实时监控的故障诊断画面如图 4-10 所示。

（9）故障分析软件（SCDiagnose）

故障分析软件（SCDiagnose）是进行设备调试、性能测试以及故障分析的重要工具，故障分析软件主要功能包括：故障诊断、节点扫描、网络响应测试、控制回路管理、自定义变量管理等。故障分析软件系统主画面如图 4-11 所示。

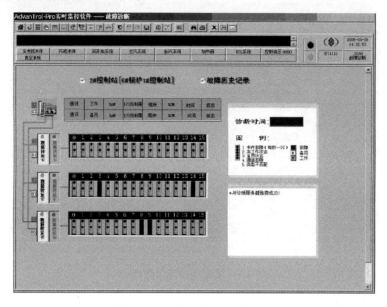

图 4-10　实时监控故障诊断画面

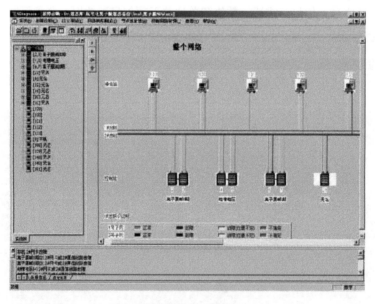

图 4-11　故障分析软件画面

（10）ModBus 数据连接软件（AdvMBLink）

ModBus 数据连接软件（AdvMBLink）是 AdvanTrol 控制系统与其他设备进行数据连接的软件。它可以与其他 ModBus 通讯协议（ModBus-RTU 或 ModBus-TCP）的设备进行数据通讯，同时与 AdvanTrol 控制系统进行数据交互，软件本身包括了组态与运行两部分。通过对 ModBus 设备进行位号组态后可直接与设备通讯测试；运行时 AdvMBLink 作为后台程序负责数据的流入与流出。软件界面如图 4-12 所示。界面为浏览器风格，左边是树型列表框。显示的是组态的各个设备；右边为对应设备下属的位号列表。

图 4-12 ModBus 数据连接组态画面

(11) OPC 实时数据服务器软件（AdvOPCSever）

OPC 实时数据服务器软件（AdvOPCSever）是将 DCS 实时数据以 OPC 位号的形式提供给各个客户端应用程序。AdvOPCSever 的交互性能好，通讯数据量大，通讯速度快。该服务器可同时与多个 OPC 客户端程序进行连接，每个连接可同时进行多个动态数据（位号）的交换。AdvOPCSever 属性设置界面如图 4-13 所示。

(12) 历史数据管理

历史数据管理是生产管理和工艺改进的重要依据。AdvanTrol-Pro 软件提供了各种方式离线查询历史数据的工具，方便用户对历史数据进行管理和分析。

① 历史数据离线备份。历史数据离线备份是指用户根据实际需要，在离线状态下将指定范围（一般是时间）的历史数据文件拷贝到指定的存储器中。备份操作是在离线历史数据备份管理器界面中完成的，如图 4-14 所示。

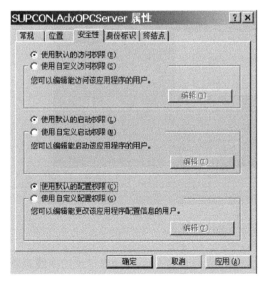
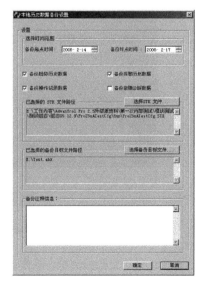

图 4-13 OPC 服务器软件（AdvOPCSever）属性设置　　图 4-14 本地历史数据备份设置画面

② 离线历史趋势浏览。离线历史趋势浏览功能是指在不运行监控软件的情况下给用户提供多种历史趋势浏览方式，方便分析历史数据。离线历史趋势浏览画面如图 4-15 所示。

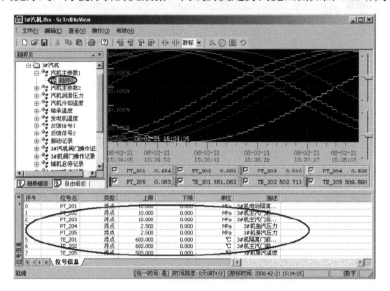

图 4-15　离线历史趋势浏览画面

③ 报警历史数据浏览。用户可以通过报警历史数据浏览器实现对系统报警数据库的离线查看操作，可以在非监控运行环境下查看报警历史数据，执行报警历史数据查询结果文本导出等操作。报警历史数据浏览界面如图 4-16 所示。

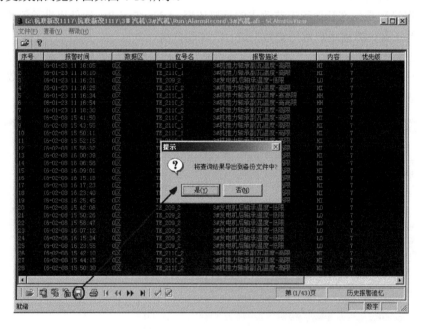

图 4-16　报警历史数据浏览画面

④ 操作记录历史数据浏览。操作记录历史数据浏览功能提供系统操作记录的离线查看操作，可以在非监控运行环境下查看系统和位号操作记录的历史数据并导出查询结果。操作记录历史数据浏览画面如图 4-17 所示。

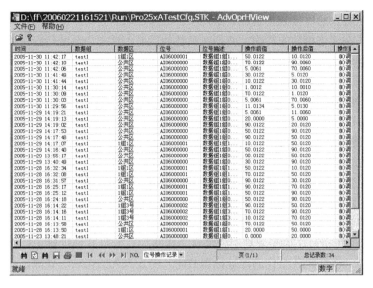

图 4-17　操作记录历史数据浏览画面

⑤ 报表离线查看。操作人员在离线状态下可以通过报表离线查看器查看已经生成的所有报表。指定查看报表的界面如图 4-18 所示。

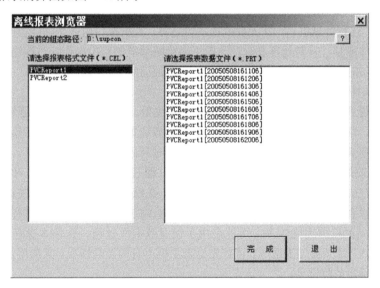

图 4-18　离线报表查询画面

（二）过程控制系统在线故障分析及排除方法

1．DCS 使用中常见问题及分析

（1）通信网络故障

通信网络类故障一般易发生在接点总线、就地总线处，或因地址标识错误所造成。

① 节点总线故障。节点总线的传送介质一般为同轴电缆，有的采用令牌信号传送方式，有的采用带冲突检测的确良多路送取争用总线信号传送方式。不论采用哪种方式，当总线的干线任一处中断时，都会导致该总线上所有站及其子设备通信故障。目前，一般防止此类故障的方法是采用双路冗余配置的方式，避免因一路总线发生故障而影响全局，但这并不能从根本上避免故障的发生，并且一旦一根总线发生故障，处理时极易造成另一个总线故障，其后果是非常严重的。

有效的方法应是从防止总线接触不良或开路入手。比较成功的是系统的节点总线布置方式。其同轴电缆的连接不是在通信模件的前面，而是在模件的后面，这样当系统运行中处理通信模件故障时，可避免误碰同轴电缆，造成网线断路。同时，其同轴电缆除专门进行检查，任何时候都不会去触动，可防止因多次插拔同轴电缆的插头造成松动，增加其故障的可能。另外，应制定同轴电缆检查与更换管理制度，在其接触电阻增大至影响通信之前，进行更换或处理。

② 就地总线故障。就地总线或现场总线一般由双绞线组成的数据通信网络。由于其连接的设备是与生产过程直接发生联系的一次元件或控制设备，所以工作环境恶劣，故障率高，容易受到检修人员的误动而影响生产过程。另外，总线本身也会因种种原因造成通信故障。防止此类故障的有效方法是，首先要将就地总线与就地设备的连接点进行妥善处理，拆装设备时，不得影响总线的正常运行，总线分支应安装在不易碰触的地方。同时，就地总线最好是采用双路冗余配置，以提高通信的可靠性。

③ 地址标志的错误。不论是就地组件还是总线接口，一旦其地址标识错误，必然造成通信网络的紊乱。所以，要防止各组件的地址标识故障，防止人为的误动、误改。系统扩展时，一般应在系统停止运行时进行。尤其是采用令牌式通信方式的系统，任何增加或减少组件的工作都必须在系统停运时，将组态情况向网络发布，以免引起不可预料的后果。

（2）硬件故障

DCS系统根据各硬件的功能不同，其故障可分为人机接口故障和过程通道故障。人机接口主要指用于实现人机联系功能的工程师站、操作员站、打印机、键盘、鼠标等；过程通道主要指就地总线、通道、过程处理机、一次元件或控制设备等。人机接口由多个功能相同的工作站组成，当其中一台发生故障时，只要处理及时，一般不会影响系统的监控操作。过程通道故障发生在就地总线或一次设备时，会直接影响控制或检测功能，因而后果比较严重。

（3）人机接口故障

人机接口故障常见的有球标操作失效、控制操作失效、操作员站死机、薄膜键盘功能不正常、打印机不工作等。球标操作不正常一般是由于内部机械装置长期工作老化或污染，使触点不能可靠通断，或因电缆插接不牢固造成与主机不通信，这时只需将其更换检查即可。

控制操作失效是由于球标的操作信号不能改变过程通道的状态，一方面可能是过程通道硬件本身故障，另一方面可能是操作员站本身软件缺陷，在设备负荷过重或打开的过程窗口过多时，导致不响应。在检查过程通道功能正常后，应对操作员站进行检查，必要时进行重启，初始化操作员站。操作员站死机原因比较多，可能是由于硬盘或卡件故障、软件本身有缺陷、冷却风扇故障导致主机过热，或负荷过重造成。可首先检查主机本身的温升情况，其次用替代法检查硬盘、主机卡件等，以确定故障部分。

薄膜键盘在大多数操作员站上得到应用。其主要功能是快速调取过程图形，便于操作员迅速监控过程参数。当因薄膜键盘组态错误、键盘接触不良、信号电缆松动或主机启动时误动键盘造成启动不完整，均可导致其功能不正常，应针对不同的情况进行处理。

打印机不工作一般是由于配置的原因。同时，对打印机进行屏蔽后，也会使打印功能不能正常。另外，打印机本身的硬件故障会造成其部分功能或全部功能不正常，应重新检查打印机的设置及其硬件是否正常并进行处理。

（4）过程通道故障

过程通道出现最多是卡件故障或就地总线故障。一种原因是卡件本身长时间工作，元器件老化或损坏；另外，因外部信号接地或强电信号窜入卡件也会导致通道故障。现在一般卡件本身都采取了良好的隔离措施，一般情况下不会导致故障的扩大，但此类故障一旦出现，则直接造成过程控制或监视功能的不正常。所以要及时查明故障原因，及时进行更换卡件。

一次元件或控制设备出现故障有时不能直接被操作员发现,只有当参数异常或报警时,方引起注意。控制处理机(过程处理机)故障一般会立即产生报警,引起操作员注意。现在控制处理机基本上全是采用1:1冗余配置,其中一台发生故障不会引起严重后果,但应立即处理故障的机器。在处理过程中,绝对不可误动正常的处理机,否则会发生严重的后果。

(5)人为故障

在对系统进行维护或故障处理,有时会发生人为误操作现象,这对于经常进行系统维护或新参加系统检修维护的人员来说都是会发生的。一般在修改控制逻辑、下装软件、重启设备或强制设备,保护信号是最易发生误操作事件。轻则导致部分测点、设备异常,重则造成机组或主要辅机设备停运,后果是非常严重的。人为误操作发生的故障在热工专业中的不安全事件中占有很大比例。

(6)电源故障

电源方面的问题也较多,如备用电源不能自投,保险配置不合理及电源内部故障等造成电源中断,稳压电源波动引起保护误动及接插头接触不良导致稳压电源无输出;有的系统整个机柜通过一路保险供所有输入信号或一路电源外接负载很大,还有的控制电源既未接又未有冗余备用。

(7)SOE 工作不正常

SOE 的结论对事故的分析判断起了很重要的作用,但在现实中,许多电厂发生保护动作等情况时 SOE 未记录下来,或记录时间与实际情况不符。如有的电厂#1 机组出现过 SOE 事件顺序追忆时间与实际跳闸时间不相对应,SOE 时间打印浏览后不能返回,首次跳闸原因在事件顺序产生的第一个反映,SOE 时间顺序数据不能设置等问题。而有的电厂在几次事故分析时发现 SOE 结论中的时序与历史曲线中的时序有偏差,有时甚至时序颠倒,具体表现为同一点在历史曲线和 SOE 中发生时间不一致,且有时偏差很大,这会延误事故分析的进程,有时甚至误导事故分析方向。SOE 问题既与系统设计不合理,SOE 点没完全集中在一个上有关,也与系统硬件及软件设计考虑不周有关。

(8)干扰造成的故障

干扰造成的故障的事例也不少。系统的干扰信号可能来自于系统本身,也可能来自于外部环境。由于不同的系统对接地都有严格要求的规定,一旦接地电阻或接地方式达不到要求,就会使网络通信的效率降低或增加误码的可能,轻则造成部分功能不正常,重则导致网络瘫痪。

电源质量同样影响系统的稳定运行。用于系统的电源既要保证电压的稳定,也要保证在一路电源故障时,无扰切换至另一路电源,否则会对系统工作产生干扰。过程控制处理机主/备处理机之间的切换有时也会导致干扰。另外,大功率的无线电通信设备如手机、对讲机等在工作时,极易造成干扰,危及系统运行。

2. 常见故障现象及对策

(1)控制站部分

主控卡故障灯闪烁——

当系统的组态、通讯等环节发生故障的时候,主控卡会对这些故障进行自诊断,同时以故障灯不同的闪烁方式表示不同的各种现象,见表 4-1。

表 4-1 故障情况和指示灯的显示关系

故障情况	指示灯
主控制卡组态丢失	FAIL 灯:常亮,并一直保持到下装组态到此主控制卡
组态中的控制站地址与主控卡实际所读地址不相同	FAIL 灯:同时亮,同时灭; RUN 灯:同时亮,同时灭;本控制站组态设置地址与卡件物理设置不一致。 可能是组态错误,也可能是主控卡地址读取故障; 处理方法:下装组态或检查地址设置开关。

续表

故障情况	指示灯
通信控制器不工作	FAIL 灯：均匀闪烁，周期是 RUN 灯的一半； RUN 灯（工作）：均匀闪烁，周期是 FAIL 灯的 2 倍。
两个冗余的网络通信接口（网线或驱动口）均出现故障	FAIL 灯：同时亮，先灭； RUN 灯：同时亮，后灭，周期为采样周期 2 倍； 需要检查相关网线是否断。
主控卡网络通信口有一口出现故障	RUN 灯：先亮，同时灭，周期为采样周期 2 倍； FAIL 灯：后亮，同时灭，需要检查相关网线是否断。
主控卡通信完全不正常，物理层存在问题	COM 灯：灭或闪烁； 需要检查网络的物理层，如阻抗匹配、线路断路或短路、端口驱动电路损坏等。
下装的 SC 语言用户程序运行超时或下装了被破坏的组态信息	FAIL、STDBY、RUN 不按规定的周期快速闪烁； 由于运行超时或组态信息出错而导致主控卡 WDT 复位。需要修改 SC 语言的用户程序或下装正确的组态信息。
SCnetⅡ通信网络 0#、1#总线交错	FAIL 灯：均匀闪烁，周期是 RUN 灯的一半。 RUN 灯：均匀闪烁，周期是 FAIL 灯的 2 倍。

某个机笼全部卡件故障灯闪烁——

当数据转发卡地址不正确。数据转发卡故障、数据转发卡组态信息有误、机笼的 SBUS 线通讯故障或者机笼供电的电源出现低电压故障时，会出现这种情况，同时伴随着整个机笼的数据不刷新或者变为零。判断故障点的方法是采用"替换法"，先更换一块数据转发卡并使其处于工作状态，观察系统是否恢复正常（更换时注意不要把数据转发卡的地址设错），如果系统仍然不正常，则需要与供应商或者生产厂家取得联系。

某个卡件故障灯闪烁或者卡件上全部数据都为零——

可能的原因是组态信息有错、卡件处于备用状态而冗余端子连接线未接、卡件本身故障、该槽位没有组态信息等。当排除了其他可能而怀疑卡件本身故障时，可以采用"替换法"。

某通道数据不正常——

这种情况下需要准确判断故障点在系统侧还是现场侧。简单的处理方法是将信号线断开，用万用表等测量工具检验现场侧的信号是否正常或向系统传送标准信号看监控画面显示是否正常，如初步判断出故障点在系统侧，然后按照通道、卡件、机笼、控制站由小到大的顺序依次判断故障点的所在位置。

对于各种不同类型的控制站卡件，某通道数据失灵或者失真的原因是多种多样的。如对于电流输入，需要判断卡件是否工作、组态是否正确、配电方式跳线、信号线的极性是否正确等。维护人员需要正确判断故障点的所在位置然后进行相应的处理。

（2）操作站部分

主机故障——

操作站是一台工业用 PC 机，其基本结构和普通的台式计算机没有本质的不同，当一台 PC 机出现故障时，首先要使用插拔法、替换法、比较法来确定 PC 机中是何种部件有故障，然后针对性地更换和主控部件或更换插槽（更换 PC 机部件一般应由工程技术人员在现场指导）。

为了避免盲目的更换部件，可根据 PC 机启动时的报警声来判断故障所在。PC 机报警音错误含义见表 4-2。

表 4-2　PC 机报警音错误含义

报警声数	错误含义及对策
1 短	系统启动正常
2 短	常规错误，请进入 CMOS 设置，重新设置不正确选项
1 长 1 短	RAM 或主板出错，更换内存或主板
1 长 2 短	显示器或显卡错误
1 长 3 短	键盘控制错误，检查主板
1 长 9 短	主板 FLASH RAM 或 EPROM 错误，BIOS 损坏，更换 FLASH RAM
长声不断	内存条未插紧或损坏，重插或更换内存条
不停地响	电源、显示器未和显卡连接好，检查一下所有插头
重复短响	电源有问题
黑屏	电源有问题

显示器故障——

① 当显示器显示不正常，并排除了工控机故障时，可检查一下显示器的按钮设置。

② 确定显示器前部"D-SUB/BNC"按钮位置：若显示器背部信号线连接是通过 15 针 D 型接口电缆，该按钮置于"D-SUB"位置；若显示器背部信号线连接是通过 BNC 型接口电缆，该按钮置于"BNC"位置。

③ 若显示器背部信号线连接是通过 BNC 型接口电缆，确定同步信号开关"Sync.Switch"的位置；如果绿色同步信号（3BNC）模式，该开关设在"S.O.G"位置；如果用 H、V 分离型同步信号（5BNC）或 H+V 混合型同步信号（4BNC）模式，该开关设在"H/V"位置。

④ 当显示器颜色不纯，可按显示器前部"消磁"按钮以消除电磁干扰。

二、任务实施

DCS 控制系统 CS2000 实训装置在线运行故障实例分析

CS2000 化工仪表维修工实训装置是浙江中控有限公司根据化工仪表、自动化仪表及相近专业的教学特点和训练学生操作、排除故障为目标，于 2008 年推出的集智能仪表技术、故障排除、自动控制技术为一体的普及型多功能化工仪表维修工竞技的实训装置。该实训装置采用控制对象与控制台独立设计，控制系统采用了常规的智能仪表控制、无纸记录仪。控制对象除三容水箱、常压电加热炉强制对流换热器以外，还设有温度、调节阀、控制卡件故障排除功能。如图 4-19 所示为 CS2000 化工仪表维修工实训装置，通过任务实施，完成对过程控制系统的故障分析与排除操作。

故障 1：下载故障

故障现象：无法将组态程序通过工程师站下载。

分析与排除：先检查 JX-300XP 中主控卡的地址、硬件地址是否与组态程序设置一致。如硬件地址一致，请核对工程师站 IP 地址是否正确。

故障 2：传送故障

故障现象：无法将组态程序从工程师站传送给操作员站。

分析与排除：先检查工程师站和操作员站的 IP 地址设置是否正确。如 IP 地址设置正确，检查工程师站和操作员站的防火墙是否打开，如打开，请关闭。

故障 3：卡件故障

故障现象：组态下传后，XP233 卡 COM 灯不亮，且该机笼的 I/O 卡件 COM 灯均不亮。而所有卡件均是经测试合格品；系统连接正确，良好。

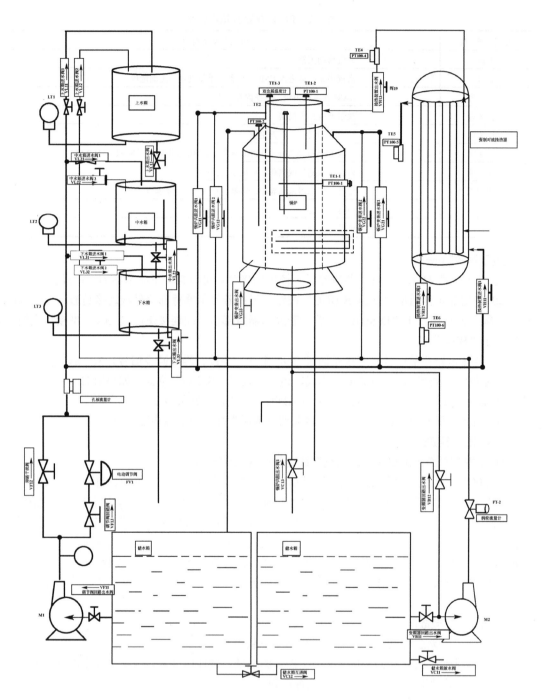

图 4-19 CS2000 过程控制对象流程示意图

分析与排除：先检查组态中有关 XP233 卡的信息。查看所组 XP233 卡的地址及冗余状况，与实际机笼中所插 XP233 卡的状况是否一致。如地址一致，对照地址设置规范，查看组态配置是否遵循规范。

故障 4：卡件故障

故障现象：某块 XP233 卡 COM 灯呈缓慢（≥1s）闪烁状态。

分析与排除：如该 XP233 卡是备用卡，且该卡件对应诊断信息显示一切正常，则此时为正常现象；如该 XP233 卡是工作卡，则此时为异常现象。检查 SBUS 通信通道的连接（包括主控制卡、SBUS 通信线、数据转发卡）。如确定为数据转发卡的故障，查看故障诊断信息找出故障原因并更换卡件。

故障 5：卡件故障

故障现象：组态下传后，XP233 卡 COM 灯正常闪烁，该机笼的 I/O 模块 COM 灯均不亮。XP233 卡件而所有其他卡件均为经测试合格者，系统连接正确、良好。

分析与排除：如 XP233 卡 FAIL 灯不亮，查看该机笼的 I/O 组态。如 I/O 模块未被组入，此为正常现象。

如 XP233 卡 FAIL 灯长亮，此为异常现象。说明处于工作状态的 XP233 卡件的 I/O 通信通道已出现故障，需更换卡件。

故障 6：卡件故障

故障现象：组态下传后，XP233 卡 COM 灯正常闪烁，FAIL 灯长亮，而该机笼的部分 I/O 模块 COM 灯均不亮。而所有其他卡件均为经测试合格者，系统连接正确、良好。

分析与排除：此为异常现象。说明处于工作状态的 XP233 卡件的 I/O 通信通道已出现故障，请查看故障诊断信息找出故障通道并更换卡件。

故障 7：卡件故障

故障现象：XP233 卡插入后，该卡件 FAIL 灯以约 4s 的周期闪烁，且与 I/O 卡件不进行通信。

分析与排除：此为异常现象。说明该 XP233 卡的地址与同一控制站中其他 XP233 卡件冲突。此时只需拔出该卡件，重新设置地址，即可投入使用。

故障 8：主机故障

故障现象：当发现某个操作站死机，监控画面数据不刷新，调节画面不起作用。

分析与排除：查看右上方系统报警指示灯是否正常，并检查其他操作站是否工作正常，若正常，则仅该操作站有问题，通知微机维修人员修理。若其他操作站数据也不变，则为系统通讯网络出现故障，立即通知维修人员检查网络设备的运行情况，进行修复。

故障 9：调节阀故障

电动调节阀的外部接线，如图 4-20 所示。其电动调节阀故障分为电源线故障和信号线故障。

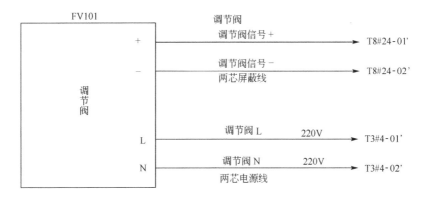

图 4-20　电动调节阀接线图

① 电动调节阀电源线故障

故障现象：电动调节阀不能正常工作。

故障原因：电动调节阀内部接线有误或者外部电源线断接。

排除方法：T3#4-01、T3#4-02 是由电动调节阀引出的两条电源线，观察其是否通过强电端子排（2SX）的 3、4 两端连接到电动调节阀面板开关 SF5 的 2、4 两端，如图 4-21 所示，并从 1、3 两端引出到 220V 电源开关上。若连接正确，则拆开电动调节阀的阀体观察其内部接线是否连接正确。

② 电动调节阀信号线故障

故障现象：电动调节阀的显示屏出现 ER.2 错误。

故障原因：电动调节阀的控制信号出现通讯错误。

排除方法：T8#24-01、T8#24-02 是由电动调节阀引出的两条信号线，通过信号端子排（1SX）的 1、2 两端观察是否分别连接到电动调节阀面板的 DX21、DX22 两个接线柱上，如图 4-21 所示。

故障 10：主回路泵（左单相泵）电源故障

主回路泵外部接线，如图 4-22 所示。

故障现象：主回路泵不能正常工作。

故障原因：主回路泵内部接线有误或者外部电源线断接。

排除方法：检查从主回路泵引出的两条电源线 T2#4-01，T2#4-02 是否通过强电端子排（2SX）的 5、6 两端连接到 220V 电源开关上。同时拆开泵头上的黑色接线盒观察其内部接线是否连接正确。

故障 11：副回路泵（右单相泵）电源故障

副回路泵外部接线，如图 4-23 所示。

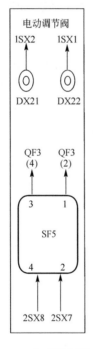

图 4-21　电动调节阀面板

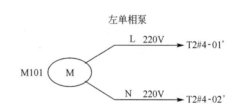

图 4-22　左单相泵接线图

注：T2#4-01，其中 T 代表航空插头，T2 为 2 号，#4 代表 4 芯，1 代表孔型 1 号脚（以下类同）

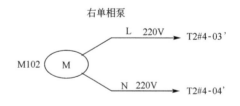

图 4-23　右单相泵接线图

故障现象：副回路泵不能正常工作。

故障原因：副回路泵内部接线有误或者外部电源线断接。

排除方法：由于副回路泵是由变频器驱动的，目的是为了实现对副回路泵支路的流量控制。因而从副回路泵引出的两条电源线 T2#4-03，T2#4-04 是与变频器的输出端 U、V 两相相连接的（W 相接地），观察其两端的接线是否完好。同时拆开泵头上的黑色接线盒观察其内部接线是否连接正确。

故障 12：温度故障

在实训装置控制系统中，采用 Pt100 热电阻作为温度传感器对系统中的温度进行检测。其接线方式统一采用三线制接法，如图 4-24 所示，以减少测量误差。所检测的温度包括锅炉内胆温度（T1）、锅炉夹套温度（T2）、纯滞后温度（T3）、换热气冷水出口温度（T4）和换热气热水出口温度（T5）。

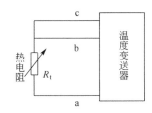

图 4-24　Pt100 热电阻接线图

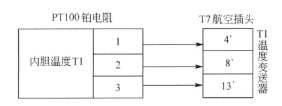

图 4-25　锅炉内胆温度的接线图

① 故障现象：温度不能正确显示或出现最大值显示。

故障原因：a、b、c 三线接线顺序出现错乱或者缺相。

排除方法（以锅炉内胆温度 T1 为例）：从锅炉内胆温度测点引出的三条线分别为 T7#24-4、T7#24-8、T7#24-13，它们与温度变送器输入电桥相连接。T7#24-4 和 T7#24-8 分别加在电桥相邻的两个桥臂上，T7#24-13 接在桥路的输出电路上，其接线顺序如图 4-25 所示。正确连接温度变送器的三个接线端，就能避免此类故障的发生。

其余温度测点所出现的故障现象及其排除方法与锅炉内胆温度相类同，其接线顺序如图 4-26 所示。

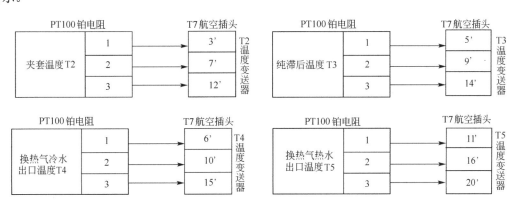

图 4-26　其余温度测点的接线顺序

② 故障现象：在接线正确的情况下温度还是无法正确显示。

故障原因：PT100 铂电阻损坏。

排除方法：更换一个PT100铂电阻作为其该温度测点的温度传感器。

故障13：液位检测故障

系统所采用的液位检测装置是压力液位传感器，将液位高低所产生的压差转变为电压的变化，从而实现对上水箱、中水箱和下水箱液位的检测。其工作原理如图4-27所示。

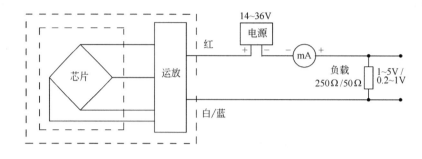

图4-27　压力液位传感器接线图

故障现象：液位显示为零或者出现最大值显示。

故障原因：液位传感器的信号线断接或位置接错。

排除方法（以上水箱液位传感器LE101为例）：从上水箱液位传感器引出的两根信号线分别为T8#24-04（红线）、T8#24-13（蓝线），如图4-28所示。首先观察其两端接线是否出现断接或虚接的现象，其次根据压力液位传感器的接线图，选用万用表的蜂鸣挡分别检查其各段接线是否连接正确，即信号线T8#24-4与24V+是否接通，信号线T8#24-13是否与负载电阻的一端相连接，从负载电阻的另一端是否接24V–等。

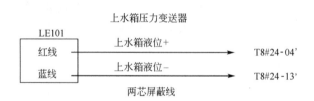

图4-28　上水箱液位传感器

中水箱和下水箱液位测点所出现的故障现象及其排除方法与上水箱液位测点相类同，其接线顺序如图4-29所示。

图4-29　中、下水箱液位传感器

故障14：涡轮流量计信号线故障

涡轮流量计的输出信号为频率信号，其外部接线如图4-30所示。

故障现象：涡轮流量计不能正确显示。

故障原因：涡轮流量计的内部接线有误或者外部接线发生断接或错乱。

排除方法：首先通过万用表的直流电压挡检测 T8#24-11 对地是否接有 24V 的直流电源，其次检查从 T8#24-20 和 T8#24-16 所引出的两根信号线是否通过信号端子排（1SX）的 25、26 两端连接到涡轮流量计面板的 DX5、DX6 两个接线柱上。若连接正确，则拆开涡轮流量计观察其内部接线是否有误，如图 4-31 所示。

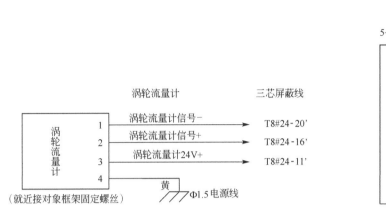
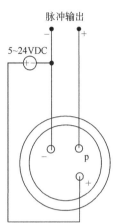

图 4-30　涡轮流量计的外部接线　　　　图 4-31　涡轮流量计内部接线图

故障 15：电磁流量计信号线故障

电磁流量计的外部接线，如图 4-32 所示。

① 故障现象：电磁流量计不能正常工作。

故障原因：电磁流量计的内部接线有误或者外部接线发生断接或错乱。

排除方法：检查从电磁流量计引出的两条电源线 T3#4-03，T3#4-04 是否通过强电端子排（2SX）的 11、12 两端连接到 220V 电源开关上。同时拆开电磁流量计上盖的接线盒观察其内部接线是否连接正确，如图 4-33 所示。

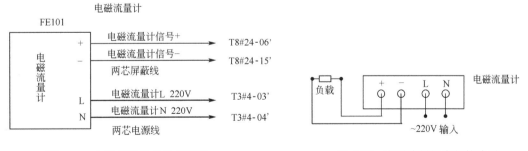

图 4-32　电磁流量计的外部接线　　　　图 4-33　电磁流量计内部接线图

② 故障现象：电磁流量计显示为零或者出现最大值显示。

故障原因：电磁流量计的信号线断接或位置接错。

排除方法：选用万用表的蜂鸣挡检测信号线 T8#24-6 和 T8#24-15 是否通过信号端子排（1SX）的 27、28 两端连接到电磁流量计面板的 DX3、DX4 两个接线柱上。

任务二　生产过程控制系统的运行维护

任务主要内容	
在多媒体机房专业教室，学习系统的运行维护方法，完成： ① 了解生产过程控制系统日常维护方法； ② 了解生产过程控制系统备件（卡件）管理方法； ③ 了解生产过程控制系统预防维护方法； ④ 了解生产过程控制系统故障维护方法； ⑤ 了解生产过程控制系统大修维护方法	
任务实施过程	
资讯	查询过程控制系统运行维护相关信息
实施	① 小组讨论 ② 学习报告

任务资讯

DCS 系统是由系统软、硬件，操作台盘及现场仪表组成的。系统中任一环节出现问题，均会导致系统部分功能失效或引发控制系统故障，严重时会导致生产停车。因此，要把构成控制系统的所有设备看成一个整体，进行全面维护管理。

（一）日常维护

DCS 系统运行过程中，应做好日常维护。

① 中央控制室管理。密封所有可能引入灰尘、潮气、鼠害或其他有害昆虫的走线孔（坑）等；保证空调设备稳定运行，保证室温变化小于+5℃/h，避免由于温度、湿度急剧变化导致在设备上的凝露；避免在控制室内使用无线电或移动通信设备，避免系统受电磁场和无线电频率干扰；现场与控制室合理隔离，避免现场灰尘进入控制室，同时控制室定时清扫，保持清洁；中央控制室内 H_2S 小于 10ppb，SO_2 小于 50ppb，C_{12} 小于 1ppb。

② 操作站硬、软件管理。实时监控工作是否正常，包括数据刷新、各功能画面（鼠标和键盘）操作是否正常；查看故障诊断画面，是否有故障提示；文明操作，爱护设备；严禁擅自改装、拆卸机器；键盘与鼠标操作需用力恰当，轻拿轻放，避免尖锐物刮伤表面；尽量避免电磁场对显示器的干扰，避免移动运行中的工控机、显示器等，避免拉动或碰伤设备连接电缆和通信电缆等。

显示器使用时应注意远离热源，保证显示器通风口不被物体挡住；在进行连接或拆除前，应确认计算机电源开关处于"关"状态（此操作疏忽会引起严重的人员伤害和计算机设备损坏）；显示器不能用酒精和氨水清洗，如确有需要，应用湿海绵清洗，并在清洗前关断电源。工控机使用时应注意严禁在上电情况下进行连接、拆除或移动，此操作疏忽可能引起严重的人员伤害和计算机设备损坏；工控机应通过金属机壳外的接地螺钉与系统的地相连，减少干扰；工控机的滤网要经常清洗，一般周期为 4~5 天；研华工控机主板后的小口不能直接插键盘或鼠标，需通过专业接头转接，否则容易引起死机；机箱背面的 230V/110V 开关切勿拨动，否则会烧坏主板。

严禁使用非正版 Windows 2000/NT 软件（非正版 Windows 2000/NT 软件指随机赠送的 OEM 版和其他盗版）。

操作人员严禁退出实时监控；严禁任意修改计算机系统的配置，严禁任意增加、删除或移动硬盘上的文件和目录；系统维护人员应谨慎使用外来存储设备，防止病毒侵入；严禁在实时监控平台进行不必要的多任务操作；系统维护人员应做好控制子目录文件（组态、流程图、SC 语言等）的备份，各自控回路的 PID 参数和调节器正反作用等系统数据的记录工作；系统维护人员对系参数进行必要的修改后，应及时做好记录工作。

③ 操作站检查。工控机、显示器、鼠标、键盘等硬件是否完好；实时监控工作是否正常，包括数据刷新、各功能画面的（鼠标和键盘）操作是否正常；查看故障诊断画面，是否有故障提示。

④ 控制站管理。应随时注意卡件是否工作正常，有无故障显示（FAIL 灯亮），电源箱是否正常工作。严禁擅自改装、拆装系统部件；不得拉动机笼接线盒接地线；避免拉动或碰伤供电线路；锁好柜门。

⑤ 控制站检查。卡件是否工作正常，有无故障显示（FAIL 灯亮）；电源箱是否工作正常，电源风扇是否工作，5V、24V 指示灯是否正常；接地线连接是否牢固。

⑥ 通信网路管理。不得拉动或碰伤通信电缆；通信网络分 A 网、B 网，分别对应相应的网卡、HUB，不得相互交换；系统上电后，通信接头不能与机柜等导电体相碰；互为冗余的通信线、通信接头不能碰在一起，以免烧坏通信网卡。

（二）备件（卡件）管理

备用卡件存放应满足的要求为：各种卡件必须用防静电袋包装后存放，卡件存储室的温度、湿度应满足制造商要求，存取卡件时应采取防静电措施，禁止任何时候用手触摸电路板。

定期对备用卡件进行检查，检查内容包括：表面清洁干净，目视检查无异常；上电检查指示灯正常；输入输出通道工作正常。

投用时，应对卡件地址和其他跳线设置正确。

（三）预防维护

在生产工艺允许前提下，每年至少应进行一次预防性的维护，以掌握系统运行状态，消除故障隐患。

预防维护内容包括卡件检查、通信网络维护、供电检查和接地检查等。

1. 卡件检查

① 卡件冗余检查。通过带电插拔互为冗余的卡件，检查冗余是否正常。

主控卡：互为冗余的两块主控卡应可以分别切为工作状态，并实现各项数据采集控制输出功能。通过查看操作站监控流程图、故障诊断画面、查看机笼 I/O 卡件故障灯状态，可以判断工作的主控卡是否正常工作。

数据转发卡：互为冗余的数据转发卡应可以分别切为工作状态，并实现 I/O 卡与主控卡之间通信。通过查看操作站监控流程图、故障诊断画面、查看机笼 I/O 卡件故障灯状态，可以判断工作的数据转发卡是否正常工作。

冗余 I/O 卡件：互为冗余 I/O 卡件应可以分别切为工作状态，并实现组态设定的数据采集或控制输出功能。

② 卡件通道检查。

AI/DI 卡：通过信号线外加信号，同时查看操作站监控流程图、故障诊断画面、查看机笼 I/O 卡件故障灯状态，可以判断工作的 AI/DI 卡是否正常工作。

AO/DO 卡：通过调整输出指令，并在对应的 I/O 端子上采用万用表测量等方法，同时查看操作站监控流程图、故障诊断画面、查看机笼 I/O 卡件故障灯状态，可以判断工作的 AO/DO 卡是否正常工作。

2. 通信网络维护

系统退出运行后，检查通信电缆应无破损、断线，绝缘应符合要求；所有连接接头应紧固无异常，保证接触良好；端子接线应正确牢固，各接插件接插应锁紧并接触良好；检修维护后的通信电缆应绑扎好。

检查光缆连接头固定螺丝应拧紧无松动。光缆布线应无弯折，并绑扎固定良好。

检查通信电缆现场安装部分，通信电缆走线应与电源电缆走线分开，并使用金属保护套管，金属保护套管应有良好接地。

检查通信冗余状况，通过分别带电断开一路通信接头、交换机电源，检查操作站数据刷新，操作输出是否正确。

3．信号线路维护

使用符合标准的摇表检查信号线绝缘情况，测试绝缘前，应将被测电缆与控制设备分开，以免损坏控制设备。

紧固接线，同时对接线混乱部位进行整理，整理后要核对接线的正确性，必要时进行试验。

4．供电检查

① 供电系统冗余检查。包括交流供电冗余和直流供电冗余。

交流供电冗余：通过分别断开冗余交流进线的一路，系统有一半的交流供电回路失电，但系统应仍然可以正常工作。

直流供电冗余是通过交流供电冗余实现的。

② UPS 测试。通过断开 UPS 交流进线，测试 UPS 电池供电能力。UPS 电池应定期放电，一般建议每月一次，放电方法：断开 UPS 交流供电采用电池供电，至电池即将释放完为止。

5．接地检查

DCS 机柜外壳不允许直接与建筑物钢筋相连，保护接地、工作接地等应分别接到机柜内的接地铜条上。

地线与地极连接点采用焊接方式，焊接点无断裂、腐蚀；机柜间地线可采用螺栓固定方式，要求垫片、螺栓紧固，无锈蚀。

接地地极无松动，接地电阻应符合要求。

输入输出虚焊屏蔽线应符合单端接地要求。

（四）故障维护

发现故障现象后，系统维护人员首先要找出故障的原因，进行正确的处理。

1．操作站故障

① 实时监控中，过快地翻页或开辟其他窗口，可能引发 Windows 系统保护性关闭运行程序，而退出实时监控，维护人员应首先关闭其他应用程序，然后双击实时监控图标，重新进入实时监控。

② 由于静电积聚，键盘可能亮红灯，这种现象不会影响正常操作，可以小心拔出键盘接头，大约 3min 后再小心插回。

③ 操作站硬件故障：包括显示器、工控主机等。

显示器故障与显卡故障要区分开，若显示器显示不正常，通过更换显示器可以判断是否为故障，若更换显示器后显示正常，则可以确认为显示器故障，否则可能为显卡故障或主机其他部件故障。

④ 主机故障，主机故障包括：硬盘、主板、内存条、显卡、声卡等硬件故障，一般必须由供应商提供备件后才能解决，更换硬件时应首先关断主机电源。

⑤ Windows 操作系统、相关硬件驱动程序、JX-300XP 系统软件等软件故障，由于所有的软件在主机硬盘、光盘上都有备份，经过培训的维护工程师应根据具体故障原因维护。

由于主机故障可能引起组态、程序、控制参数等工程文件数据丢失，故应在外存储设备上做好这些工程文件数据的备份。

2．控制站故障

① 控制站系统卡件故障。通过观察卡件指示灯和查看故障诊断画面，可确认主控卡和数据

转发卡等系统卡件故障。

主控卡和数据转发卡等系统卡件出现故障后要及时换上备用卡，卡件经维修或更换后，必须检查并确认其属性，如卡件的地址、冗余等跳线设置。

② 控制站 I/O 卡件故障。确认卡件出现故障后要及时换上备用卡。

在进行系统维护时，如果接触到系统组成部件上的集成元器件、焊点，极有可能产生静电损害，静电损害包括卡件损坏、性能变差和使用寿命缩短等。为了避免操作过程中由于静电引入而造成损害，请遵守：

- 所有拔下的或备用的 I/O 卡件应包装在防静电袋中，严禁随意堆放；
- 插拔卡件之前，需作好防静电措施，如带上接地良好的防静电手腕，或进行适当的人体放电；
- 避免碰到卡件上的元器件或焊点等。

卡件经维修或更换后，必须检查并确认其属性设置，如卡件的配电、冗余等跳线设置。

③ 控制站电源故障。控制站电源故障包括 5V、24V 指示灯显示不正常、电源输出电压不正常、冷却风扇工作不正常等，一般采用更换电源部件、返修的措施解决。经系统培训维护工程师可以在不影响系统工作的前提下带电维修电源箱，但强烈建议在系统停车检修期间停电维修。

3．通信网络故障

通信接头接触不良会引起通信故障，确认通信接头接触不良后，可以利用专用工具重做接头；

由于通信单元有地址拨号，通信维护时，网卡、主控卡、数据转发卡的安装位置不能变动；更换网卡、主控卡、数据转发卡时应注意卡件地址与原有卡件保持一致，通信线破损应及时予以更换。

合理绑扎通信线，避免由于通信线缆重量垂挂引起接触不良。

维护信号线时避免拉动或碰伤系统线缆，尤其是线缆的连接处。

4．现场设备故障

检修现场控制设备之前必须得到中控室操作人员的允许。检修结束后，要及时通知中控人员，并进行检验。操作人员应将自控回路切为手动，阀门维修时，应启用旁路阀。

5．信号线故障

维护信号线时避免拉动或碰伤系统线缆，尤其是线缆的连接处。

（五）大修期间维护

1．大修维护内容

大修期间对 DCS 系统应进行彻底的维护，内容包括：

① 对控制系统进行全面检查，作好记录。

② 备份系统组态，核实部件的标志和地址。

③ 操作站、控制站停电吹扫检修。包括工控机内部，控制站机笼、电源箱等部件的灰尘清理。

④ 系统供电线路检修，包括分电箱、端子排、继电器、安全栅等。确保各部件工作正常、线路可靠连接。特别注意，断电后 UPS 电池仍然会产生很高电压，注意安全。

⑤ 接地系统检修,电源性能测试,线路绝缘测试。

⑥ 检查、紧固控制站机柜内接线及固定螺栓。

⑦ 对控制站机柜进行防尘、密封处理，更换冷却风机。

⑧ 消除运行中无法处理的缺陷，恢复和完善各种标志。

⑨ 硬件设备功能试验，组态软件装载及检查。

⑩ 测量卡件校验，现场设备检修。

⑪ 保护联锁试验。

⑫ 电缆、管路及其附件检查、更换。
⑬ 接地系统检修，包括端子检查、对地电阻测试。
⑭ 通信线路连接线、连接点检查，确保各部件工作正常、线路可靠连接。做好双重化网络线的标记。
⑮ 现场设备检修。具体做法请参照有关设备说明书。

2．DCS 停运前准备工作

① 对系统的运行状况进行仔细检查，并做好异常情况记录，以便有针对性地进行检修。
② 检查中控室温度和湿度，应符合有关规范要求；检查现场总线和远程 I/O 机柜的环境条件；检查冷却风扇的运转情况，记录有问题的冷却风扇。
③ 检查系统供电电压和 UPS 供电电压及控制站机柜内直流电源、各类打印记录、部件状态指示和出错信息、各操作员站和服务器站的运行状况、通信网络的运行状况等。
④ 做好软件和数据的完全备份工作，做好系统设置参数的记录工作。
⑤ 检查系统报警记录，是否存在系统异常记录，如冗余失去、异常切换、重要信号丢失、数据溢出、总线频繁切换等。启动故障诊断软件，记录系统诊断结果，检查是否有异常。
⑥ 检查系统运行日志，对异常记录重点关注，并检查日常维护记录，记录需要停机检修项目。

3．系统断电步骤

① 每个操作站依次退出实时监控及操作系统后，关操作站工控机及显示器电源；
② 逐个关控制站电源箱电源；
③ 关闭各个支路电源开关；
④ 关闭不间断电源（UPS）电源开关；
⑤ 关闭总电源开关。

4．大修后系统上电

系统重新上电前必须确认接地良好，包括接地端子接触、接地端对地电阻（要求< 4Ω）。系统维护负责人确认条件具备后方可上电，应严格遵照上电步骤进行。系统总体上电步骤，请按如下步骤进行。

首先合上配电箱的总断路器，检查输出电压是否符合 220V±10%；

合上配电箱内的各支路断路器，分别检查输出电压；

若配有 UPS 或稳压电源，检查 UPS 或稳压电源输出电压是否正常，不正常则查找原因，恢复后才能继续以下上电步骤。

① 控制站上电步骤
- 稳压电源输出检查；
- 电源箱依次上电检查；
- 机笼配电检查；
- 卡件冗余测试：通过带电插拔互为冗余的卡件，检查冗余是否正常。

② 操作站上电步骤
- 操作站的显示器、工控机等设备上电；
- 计算机自检通过，检查确认 Windows NT 系统软件、JX-300X 系统软件及应用软件的文件夹和文件是否正确；
- 硬盘剩余空间无较大变化，并通过磁盘表面测试。

③ 通信系统冗余测试
- 检查网络线缆通断情况，确认连接处接触良好，并及时更换故障线缆；

- 上电前检查确认双重化网络线的标记、确认同轴细缆、粗缆的网络接头导电部分不得与机柜等导体相碰（粗缆接地线除外），不得碰在一起；
- 上电后做好网络冗余性能的测试，方法如下。

先进行冗余切换测试，看两块主控卡是否均工作正常，是否存在抢控制权现象；

再对两块主控卡轮流进行以下单卡测试。

断开 2#通讯线，维持 1#通讯线，利用下载组态功能测试是否正常，正常则表明 1#通讯网络正常；

断开 1#通讯线，维持 2#通讯线，利用下载组态功能测试是否正常，正常则表明 2#通讯网络正常；

断开主控卡上口通讯线，应显示相应控制站的总线 0 故障；断开主控卡下口通讯线，应显示相应控制站的总线 1 故障；否则可能为主控卡某一口有故障；

对每个机笼的数据转发卡进行冗余切换测试，数据转发卡工作是否正常，是否存在抢控制权现象；

冗余卡件冗余切换测试。对控制站内互为冗余的卡件进行冗余切换测试，即轮流插拔互为冗余的 I/O 卡，看两块互为冗余的两块 I/O 卡是否均能正常工作，是否存在抢控制权现象。

④ 常规控制回路参数重新整定及投运

常规回路的参数包括控制器的 PID 参数和回路的正反作用设置，其中：

P 代表比例作用的强弱，P 的数值越小，意味着控制器的比例作用越强，比例作用是任何一种控制方案所必需的基本控制作用，除了一些极特殊的情况外，用户一般都要对比例作用的 P 参数进行设置。

I 代表积分作用的积分时间，I 的数值越小，积分作用越强。积分作用的目的是消除控制回路测量值和设定值之间的偏差，只要偏差存在，控制器就会驱动调节阀动作，直到偏差为零。积分作用可以提高控制精度，但是它降低了回路的稳定性。

D 代表微分作用的微分时间，D 的数值越大，微分作用越强。微分作用的目的是对一些对象反应比较慢的回路（如温度控制回路）的控制作用进行提前的纠正，防止测量值出现大的波动和超调。

在系统停车之后重新投运控制回路，最好的办法是将各个回路过去已经成功整定过的 PID 参数做好记录，在重新投运时再次输入。对于回路的正反作用设置，在投运时可以不用考虑调节阀的气开和气关形式，一律把调节阀当作气开阀看待，因为系统已经在对模拟量输出点组态时做了相应的设置。

⑤ 复杂回路投运

复杂回路是指除常规回路之外的各种控制回路。复杂回路的投运要依据具体情况而定，基本的原则是先内环、后外环、再加前馈（以三冲量控制为例）。

（六）软件维护

1. 软件重装

由于不当的文件操作或意外冲击，均可能导致部分或全部文件系统的损坏，为了恢复系统的运行就必须对软件系统进行重装，有时一些无法解释的异常现象也可以通过系统重装来恢复正常运行。

注意：重装控制系统软件前应彻底卸载原软件（包括删除相应的文件夹）并重启系统。

2. AvdanTrol-Pro 软件组态修改

在工程师站完成组态的修改后，应先执行保存和编译命令，再执行相应的组态下载和组态传送操作。

(1) 组态传送操作

注意：执行组态传送命令时，操作员站监控软件应处于运行状态。

在工程师站完成组态修改及编译后，可按以下步骤将在工程师站编译生成的.SCO 操作信息文件、.IDX 编译索引文件、.SCC 控制信息文件等通过网络传送给操作员站。组态传送前必须先在操作员站启动实时监控软件。

① 在系统组态界面工具栏中点击 命令，弹出图 4-34 所示组态传送对话框。

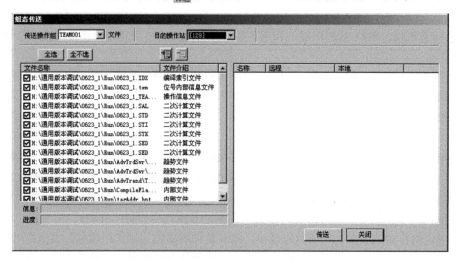

图 4-34　组态传送

② 选择传送哪个操作小组的文件。
③ 选择目的操作站。
④ 选择要传送的文件（建议全选）。
⑤ 点击"传送"命令。
⑥ 传送结束后，点击"关闭"命令。
⑦ 传送完毕后再重启操作站。

(2) 组态下载操作

在修改与控制站有关的信息（主控卡配置、I/O 卡件设置、信号组态、常规控制方案组态、自定义控制方案组态等）后，需重新下载组态信息。如果修改操作站的组态信息（标准画面组态、流程图组态、报表组态等）则不要下载组态信息。

组态下载步骤如下。

① 编译正确后，在系统组态界面工具栏点击下载命令 ，弹出如图 4-35 所示下载信息对话框。

② 选择下载控制站（可通过主控卡选项的下拉菜单进行选择）。
③ 选择下载方式（下载所有组态信息）。
④ 检查信息显示区内的特征字是否一致，若一致，则不用下载组态信息。若不一致，则点击"下载"命令。
⑤ 组态下载完毕后，点击"关闭"命令，返回到系统组态界面。

(七) 部件更换

1. 控制站部件更换

① 直流电源模块更换步骤

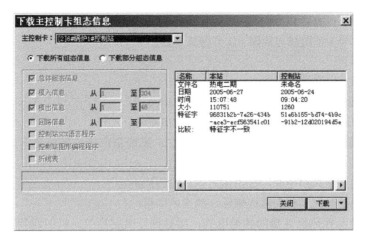

图 4-35　下载主控卡组态信息画面

- 关闭直流电源模块电源开关；
- 关闭电源模块的交流电源开关；
- 拔去电源模块背面的交流电源输入连接器和直流电源输出连接器；
- 拧松电源模块正面四颗紧固不脱出螺钉；
- 从电源机笼中抽出电源模块；
- 从新的直流电源模块插入电源机笼相应的槽位导轨中并推到底；
- 拧紧电源模块正面四颗紧固不脱出螺钉；
- 把交流电源输入连接器和直流电源输出连接器插接到电源模块背面相应的接插件上；
- 打开交流电源开关；
- 打开直流电源开关；
- 检查直流输出电压是否正常。

② 冗余配置主控卡更换步骤
- 找出各种主控卡；
- 检查新主控卡与故障主控卡版本是否一致；
- 设置新主控卡各种跳线及地址拨号开关与故障主控卡保持一致；
- 插入新主控卡；
- 检查主控卡指示灯是否正常；
- 检查主控卡能否冗余切换；
- 将新卡切换为工作状态，在监控画面中检查对应控制站数据能否正常显示。

③ 冗余配置数据转发卡更换
- 拔出故障数据转发卡；
- 检查新数据转发卡与故障数据转发卡版本是否一致；
- 设置新数据转发卡各种跳线及地址拨号开关与故障数据转发卡保持一致；
- 插入新数据转发卡；
- 检查数据转发卡指示灯是否正常；
- 检查数据转发卡能否冗余切换；
- 将新卡切换为工作状态，在监控画面中检查对应机笼内 I/O 卡件数据能否正常显示。

④ I/O 卡更换
- 拔出故障 I/O 卡；

- 检查新 I/O 卡与故障 I/O 卡版本是否一致；
- 设置新 I/O 卡各种跳线与故障 I/O 卡保持一致；
- 插入新 I/O 卡；
- 检查 I/O 卡指示灯是否正常；
- 检查 I/O 卡能否冗余切换；
- 进行 I/O 卡通道测试，确认 I/O 通道输入输出正常。

⑤ 电源风扇更换。电源风扇安装在风扇箱中，风扇箱位于电源机笼下方，风扇更换步骤如下：

- 从机柜背面切断风扇电源，拔出风扇电源线的插头；
- 从机柜正面松开风扇箱的紧固螺丝，抽出风扇箱；
- 拔去或松脱与该风机连接的各类电线，然后拧开需更换的风机的四颗紧固螺钉，并更换风机；
- 重新紧固风机，把各类电线插接或连接回去；
- 将风扇箱原位装好固定；
- 插上风扇电源插头，通电检查风扇是否工作正常。

2. 操作站部件更换

① 更换显示器
- 关闭主机，切断显示器电源；
- 拆除显示器电源和信号线；
- 更换显示器；
- 连接显示器信号线和电源线；
- 显示器上电；
- 启动主机。

② 更换操作员键盘
- USB 接口操作员键盘支持热插拔；
- PS Ⅱ 接口操作员键盘不支持热插拔，应停机更换；

③ 更换网卡
- 记录网络 IP 地址；
- 关闭主机，切断主机电源；
- 拔去网线；
- 打开主机盖后更换网卡；
- 连接网线；
- 启动主机后安装网卡驱动程序；
- 设置网卡 IP 地址。

注意：更换操作员键盘和网卡时应先释放手上静电。

【项目评估】

项目四　生产过程控制的系统监控、调试、故障排除及运行维护任务单

① 学生每五人分成一个 DCS 系统设计及调试小组，扮演实习工程师的角色；
② 课题小组抽签领取任务（每组 4 个）；
③ 课题小组根据领取的任务现场考察和资讯知识；

任务序号	任务内容	任务序号	任务内容
1	主回路泵电源故障	7	上水箱压力传感器信号线故障
2	副回路泵电源故障	8	中水箱压力传感器信号线故障
3	电动调节阀电源故障	9	下水箱压力传感器信号线故障
4	PT100信号线故障	10	主回路流量检测异常
5	PT100其他故障	11	涡轮流量计信号线故障
6	调节阀信号线故障		

④ 领取工位号,熟悉装置平台、控制设备,熟悉系统操作软件;
⑤ 根据抽签任务号及任务内容,现场考察任务设备,分析和做出实施计划;
⑥ 任务实施,从系统分析、设计支撑材料准备、软件组态、硬件组态、编译几个方面进行;
⑦ 填写任务实施记录。

班级:　　　　组号:　　　　姓名:　　　　　　　　　　　　年　　　月　　　日

项目四　生产过程控制的系统监控、调试、故障排除及运行维护考核要求及评分标准

班级_____ 姓名_____ 学号_____ 成绩_____

考核内容	考核要求	评分标准	分值	扣分	得分
DCS系统故障	故障现象分析	故障现象分析错误,每个故障扣5分	20分		
DCS系统故障排除	故障排除方法	故障排除方法错,扣5分 故障未排除,每个扣10分	60分		
DCS系统故障记录	故障维修单	错填、漏填写一处,扣1分	20分		
定额工时	1.5h	每超5min(不足5min以5min计)扣5分			
起始时间		合计	100		
结束时间		教师签字:		年　月　日	

项目五　DeltaV 在丙烯精馏装置控制系统中的应用

【项目学习目标】

知识目标

① 掌握 DeltaV 系统的基本技术特点；
② 知道 DeltaV 系统的软件包构成；
③ 熟悉 DeltaV 系统的软件开发环境；
④ 了解 DeltaV 系统硬件构成及其主要功能；
⑤ 了解 DeltaV 系统的网络构成及其特点；
⑥ 知道 DeltaV 系统的工作站种类及权限；
⑦ 熟悉 DeltaV 系统的控制器功能及特点。

技能目标

① 能熟练完成 DeltaV 系统的硬件搭建；
② 能熟练使用 DeltaV 系统的浏览器构建一个完整的项目控制系统；
③ 能熟练完成 DeltaV 系统的硬件组态（物理网络和 IO 组态）；
④ 能熟练应用 DeltaV 系统的控制工作室完成控制策略的组态；
⑤ 能熟练应用 DeltaV 系统图形工作室实现操作画面的组态；
⑥ 能独立完成 DeltaV 系统的小规模系统调试与故障诊断。

【项目学习内容】

通过以 DeltaV 控制系统在丙烯精馏装置中的设计与应用工程案例为载体，学习 DeltaV 控制系统的网络构成及主要功能，学习 DeltaV 控制系统硬件配置方法，熟悉 DeltaV 控制系统的软件开发环境，掌握 DeltaV 控制系统组态、调试及其简单故障诊断方法。

【项目学习计划】

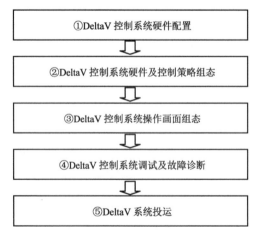

【项目学习与实施载体】

载体：丙烯精馏装置控制系统的设计。

【项目实施】

学习情境 基于 DeltaV 系统的丙烯精馏装置控制系统的设计与应用

<学习要求>
① 分析基于 DeltaV 系统的丙烯精馏装置控制系统体系结构；
② 完成基于 DeltaV 系统的丙烯精馏装置控制系统硬件配置；
③ 完成基于 DeltaV 系统的丙烯精馏装置控制系统软件组态；
④ 完成基于 DeltaV 系统的丙烯精馏装置控制系统软硬件综合调试与系统运行维护操作。

<情境任务>

任务一 丙烯精馏装置 DeltaV 系统配置

任务主要内容	
① 掌握丙烯精馏装置设计及控制要求； ② 了解 DeltaV 系统体系结构； ③ 了解 DeltaV 系统软硬件构成； ④ 学习丙烯精馏装置 DeltaV 系统的硬件配置方法； ⑤ 学习丙烯精馏装置 DeltaV 系统的硬件安装方法。	
任务实施过程	
资讯	① 丙烯精馏装置的控制要求？ ② DeltaV 系统体系结构？ ③ DeltaV 系统软硬件构成？ ④ 基于 DeltaV 实现的丙烯精馏装置控制系统体系结构？
实施	① 确定项目案例设计方案； ② 分析项目案例控制要求，提供 I/O 清单； ③ 确定基于 DeltaV 实现的丙烯精馏装置控制系统体系结构； ④ DeltaV 系统软件安装； ⑤ I/O 接口安装； ⑥ 控制器安装

一、任务资讯

（一）丙烯精馏装置控制要求

某厂乙烯装置的丙烯精馏工艺流程是：经过加氢处理的丙烯/丙烷馏分进入丙烯精馏塔，塔釜再沸器用裂解工序来的急冷水加热，塔顶丙烯在冷凝器中用循环冷水冷凝以后进入回流罐，回流罐内分离出的液体一部分送回塔顶作回流，另一部分在回流罐液位控制下送入丙烯储罐。具体工艺要求如下。

① 混合物进料必须被分离为符合纯度要求的两部分产品：一是塔顶聚合级丙烯产品，纯度 99.6%；二是塔釜的丙烷产品，其中丙烯的含量应低于 0.15%。

② 塔压应稳定，正常值的选择是按照回流液能够用冷却水冷凝为原则，设计为 1.98MPa，高报警值为 2.08MPa，压力安全阀起跳值为 2.24MPa。

③ 精馏塔的塔顶温度正常值为 46℃，塔釜温度正常值为 55℃。
④ 精馏塔的回流比正常值为 14.6，回流液温度为 44℃。
⑤ 灵敏塔板（第 136 块）温度应稳定在 55±0.5℃，丙烯含量 V%＜40%；
⑥ 正常进料温度为 55℃，进料压力为 2.19MPa，进料流量为 21000m³/h。
⑦ 塔顶气体经 T101 塔顶冷凝器，用冷却水冷凝后进入 E102 丙烯精馏塔回流罐，然后用泵抽出。
⑧ 储罐压力正常值为 1.88MPa，高限 21MPa，低限 1.68MPa，由后续工段控制。
⑨ 塔釜物料部分送再沸器 E101A/B，经循环急冷水加热后送回精馏塔，部分去 C3 液体再蒸塔。

丙烯精馏塔的工艺流程如图 5-1 所示。

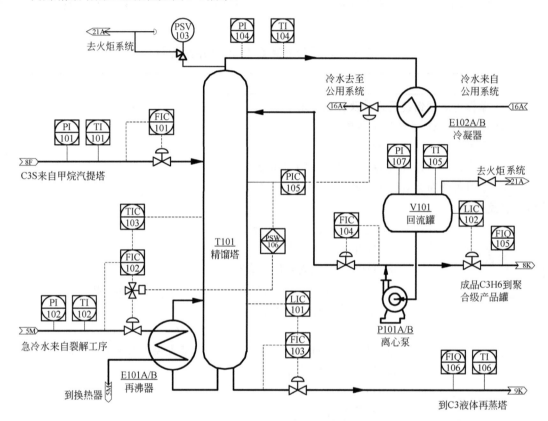

图 5-1　丙烯精馏塔的工艺流程

（二）DeltaV 系统体系结构

1. DeltaV 系统的技术优势

DeltaV 系统是由艾默生过程管理（Emerson Process Management）于 1996 年推出的新系统，它充分利用了近年来在控制技术、计算机技术、网络技术、数字通讯技术上取得的成就。DeltaV 系统基于现场总线开发，并兼容了 HART 技术和传统的 DCS 功能。DeltaV 系统的所有卡件（全球用户所使用的卡件）在英国生产，软件在美国开发。

DeltaV 系统是 Emerson 公司在其两套 DCS 系统（RS3、PROVOX）的基础上，依据现场总线 FF 标准设计的、兼容现场总线功能的全新的控制系统，它充分发挥众多 DCS 系统的优势，如系统的安全性、冗余功能、集成的用户界面、信息集成等，同时克服传统 DCS 系统的不足，具有规模灵活可变、使用简单、维护方便等特点，是代表 DCS 系统发展趋势的新一代控制系统。

与其他 DCS 系统相比，DeltaV 系统具有不可比拟的技术优势。

① 系统数据结构完全符合基金会现场总线（FF）标准，在实现 DCS 所有功能的同时，可以毫无障碍地支持 FF 功能的现场总线设备。DeltaV 系统可在接收受目前的 4~20mA 信号、1~5VDC 信号、热电阻热电偶信号、HART 智能信号、开关量信号的同时，非常方便地处理 FF 智能仪表的所有信息。

② OPC 技术的采用，可以将 DeltaV 系统毫无困难地与工厂管理网络连接，避免在建立工厂管理网络时进行二次接口开发的工作；通过 OPC 技术，可实现各工段、车间及全厂在网络上共享所有信息与数据，大大提高了过程生产效率与管理质量；同时通过 OPC 技术，可以使 DeltaV 系统和其他支持 OPC 的系统之间无缝集成，为工厂今后实现 MIS（管理信息系统：Management Information System）等打下坚实的基础。

③ 规模可变的特点可以为全厂的各种工艺、各种装置提供相同的硬件与软件平台，更好、更灵活地满足企业生产中对生产规模不断扩大的要求。

④ 即插即用、自动识别系统硬件的功能大大降低了系统安装、组态及维护的工作量。

⑤ 内置的智能设备管理系统（AMS）对智能设备进行远程诊断、预维护，减少企业因仪表、阀门等故障引起的非计划停车，增加连续生产周期，保证生产的平稳性。

⑥ DeltaV 工作站的安全管理机制使 DeltaV 接收操作系统的安全管理权限，可以使操作员在灵活、严格限制的权限内对系统进行操作，而不需要担心操作员对职责范围以外的任务的访问。

⑦ DeltaV 系统的远程工作站可以使用户通过局域网监视甚至控制过程，实现对过程的远程组态、操作、诊断、维护等要求。

⑧ DeltaV 系统的流程图组态软件采用 Intellution 公司的最新控制软件 iFix，并支持 VBA 编程，使用户随心所欲开发最出色的流程画面。

⑨ Web Server 可以使用户在任何地方，通过 Internet 远程对 DeltaV 系统进行访问、诊断、监视。

⑩ 强大的集成功能，提供 PLC 的集成接口、ProfiBus、A-SI 等总线接口。

⑪ 基于 DeltaV 系统的 APC 组件使用户方便地实现各种先进控制要求，功能块的实现方式使用户的 APC 实现同简单控制回路的实现一样容易。

2. DeltaV 系统特点

DeltaV 系统是在传统 DCS 系统优势基础上结合 20 世纪 90 年代的现场总线技术，并基于用户的最新需求开发的新一代控制系统，它主要具有如下技术特点：

① 开放的网络结构（TP/IP）与 OPC 标准，使得系统的网络能力异常强大；

② 现场总线信号与传统 IO（支持 HART）信号可任意混合使用；

③ 全部采用模块化结构设计，系统更加紧凑；

④ 即插即用、自动识别系统硬件，所有卡件均可带电热插拔，操作维护可不必停车，同时系统可实现真正的在线扩展；

⑤ 本安型 I/O 卡，集成隔离安全栅，常规 I/O 卡件采用 8 通道分散设计，且每一通道均与现场隔离，充分体现分散控制安全可靠的特点；

⑥ 特有的设备管理系统（AMS）有效管理现场智能设备；

⑦ 先进的 DCS 和智能 SIS 一体化解决方案；

⑧ 直接检索、归档事件记录大大提高生产管理及维护效率。

DeltaV 系统采用 FF 标准，整个系统在软件、硬件的设计上全部采用模块化设计，使系统的安装、组态、维护变得非常简单，可应用于化工、石化、海上石油、油气田、造纸、锅炉等各个行业。

（三）DeltaV 系统硬件组成

DeltaV 系统由硬件和软件两大部分组成。硬件部分主要由过程管理站（Process Management Station）、过程控制站（Process Control Station）及冗余的控制网络（Control Network）三大部分构成；软件包括组态软件、控制软件、操作软件及诊断软件等，DeltaV 系统构成如图 5-2 所示。

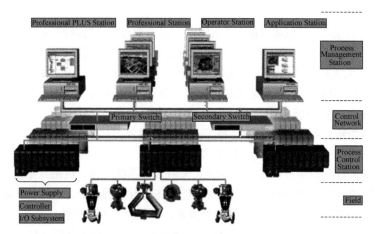

Process Management Station 过程管理站　　Professional PLUS Station PLUS 站
Process Control Station 过程控制站　　Professional Station 工程师站
Control Network 控制网络　　Operator Station 操作站　　Primary Siwtch 主交换机
Application Station 应用站　　Secondary Siwtch 副交换机　　Controller 控制器
Power Supply 供电电源　　I/O Subsystem I/O 子系统

图 5-2　DeltaV 系统构成

DeltaV 系统硬件部分主要由一个或多个 DeltaV 工作站、系统节点之间通信的控制网络（选择性冗余）、电源、一个或多个 DeltaV 控制器（选择性冗余，执行本地控制，管理数据，在 I/O 系统和控制网络间通信）、每一个控制器至少有一个 I/O 子系统，处理从现场设备来的信息、系统授权（Licences）等构成。

1. DeltaV 系统控制网络

Emerson 公司 DeltaV 系统的控制网络是以 10Mbps/100Mbps 以太网为基础的冗余的局域网（LAN）。系统的所有节点（工作站及控制器）均直接连接到控制网络上，不需要增加任何额外的中间接入设备。简单灵活的网络结构可支持就地和远程操作站及控制设备，网络的冗余设计提供了通信的可靠和安全性。

通过两个不同的网络交换机及连接网线，建立了两条完全独立的网络，分别接入工作站和控制器的主副两个网口。DeltaV 系统的工作站和控制器都配有冗余的以太网口。为保证系统的可靠性和功能执行，控制网络专用于 DeltaV 系统，与其他工厂网络的通信通过应用工作站（或 PLUS 站）来实现。

DeltaV 系统能力：DeltaV 系统支持最多 120 个节点、100 个（不冗余）或 100 对（冗余）控制器、65 个工作站、1 个 PLUS 站、64 个操作站、10 个工程师站、20 个应用站、72 个远程控制站、100 个厂区（域）、8 个远程数据服务器，每个控制器可支持 64 个 I/O 卡件，每个控制器可支持 1500 个 DSTs 点，光纤电缆任意扩展，安全可靠的远程连接，使用户安全管理更灵活。

2. DeltaV 系统工作站（Workstation）

DeltaV 系统工作站是 DeltaV 系统的人机界面，见图 5-3、图 5-4 所示，属于集散控制系统中的过程管理站，通过这些工作站，操作人员、工程管理人员及经营管理人员可随时了解、管理并控制整个企业的生产及计划。所有工作站采用最新的 INTEL 芯片及 32 位 WindowsNT 操作系统，21″彩色平面直角高分辨率的监视器。

图 5-3　DeltaV 系统工作站

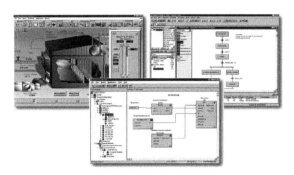

图 5-4　DeltaV 系统工作站操作与组态画面

DeltaV 系统的所有应用软件均为面向对象的 32 位操作软件，满足系统组态、操作、维护及集成的各种需求。而可以快速调出 DeltaV 系统 Web 方式 Books-on-line（在线帮助手册）可随时提供有用的系统帮助信息。

DeltaV 工作站上的 Configure Assistant（组态帮助）给出了用户具体的组态步骤，用户只要运行它并按照它的提示进行操作，则图文并茂的形式，很快就可以使用户掌握组态方法。

（1）DeltaV 系统工作站的授权

DeltaV 系统工作站根据其用途可被授权为：

PLUS 站（Professional PLUS Station）——用以系统组态、操作、组态节点数据库；

工程师站（Professional Station）——用以系统组态、操作及监视；

操作员站（Operator Station）——用以系统操作及监视；

维护站（Maintenance Station）——用以系统故障诊断；

基础站（Base Station）——用以系统特定的功能；

应用站（Application Station）——用以用户应用程序的实时数据库运行，用户应用程序包括 DeltaV 批处理或其他用于与工厂管理网通讯的第三方 OPC 应用程序的运行。

实际工程项目中常用的工作站有三种：PLUS 站、操作站和应用站，当系统规模较大、复杂时还可以设置工程师站、维护站、基础站等。

（2）主要工作站及其功能

PLUS 站　每个 DeltaV 系统都有且只有一个 Professional PLUS 工作站。该工作站包含 DeltaV 系统的全部数据库，系统的所有位号和控制策略被映像到 DeltaV 系统的每个节点设备。Professional PLUS 工作站配置系统组态、控制及维护的所有工具，从 IEC1131 图形标准的组态环境到 OPC、图形组态工具、历史组态工具及用户管理工作也在这里完成，比如：设置系统许可证和安全密码。Professional PLUS 工作站的主要功能特点包括：

- 具有全局数据库、灵活和规模可变的结构体系；
- 强大的管理功能；
- 现代化的操作界面；
- 内置的诊断和智能通讯。

DeltaV 系统的 ProfessionalPlus 工作站也可用作操作员站，操作员工作站运行过程控制系统的操作管理功能。可使用标准的操作员界面，也可以根据您的操作需求和流程特点组态您的系统操作界面。通过单击操作即可调出图形、目录和其他应用界面。

大规模的 DeltaV 系统可以配备 Professional 工作站，即工程师站，用于系统组态，但不具有下载功能。Professional 工作站有完整的图形库和相关的控制策略。常用的过程控制方案已经编制成为相应控制策略，只要将这些控制策略或图形拖放到实际方案和流程图中即可。每个 DeltaV 系统最多有 10 台 Professional 工作站。Professional Plus 工作站也可用作操作员站。

操作站　DeltaV 操作员站可提供友好的用户界面、高级图形、实时和历史趋势、由用户规定的过程报警优先级和整个系统安全保证等功能，还可具有大范围管理和诊断功能。操作员界面为过程操作提供了先进的艺术性的工作环境，并有内置的易于访问的特性。不论是查看最高优先级的报警、下一屏显示，还是查看详细的模块信息，都采用直观一致的操作员导航方式，操作界面友好，操作方便简捷，使用鼠标即可完成各种操作。

DeltaV 系统操作员工作站的主要功能包括生产过程的监视和操作控制；直观的流程画面；强大的显示、操作、报警及报警处理、历史趋势记录及报表功能；故障诊断方便；查看系统状态信息、系统信息、智能设备的管理等信息全面，安全性高。

应用站　DeltaV 系统应用工作站支持 DeltaV 系统与其他通信网络的连接，如与工厂管理网（Plant LAN）连接。应用工作站可运行第三方应用软件包，并将第三方应用软件的数据链接到 DeltaV 系统中。应用工作站可作为 OPC 服务器运用，通过该服务器可将过程信息与其他应用软件集成。OPC 可支持每秒 2 万多个过程数据的通信，OPC 服务器可以用于完成带宽最大的通信任务。任何时间、任何地点都可获得安全可靠的数据集成功能。

通过应用工作站，可以在与应用工作站连接的局域网上设置远程工作站，通过远程工作站可以对 DeltaV 系统进行组态、实时数据监视等（见图 5-5）。通过应用工作站，最多可以监视 25000 个连续的历史数据、实时与历史趋势。每个 DeltaV 系统最多有 10 台应用工作站。

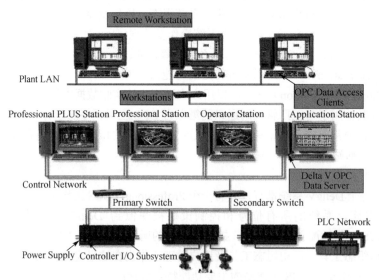

OPC Data Access Clients：OPC 客户端　　Remote Workstation：远程工作站
DeltaV OPC Data Server：OPC 服务器　　Workstation：工作站

图 5-5　DeltaV 系统远程工作站的连接

应用工作站的功能特点概括为内部网络功能、历史功能、OPC Mirror、数据采集、批量管理、批量历史趋势、集成的 DeltaV 组态、嵌入的组态和智能通信。

应用工作站的功能特点如下。

- 世界领先水平的附加（Add-On）功能。

内部网络功能——使用经过验证的 DeltaV 内部网络服务器，应用工作站可将您的地址记入联合内部网。通过预置的显示和客户服务，可以在内部网上立即安全地公布过程数据。

- 集成的 DeltaV 组态。DeltaV 应用工作站中的所有非预置的应用都可以通过标准的 DeltaV 组态工具组态。

- 嵌入的组态和智能通信。在 DeltaV 中，节点之间的通讯是完全透明的。不需要组态，工作站就能访问过程中的所有位号。这样就可以做得更多且不必操心通信和组态。

（3）DeltaV 系统控制器与 I/O 卡件

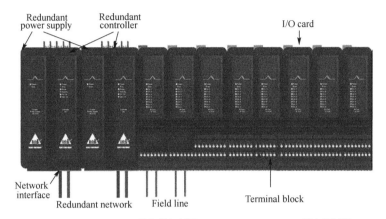

Redundant power supply：冗余供电电源； Redundant controller：冗余控制器；
Network interface：网络接口； Redundant network：冗余网络；
Field line：现场接线； Ternimal block：端子板；I/O card：I/O 卡件

图 5-6 DeltaV 系统控制器与 I/O 卡件

DeltaV 系统控制器与 I/O 卡件如图 5-6 所示，DCS 系统中控制器的性能非常重要，对下执行过程控制运算，对上担负着与操作站的通信，好的在线调试和下载功能必须依靠控制器优良的设计和性能来实现。

DeltaV 系统的 MD PULS 控制器是基于最新技术开发的控制器，采用摩托罗拉最新的芯片，主频可高达 260MHz。7 层的电路板设计使得 MD PLUS 的体积更小、功能更强大，同样的控制器硬件可完成从简单到复杂的监视、联锁及回路控制。特别值得注意的是 MD PLUS 控制器完成这些控制功能的软件功能块完全符合基金会现场总线（FF）标准。

MD PLUS 控制器提供现场设备与控制网络中其他节点之间的通信和控制。DeltaV 系统创建的控制策略和系统组态也可以在这个功能更强的控制器中使用。功能强大的控制器通过底板与 I/O 卡件连接。在同一个控制器中可同时任意混合安装常规 I/O 卡件和基金会现场总线（FF）接口卡件（H1 卡）。所有的控制器与 I/O 卡件均为模块化设计，符合I级II区的防爆要求，可直接安装在现场。

控制器 MD PLUS 系列控制器可依据用户要求进行选择，主频高达 260MHz，内存最大可达 48M，这就减少了 CPU 的资源占用比例，并提高了控制策略的功能；可自动分配地址、自动定位和自动 I/O 检测；控制器接受所有 I/O 接口通道信号，实现控制功能，并完成控制网络的所有通信功能，控制策略完全由控制器执行；系统将保存所有下装到控制器的数据的完整记录及所有曾做过的在线更改；提供新的 DeltaV 批量操作选项的控制设备和先进控制功能；可将智能 HART

信息从现场设备传送到控制网络中的任何节点。

此外，控制器还具有支持在线扩展、存储空间大、即插即用式安装、控制器冗余、不间断控制操作、自动确认、在线升级等特点。

I/O 卡件 DeltaV 系统的所有 I/O 卡件均为模块化设计，可即插即用、自动识别、带电热插拔。DeltaV 系统可以提供两类 I/O 卡件，一类是传统 I/O 卡件，另一类是现场总线接口卡件（H1），两类卡件可任意混合使用。卡件类型包括冗余 AI 卡、冗余 AO 卡、MV 信号卡、冗余 DI 卡、冗余 DO 卡等。

传统 I/O 卡件是模块化的子系统，安装灵活。它可安装在离物理设备很近的现场。传统 I/O 配备现场接线保护键，以确保 I/O 卡能正确地插入到对应接线板上，其特点如下。

- I/O 卡件底板（安装在 DIN 导轨上），所有与 I/O 有关的部件都安装在该底板上；
- 设有 I/O 卡件和 I/O 接线板的 I/O 接口卡；
- 各种模拟和开关量 I/O 卡，外观和体积相同，便于插入 I/O 卡件底板中；
- 各种安装在 I/O 卡件底板上的 I/O 接线板，这些底板可在安装 I/O 卡前先完成接线。

传统 I/O 卡件主要种类见表 5-1、表 5-2 所示。

表 5-1 输入输出卡件

序号	输入输出卡件类型		规　格
1	模拟量输入卡	AI 卡	8Channel 4~20mA（Hart）、8Channel 1~5V
2	热电偶转换卡	TC 卡	8Channel（mV）
3	热电阻转换卡	RTD 卡	8Channel（Ω）
4	模拟量输出卡	AO 卡	8Channel 4~20mA（HART）
5	脉冲输入卡	PI 卡	4Channel
6	开关量输入卡	DI 卡	8Channel 24V DC/220V AC、32Channel 24V DC
7	开关量输出卡	DO 卡	8Channel 24V DC/220V AC、32Channel 24V DC
8	事件顺序记录卡件	SOE 卡	16Channel

表 5-2 支持各种总线协议的通信接口卡件

序　号	通信接口卡件类型规格	序　号	通信接口卡件类型规格
1	串口卡 Serial Card	6	Device Net 接口卡
2	现场总线接口卡 Fieldbus Card	7	冗余卡件
3	DP 总线接口卡	8	本安型卡件
4	Profibus DP 接口卡	9	其他类型串行接口
5	As-i 协议接口卡		

（四）DeltaV 系统应用软件组成

DeltaV 系统软件包括许多应用软件，主要的应用软件有组态工具软件、操作工具软件和高级控制软件，DeltaV 系统提供了功能强大的组态工具。

1．软件种类

（1）组态工具软件

主要的工程工具是：组态助手（Configuration Assistant）、DeltaV 浏览器（DeltaV Explorer）、控制工作室（Control Studio）、图形工作室（Graphics Studio、）配方工作室（Recipe Studio）。其他的还包括用户管理器（User Manager）、数据库管理器（Database Administrator）、FlexLock 和系统

参数（System Preferences）等。

（2）操作员工具软件

操作员工具使用在过程控制系统的日常操作中。主要的操作员工具软件是 DeltaV 操作运行软件（DeltaV Operate Run）、过程历史视图软件（Process History View）、诊断软件（Diagnostics）和批处理操作员软件（Batch Operator Interface，需要许可证 licenses）。DeltaV 登录程序是用户用来登录和离开 DeltaV 系统并改变 DeltaV 系统密码而使用的。

（3）先进控制软件

Emerson 公司为用户提供的丰富的先进控制软件，可以满足各个层次的不同控制要求，满足用户的控制需求。

高级控制应用程序有过程监控软件（DeltaV Inspect）、神经网络控制软件（DeltaV Neural）、预测控制软件（DeltaV Predict）、开发软件（DeltaV PredictPro）、仿真软件（DeltaV SimulatePro）和自整定软件（DeltaV Tune）。这些软件需要用户在需要的情况下购买使用许可证。

2. DeltaV 系统主要工具软件

DeltaV 组态软件有标准的预组态模块和自定义模块，还配置了一个图形化模块控制策略（控制模块）库、标准图形符号库和操作员界面。预置的模块库完全符合基金会现场总线的功能块标准，从而可以在完全兼容现在广泛使用的 HART 智能设备、非智能设备的同时，在不修改任何系统软件和应用软件的条件下兼容 FF 现场总线设备。

连接到控制网络中的 DeltaV 控制器、I/O 和现场智能设备能够自动识别并自动地装入组态数据库中。单一的全局数据库完全协调所有组态操作。从而不必进行数据库之间的数据映像，或者通过寄存器或数字来引用过程和管理信息的操作。

DeltaV 系统基于模块的控制方案集中了所有过程设备的可重复使用的组态结构。模块通常定义为一个或多个现场设备及其相关的控制逻辑，如回路控制、马达控制及泵的控制。

每个模块都有唯一的位号。除了控制方案外，模块还包括历史数据和显示画面定义。模块系统中通过位号通信，对一个模块的操作和调试完全不影响其他模块。DeltaV 的模块功能可以让用户以最少的时间完成组态。DeltaV 系统具有部分下装、部分上装的功能，即将组态好的部分控制方案在线地从工作站中下装到控制器而不影响其他回路或方案的执行，同样，也可以在线地将部分控制方案从控制器上装到工作站中。

（1）DeltaV 资源管理器（Explorer）

DeltaV 资源管理器是系统组态的主要导航工具，如图 5-7 所示。它用一个视窗来表现整个系统，并允许直接访问到其中的任一项。通过这种类似于 Windows 浏览器的外观，可以定义系统组成（例如区域、节点、模块和报警）、查看整体结构和完成系统布局。

DeltaV 资源管理器类似 Windows 资源管理器（目录和文件）的布局和操作方式，具有单一窗口管理整个系统资源，是系统组态的调度室和系统资源分配办公室。

DeltaV 资源管理器还可提供向数据库中快速增加控制模块的方法；在系统中插入 I/O 卡件、智能现场设备或控制器时，DeltaV 资源管理器会采用内置的自动识别功能来建立组态；DeltaV 系统可通过浏览器中交互式的对话框组态、在控制方案组态工作室用图形化方式组态等。

（2）控制工作室（Control Studio）

DeltaV 控制工作室属于控制方案的组态软件，利用 Control Studio 软件可以完成控制策略的组态，IEC1131-3 控制语言可通过标准的拖放技术修改和组态控制策略。DeltaV 系统控制器中提供完整的模拟、数字和顺序控制功能，可以管理从简单的监视到复杂的控制过程数据。这些数据通过 I/O 子系统（传统 I/O、HART、基金会现场总线及串行接口）送到控制器。

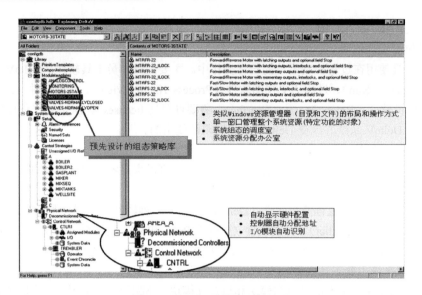

图 5-7 DeltaV 系统资源管理器

控制组态软件还包括数字控制功能和顺序功能图表。数字马达和数字阀门控制提供了全面的控制策略,该策略在单个易于组态的控制位号下混合了联锁、自由、现场启动/停止、手动/关闭/自动和状态控制。顺序功能图表可以组态不依赖于操作员而随时间变化的动作,最适合于控制多状态策略,可用于顺序和简单的批量应用。DeltaV 使用功能块图来连续执行计算、过程监视和控制策略。

控制工作室是以图形方式组态和修改控制策略的功能块。控制工作室将每个模块视为单独的实体,允许只对特定模块进行操作而不影响同一控制器中运行的其他模块。用户可以选择适合需要的控制语言组态系统,如可选择功能块图和顺序功能图。因此用户可以用图形方式组态控制模块,只要将所需功能模块从模块库中拖放到模块图里用连线组合模块算法即可。所有的 DeltaV 系统通信都基于模块位号,控制器间模块与模块的通信对组态完全透明。

由于控制语言是图形化的,因此组态中见到的控制策略图即是系统真正执行的控制策略,不需要另外编辑,如图 5-8 所示。

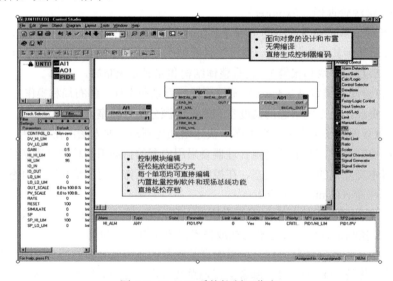

图 5-8 DeltaV 系统控制工作室

(3) 图形工作室 (Graphics Studio)

DeltaV 图形工作室用图形、文字、数据和动画制作工具为操作人员组态高分辨率、实时的过程流程图。系统操作人员通过操作员界面进行过程监控。图形工作室已安装了一些预定义的功能，例如控制面板、趋势、显示记录和报警简报等。当在图形显示中使用模块信息时，只需要知道模块名称就可以从系统中浏览该模块。

DeltaV 系统可以在两种模式下运用图形工作室。

组态模式——用于工程师创建监控画面，如图 5-9 所示；

运行模式——用于工程师测试他们创建好的画面，或者用于操作员在操作站中运行监控画面，如图 5-10 所示。

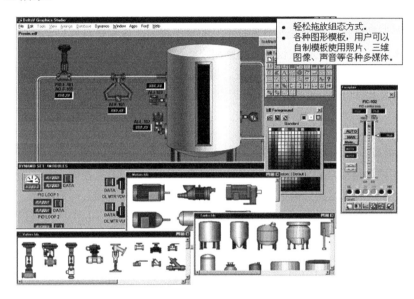

图 5-9 DeltaV 图形工作室组态界面

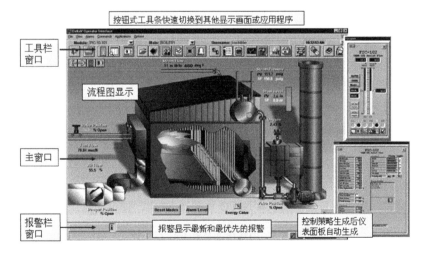

图 5-10 DeltaV 图形工作室运行界面

DeltaV 操作员监视画面组态软件拥有一整套高性能的工具满足操作需要，包括操作员图形、报警管理和报警简报、实时趋势和在线上下文相关帮助。

（4）在线组态帮助（Configuration Assistant）

为 DeltaV 系统的用户随时提供信息帮助和组态指导。系统组态时，这种类似于 Microsoft 向导的组态帮助会提供有关的帮助信息（如模块结构框图等）。对于首次使用 DeltaV 的用户，这是一种快速学习 DeltaV 系统基础知识的有用工具。采用 DeltaV 系统您不必过分关注控制系统本身、强记如何组态，可以有更多的时间学习和了解您的过程控制方案。

（5）DeltaV 用户管理器（User Manager）

DeltaV 包括了功能强大、使用灵活的系统安全结构，甚至可以为每个参数定义系统范围内的安全性。所有对 DeltaV 系统的操作甚至从应用工作站的第三方应用软件中的操作，都要进行安全性检查，以保证每个用户的每项操作都有正确的权限。

DeltaV 用户密码作为 NT 安全性的一部分来进行维护。使用 DeltaV 用户管理器定义系统用户的操作权限，例如操作员或管理人员具有不同的操作权限。操作员可以只允许修改他操作工段范围内的操作参数，而工艺主任或仪表工程师用户还可以修改所选的整定参数。

DeltaV 系统是硬件结构简洁、技术先进、软件功能强大、易学易用、无缝信息集成的集散控制系统，具有规模灵活可变、使用简单、维护方便等特点，是代表 DCS 系统发展趋势的新一代控制系统。

二、任务实施

（一）确定丙烯精馏装置控制方案

乙烯装置的丙烯精馏塔为液相进料，故本设计中采用提馏段温度控制方案。为了能够使精馏塔稳定运行，产品达到规定的分离纯度，并且在提高生产效率的基础上降低能耗，结合工艺要求与控制目标，针对性地设计了 3 个单回路控制、2 个串级控制回路、1 个压力联锁控制及检测点若干。

① 为保证整个精馏工序的顺利进行，减少进料波动对精馏塔操作的影响，对精馏塔的进料设置了流量定值控制：FICQ-101 为进料流量控制回路。

② 为维持塔压的恒定，设置了精馏塔压力定值控制系统，通过调节冷凝器的冷剂流量来保证塔压稳定：PIC-105 回路为塔压控制回路，被控变量为塔压。

③ 当出现塔压超标的危险情况，在 PIC-105 塔压控制回路产生控制作用的同时，设置的 PSW-106 塔压联锁回路将实施报警和联锁保护。

④ 为保证回流罐液位在一定的范围内波动，维持物料的平衡，防止液位过低导致设备抽空，设置回流罐液位控制系统：LIC-102 液位控制回路。

⑤ 为保证塔釜液面稳定及克服动态滞后，同时避免出料流量的过大波动，设置了塔釜液位与丙烷输出流量的串级均匀控制系统：LIC-101（主）与 FIC-103（副）。

⑥ 由于成分分析仪表检测的纯滞后时间长，本项目中采用控制精馏塔灵敏板塔温度的恒定来保证分离产品的质量，构成间接质量控制系统，设置了精馏塔温度与再沸器的急冷水流量的串级控制系统：TIC-1031（主）与 FIC-102（副）的温度与流量串级控制回路。

（二）丙烯精馏塔装置 I/O 清单

根据设计要求，用于测量及控制的现场 I/O 点共计 27 点，详见测点统计表 5-3。

表 5-3　丙烯精馏装置 I/O 点统计

序号	位号	描述	I/O	类型	量程	单位	备注
1	FI101	进料流量控制	AI	四线制	0～3000	m³/h	报警、记录、累计
2	FIC102	急冷水流量控制	AI	四线制	0～25	t/h	报警、记录
3	FIC103	塔釜出料量控制	AI	四线制	0～1500	m³/h	报警、记录、趋势

续表

序号	位号	描述	I/O	类型	量程	单位	备注
4	FIC104	回流量控制	AI	四线制	0~2000	m^3/h	报警、记录、趋势
5	FI105	丙烯出料量检测	AI	四线制	0~120	m^3/h	报警、记录、累计、趋势
6	FI106	丙烷出料量检测	AI	四线制	0~1500	m^3/h	报警、记录、累计、趋势
7	LIC101	塔釜液位控制	AI	两线制	0~1000	mm	报警、记录、趋势
8	LIC102	回流罐液位控制	AI	两线制	0~500	mm	报警、记录、趋势
9	PI101	进料压力检测	AI	两线制	0~4	MPa	报警、记录
10	PI102	急冷水压力检测	AI	两线制	0~4	MPa	报警、记录
11	PIC104	塔顶压力检测	AI	两线制	0~4	MPa	报警、记录、趋势
12	PIC105	塔釜压力控制	AI	两线制	0~4	MPa	报警、记录、趋势
13	PS106	塔釜联锁	AI	两线制	0~4	MPa	报警、记录
14	PI107	回流罐压力检测	AI	两线制	0~4	MPa	报警、记录、趋势
15	TI101	进料温度检测	RTD	三线制	0~100	℃	报警、记录、趋势
16	TI102	急冷水温度检测	RTD	三线制	0~100	℃	报警、记录、趋势
17	TIC103	塔釜温度控制	RTD	三线制	0~100	℃	报警、记录、趋势
18	TI104	塔顶温度检测	RTD	三线制	0~100	℃	报警、记录、趋势
19	TI105	回流罐温度检测	RTD	三线制	0~100	℃	报警、记录、趋势
20	TI106	丙烷出料温度检测	RTD	三线制	0~100	℃	报警、记录
21	FV101	进料流量调节阀	AO	4~20mA	0~100	%	记录、趋势
22	FV102	急冷水流量调节阀	AO	4~20mA	0~100	%	记录、趋势
23	FV103	丙烷出料量调节阀	AO	4~20mA	0~100	%	记录、趋势
24	FV104	回流量调节阀	AO	4~20mA	0~100	%	记录、趋势
25	LV102	回流罐液位调节阀	AO	4~20mA	0~100	%	记录、趋势
26	AN101	控制联锁按钮	DI	接点			报警、记录
27	XV101	控制电磁阀触点	DO	接点			报警、记录

(三)设计丙烯精馏装置DeltaV系统结构

丙烯精馏装置DeltaV系统网络结构配置参见图5-11所示,项目I/O点卡件测点分配见表5-4。

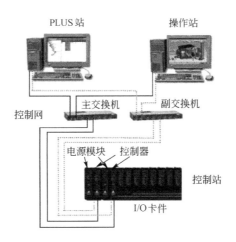

图5-11 丙烯精馏装置DeltaV系统网络拓扑结构图

表 5-4 丙烯精馏装置 I/O 点卡件测点分配

通道号	位号	通道号	位号	通道号	位号	通道号	位号	通道号	位号	通道号	位号
AI		AI		RTD		AO		DI		DO	
C01		C02		C04		C05		C06		C07	
CH1	FT101	CH1	LT101	CH1	TT101	CH1	FV101	CH1	AN101	CH1	XV101
CH2	FT102	CH2	LT102	CH2	TT102	CH2	FV102	CH2	备用	CH2	备用
CH3	FT103	CH3	PT101	CH3	TT103	CH3	FV103	CH3	备用	CH3	备用
CH4	FT104	CH4	PT102	CH4	TT104	CH4	FV104	CH4	备用	CH4	备用
CH5	FT105	CH5	PT104	CH5	TT105	CH5	LV102	CH5	备用	CH5	备用
CH6	FT106	CH6	PT105	CH6	TT106	CH6	备用	CH6	备用	CH6	备用
CH7	备用	CH7	PT106	CH7	备用	CH7	备用	CH7	备用	CH7	备用
CH8	备用	CH8	PT107	CH8	备用	CH8	备用	CH8	备用	CH8	备用

注：第 3 插槽 I/O 卡的测点作为备用，此表中未绘制出来。

（四）配置丙烯精馏装置 DeltaV 系统硬件

根据控制要求及测控点清单，丙烯精馏装置 DeltaV 系统结构如下。

1．工作站

① 配备 2 台 Emerson 认证的 DELL T3500 工作站，作为 Plus 站和 Professional 站。

② 每台工作站配备双网卡，用以形成冗余控制网络。

Plus 站的 IP 地址设置：主网 IP：10.4.0.6；副网 IP：10.8.0.6

Professional 站的 IP 地址设置：主网 IP：10.4.0.10；副网 IP：10.8.0.10

2．控制站

① 控制器采用 VE3006 型号的 MD+控制器（冗余结构）。

控制器的 IP 地址设置：主网 IP：10.4.0.14；副网 IP：10.8.0.14

其余网络节点属于自动寻址，自动配置。

② 电源采用 VE5009 型号的 24/12 VDC 系统电源，冗余结构。主要用于为控制器提供+5V 电压，同时为 I/O 卡件提供 12V 工作电压。

③ I/O 卡配置，共计 7 块 I/O 卡，1 块空槽盖板（I/O 点留有一定的余量，以备改造用）。

表 5-5 I/O 卡配置

名 称	数 量	单 位	规 格
AI 卡	1	块	8 通道 4~20mA; HART; 4W-I/O 端子块 1 块
AI 卡	2	块	8 通道 4~20mA; HART; 2W-I/O 端子块 2 块（备用 1 块）
RTD 卡	1	块	RTD 端子块 1 块
AO 卡	1	块	8 通道 4~20mA; HART; I/O 端子块 1 块
DI 卡	1	块	8 通道 24 VDC; 干接点; I/O 端子块 1 块
DO 卡	1	块	32 通道 24 VDC; 高密度; I/O 端子块 1 块
空槽盖板	1	块	

④ 控制器及 I/O 底板、空槽盖板配置。控制器底板：2-槽 电源/控制器底板 2 块；I/O 底板：8-槽 I/O 接口底板；空槽盖板：1 块。

3．网络交换机

网络交换机配置 2 台 8 口 CISCO 产品。为了保证通信的可靠性，DeltaV 控制网络设计了冗余。控制网络由主通信通道和副通信通道组成，它们都靠单独的以太网 NIC 卡件工作，同时，每个通道都有单独的网络交换机。除此之外，DeltaV 系统的控制器、电源等关键卡件均采取了在线冗余模式，有效地保证系统的运行可靠与安全。

（五）安装 I/O 卡件和控制器

1．DeltaV 系统安装

① 安装 DIN 轨道，在 DIN 轨道上安装电源/控制器底板（carrier）以及 I/O 接口底板。
② 检查 I/O 终端功能块上的密钥设置，并在 I/O 接口底板上进行安装 I/O 卡件。
③ 在电源/控制器底板上安装 DeltaV 控制器。
④ 在电源/控制器底板上安装电源。
⑤ 安装 DeltaV 工作站和服务器，并安装系统授权（Licences）。
⑥ 设置 DeltaV 控制网络，在节点之间安装网络电缆。
⑦ 安装整体电源并连接电源输入检验安装。

2．安装 DeltaV I/O 接口

I/O 接口（I/O Interface），包括 I/O 端子板（terminal blocks）和 I/O 卡件。端子板是安装在 I/O 接口底板上，用以对外接线。在将卡件安装进底板插槽中之前，要确保底板电源电压与卡件要求的电源电压相匹配，参见图 5-12。安装步骤如下。

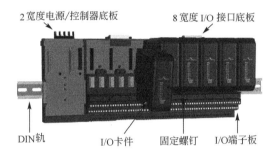

图 5-12　安装 I/O 接口

① 在 I/O 接口底板上确定已分配的插槽。
② 用 I/O 底板与 I/O 端子板上的连接器对准 I/O 卡件上的连接器，推动使其连接。
③ 拧紧安装螺丝。

3．安装 DeltaV 控制器

按照从右向左的安装顺序（安装顺序根据设计要求，可以随意），在安装完毕 I/O 卡件后，开始安装控制器。控制器是安装在 2 槽电源/控制器底板的右侧插槽上的，连接方式也采用插入式。安装控制器后，即可安装电源，参见图 5-13。

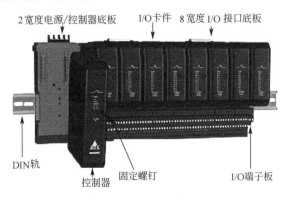

图 5-13　安装控制器

任务二　应用 DeltaV Explorer 进行控制系统的构建

任务主要内容	
① 了解 DeltaV Explorer 的功能，界面； ② 了解应用 DeltaV Explorer 进行丙烯精馏装置控制系统设计时的构建内容、方法，完成：DeltaV 系统网络节点的组态、I/O 卡件的组态、I/O 通道的组态、节点组态信息的下装。	
任务实施过程	
资讯	① DeltaV 资源管理器（浏览器）？ ② DeltaV Explorer 的功能、界面、操作方法？ ③ 厂区？单元？ ④ 如何建立厂区？如何建立单元？ ⑤ DeltaV 系统组态方法（I/O 卡件、I/O 通道）？ ⑥ DeltaV 系统组态信息下装、网络节点下装方法？
实施	① 配置系统网络节点； ② 建立厂区和单元； ③ I/O 卡件组态； ④ I/O 通道组态； ⑤ PLUS 站组态信息下装； ⑥ 网络节点信息下载。

一、任务资讯

DeltaV 资源管理器（浏览器）是系统组态的主要导航工具。它用一个视窗来表现整个系统，并允许直接访问到其中的任一项。DeltaV Explorer（即 DeltaV 浏览器）外观与 Windows 资源管理器相似，是一个应用程序，应用 DeltaV Explorer 可以进行 DCS 系统的配置操作、归档和最优化控制过程、定义系统组成（例如区域、节点、模块和报警）、查看总体结构及系统硬件、组态和管理数据库、运行控制工作室和其他应用程序。

DeltaV 资源管理器允许用户定义系统特性和查看系统的总体结构和布局。用户可使用树形结构来添加、删除或修改系统。

1. DeltaV Explorer 功能

① 添加工作站和控制器到数据库；
② 添加厂区（plant area）和控制模块（control module）到数据库；
③ 添加并编辑警告类型和警告优先级（alarm priority）；
④ 创建可以被控制模块使用的命名集（named set）；
⑤ 编辑网络、控制器和工作站属性；
⑥ 下载控制器中的控制模块；
⑦ 装载和分配授权（licenses）；
⑧ 导入、导出外部编辑工具（电子数据表或数据库）创建的数据；
⑨ 登录其他 DeltaV 程序。

2. 重要术语（Terminology）

DeltaV Explorer 是最为常用的系统软件包之一，必须熟练掌握并灵活应用 DeltaV Explorer 来管理 DeltaV 系统。在练习 DeltaV Explorer 操作之前，必须了解一些重要而基本的术语，为下一步学习做准备。

DeltaV 系统的层级结构如图 5-14 所示。

① 模块（modules）：是一个系统主要的组成块，是独立的、有名称的实体。模块将算法、显示、输入/输出、条件及其他的设备特性联系在一起。根据模块的大小，模块由参数、历史集合策略、报警、条件、算法以及显示单元构成。这些项按照逻辑捆绑在一起组成了模块，在控制策略中可以随时调用。

② 算法（Algorithms）：是定义模块如何运行的逻辑步骤。DeltaV 系统提供控制、装置以及单元模块。

③ 控制模块（control modules）：包含一个唯一的加上标签的控制实体，如一个控制回路及与其关联的逻辑。控制模块下载、操作、调试时不影响其他模块。

④ 装置模块（Equipment modules）：调整控制模块和其他与控制相关装置共同操作的装置模块的操作。包含装置模块的算法管理包含的模块操作。

⑤ 单元模块（Unit modules）：可以用于非批处理应用程序来整合控制模块和装置模块，便于报警管理。例如，可以对一个特殊单元实现组合报警，比如一个锅炉。所有与该单元相关的控制和装置模块将包含在该单元模块内。

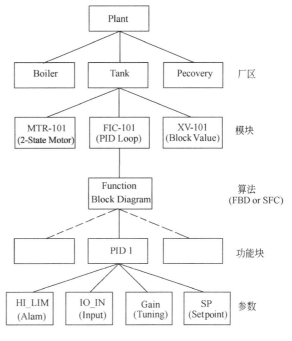

图 5-14 控制系统层级结构

⑥ 区域（Area）：紧密工作在一起来执行一个特殊过程控制功能的模块典型地分组在一个区域内。一个区域是对一个对象的逻辑分割。区域典型地描述对象的位置或主要的过程功能。组态工程师定义如何让逻辑对象分割成区域。

⑦ 区（Plant）：紧密相关执行一个特殊过程控制功能的模块典型可以分组在一个厂区内。一个厂区是一个对象的逻辑分割。厂区形象地描述对象的位置或主要的过程功能。

⑧ 功能块（Function blocks）：是控制模块（Modules）的基本构成部分，用来建立连续和离散算法块，该算法用以过程控制或监控，算法范围从简单的输入转化到复杂的控制策略。功能块可以组合到复合功能块来建立复杂的算法，每个功能块都有基本的过程控制算法（如 PID、模拟输入输出）和自定义算法的参数。功能块算法的范围涵盖了简单输入转化到复杂的控制策略。功能块使用用户提供的数据，通过自身或其他功能块，来实现数值计算或逻辑计算功能，为其他功能块或现场设备提供输出值。

⑨ 参数（Parameters）及路径：是用在一个模块算法的用户定义数据，用来执行计算和逻辑。参数可以通过它们提供的信息的类型来描述，比如输入和输出。

⑩ 节点（Nodes）：是在控制网络的物理设备，如一个控制器或一个工作站。通过下载在控制器节点的模块来控制控制过程，组态告诉节点如何执行以及从控制过程接受或保存什么信息。

⑪ 装置信号标签（DSTs）（Device Signal Tag）：装置标签表示现场装置，一个装置信号标签（DSTs）由一个装置到另一个装置的信号组成。

⑫ 警报（Alarms）：警报（被分配到各模块）用以提醒操作员一个事件发生了，警报应同时可见和可听到。

⑬ 数据库（database）：包含组态信息并使你可以做出离线更改而不影响过程。在线控制算法监控和修改同样可用。

3. 启动 DeltaV Explorer

点击 Start | DeltaV | Engineering | DeltaV Explorer，如图 5-15 所示，可以启动 DeltaV 资源管理器，主要包括 Library 和 System Configuration 两部分内容，结构如图 5-16 所示。

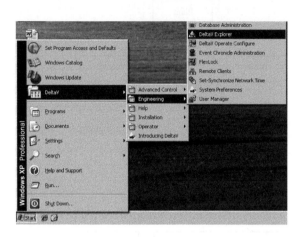

图 5-15　启动 DeltaV 浏览器　　　　　图 5-16　DeltaV 浏览器结构

（1）Library 项主要内容

Library 项主要包含两种常用的功能块模板 Function Block Templates 和 Module Templates。

Function Block Templates：是可用的功能块模板种类，每一个功能块模板包含一个单一的功能块，包括如图 5-17 所示的模拟量控制、IO 控制、逻辑控制等主要模板。

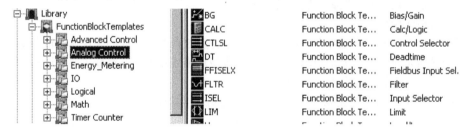

图 5-17　功能块模板

Module Templates：是可用的功能块模板种类，为公共控制任务提供基础的控制策略，例如 PID 控制、模拟控制、监控、电机控制和阀控制等。如图 5-18 所示。

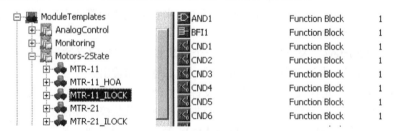

图 5-18　控制模块模板

（2）System Configuration 项主要内容

Setup 是系统组态的设置项，包括报警、系统安全、named set 等关键内容。

Control strategies 是系统的控制策略项，用以创建模块，为过程设备、控制过程指定输入输出、警告和状态，并创建厂区来保持控制模块。

Physical network 用以设置系统网络结构，包括控制网络的节点，如控制器及 I/O 卡、PLUS 站及操作站等的设置。

二、任务实施

（一）配置系统网络节点

DeltaV Explorer 下的子条目 Physical Network 用以设置系统网络结构，包括控制网络的节点，如控制器及 I/O 卡、PLUS 站及其他工程师站等的创建与设置。

右键 Control Network，点 New 新建控制器节点（Controller），将节点名（NODAL）更名为 CONTROLLER；右键 Control Network，点 New 新建操作站节点（Operator Station），将节点名（NODEL）更名为 OPERATOR；PLUS 站节点在安装 DeltaV 时已经建立，PLUS 站节点名为 ZDHA2。网络节点添加细态操作示意如图 5-19 所示。

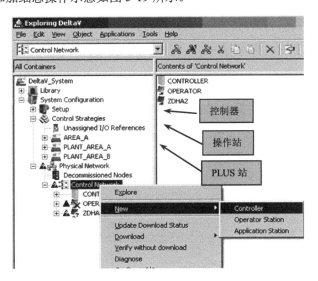

图 5-19　网络节点添加组态操作示意图

（二）建立厂区和单元

厂区和单元的建立是为了方便控制方案的管理，Control strategies 是系统的控制策略项，用以创建模块，为过程设备、控制过程指定输入输出、警告和状态，并创建厂区来保存控制模块。

1. 建立厂区与单元

DeltaV 系统提供一个默认的系统区域叫做 AREA_A，不能删除 AREA_A，因为它是系统操作和执行某些 DeltaV 功能的基础。一般可以为过程重命名一个更有意义的名字。接下来可以创建对象区域来保存控制模块，名字必须要少于等于 16 个字符，可以包含文字、数字或字符，连字号（-）和下划线（_）。

本案例的厂区与单元见表 5-6。

表 5-6　项目案例厂区与单元安排

厂区	PLANT_AREA_A		PLANT_AREA_B	
单元	Unit_A1	Unit_A2	Unit_B1	Unit_B2

2. 厂区与单元组态

如图 5-20 所示，首先，右键 Control strategies，单击 New Area 新建厂区，按工艺控制要求，分别为 PLANT_AREA_A 和 PLANT_AREA_B，右键 PLANT_AREA_A 或 PLANT_AREA_B，单

击 New Unit 新建单元，分别为Unit_A1、Unit_A2、Unit_B1、Unit_B2。

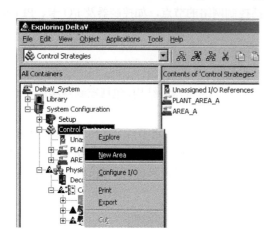

运用所提供的模块库，可通过复制 DeltaV 浏览器中已有的库模块进行控制策略的组态。通过点击 DeltaV Explorer→Library→Module Templates，选取控制模块，如 PID Module，拖拽至 PLANT_AREA_A 和 PLANT_AREA_B 厂区下，然后，使用控制工作室（Control Studio）定义用于唯一模块的控制策略。在控制工作室中，工程师能够定义并修改控制策略，剪切并粘贴组态的大部分，然后填入细目。

（三）I/O 卡件

在新建的控制器节点下，根据工程需要，右键 I/O 项 New Card 新建 AI、AO、DI、DO 及其他类型的卡件，如图 5-21 所示。本案例的

图 5-20　新建厂区组态操作示意图

I/O 卡件配置要求参见表 5-5。

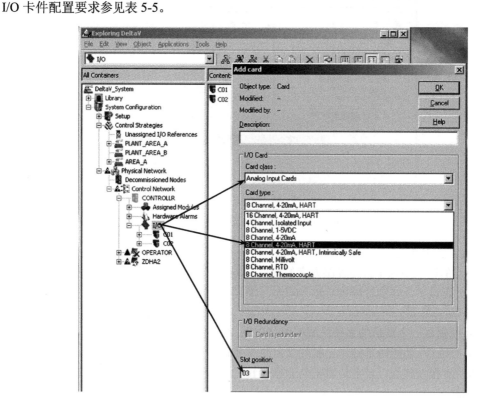

图 5-21　添加 I/O 卡件组态操作示意图

（四）I/O 通道组态

新建 I/O 卡件后，需对卡件的 I/O 通道（Channel）进行组态，添加设备位号 DSTs，并勾选 Enable 项使能该通道，如图 5-22 所示。

操作步骤：选中 CH#（CH01）并右键→CH01 参数的组态→描述：模拟量输入通道→通道类型：模拟量输入通道→通道标签 DSTs：LT101，组态示意图参见图 5-22，其余 I/O 通道组态依此类推。

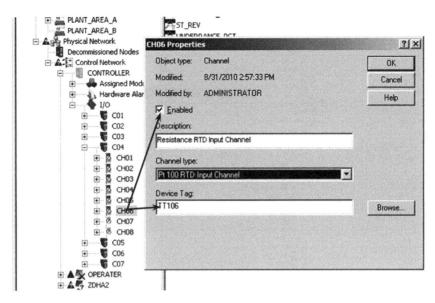

图 5-22　I/O 卡件的通道组态操作示意图

所有卡件及通道组态完毕后，点击 DeltaV 浏览器菜单栏的 I/O 组态按钮，如图 5-23 所示。可打开所有 I/O 卡件的组态信息，列表详细地显示了卡件类型及对应位号和该通道的参数引用情况，方便操作者使用，如图 5-23 所示。

图 5-23　I/O 组态按钮

（五）PLUS 站组态信息下装

所有卡件及通道组态完毕后，还需要将在 PLUS 站的组态信息下装到控制器。

操作方法是选中 DeltV Explorer| CTLR1 并右键→Download →Controller（参见图 5-24）。下装类型有两种：完全下装（Total/Full Download）和部分下装（Partial Download）。

完全下装（Total/Full Download）：是将所选节点（工作站或控制器）的组态信息全部下装到所指定的节点（工作站或控制器），使该节点的组态参数为组态默认值。在系统运行中建议不要作完全下装。

部分下装（Partial Download）：仅下装特定的组态信息，如单个模块（module）或卡件，仅影响指定节点的该模块或卡件的组态信息。

首次下装时必须完全下装，这将对选中的控制器下载全部组态数据。

点击 DeltaV 资源管理器菜单栏的 I/O 组态按钮（如图 5-24 所示）。可打开所有 I/O 卡件的组态信息，列表详细地显示了卡件类型及对应位号和该通道的参数引用情况，方便操作者使用。

（六）下载网络节点

在网络节点组态完毕后，需要将组态信息下载到控制器和工作站。如图 5-25 所示。

① 打开 DeltaV 资源管理器，点击 System Configuration /Physical Network /Control Network；

② 指向控制网络（Control Network），点击鼠标右键并选择 Download | Control Network。

DeltaV 系统具有部分下装、部分上装的功能，即将组态好的部分控制方案在线地从工作站中下装到控制器而不影响其他回路或方案的执行，同样，也可以在线地将部分控制方案从控制器上装到工作站中。

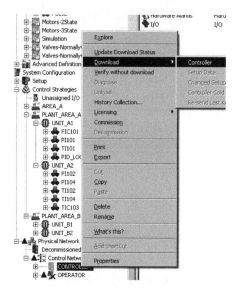

图 5-24　PLUS 站组态信息下装

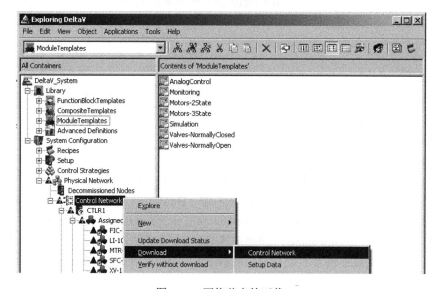

图 5-25　网络节点的下载

（七）下装状态标志说明

① 带有一个问号的蓝色三角形标志，表明该节点的组态数据库的某些参数可能不匹配的节点本身的参数。通过选择更新下载状态（Update Download），系统将确定是否存在差异；如果确定结果还存在一个蓝色的（不带有一个问号）三角形，则表明参数不匹配，要下载，如果参数匹配，三角形会消失。

② 一个蓝色的（不带有一个问号）三角形标志，表明该节点的组态数据库参数不匹配节点本身的参数。如果执行下载，将改变指定节点的参数。如果这个标志是不存在，是没有下载必要。

③ 一个黄色的（不带有一个问号）三角形标志，表明该节点的未组态。

任务三 应用 Control Studio 进行控制方案组态

任务主要内容	
在 DeltaV 系统网络节点组态、卡件组态、通道组态，且 PLUS 站组态信息下装、网络节点下载工作完成的基础上，应用 Control Studio 进行丙烯精馏装置控制系统控制方案组态，在 Control Studio 软件平台完成： ① 厂区-控制模块组态； ② 自动检测回路控制策略组态； ③ 自动控制回路策略组态； ④ 控制模块的仿真调试。	
任务实施过程	
资讯	① 控制工作室（Control Studio）应用程序？ ② 控制工作室（Control Studio）的启动方法、界面、功能块、模块参数？ ③ 厂区控制模块如何组态？ ④ 自动检测控制回路、自动控制回路控制策略组态？ ⑤ 控制模块的保存、下装与调试方法？
实施	① 厂区——控制模块分配； ② 自动检测回路策略组态； ③ 自动控制回路策略组态； ④ 控制模块保存与下装； ⑤ 控制模块仿真与调试；

一、任务资讯

控制工作室（Control Studio）操作

使用控制工作室（Control Studio）应用程序来创建、修改以及删除模块和控制策略复合模块。控制工作室为控制模块提供全编辑能力，它是用图形方式组态和修改控制方案的功能块，将所需功能模块从模块库中拖放到模块图里用连线组合成模块算法或选择适合需要的控制语言如功能块图和顺序功能图来组态系统。控制模块含有一群逻辑相关的系统对象并有唯一标签名。一般控制模块代表过程控制装备，诸如阀门、模拟控制回路、泵以及其他设备等。模块含有控制运算法则、参数报警等。

1. 启动控制工作室（Control Studio）

在 DeltaV 系统中，用户使用控制工作室来创建和修改模块。用户可以如图 5-26 所示从任务栏中点击 Start | DeltaV| Engineering| Control Studio 来开启控制工作室，或者在运行 DeltaV Explorer 的状态，点击区域中的一个模块，然后点击鼠标右键并点击"Open with Control Studio"来开启控制工作室。

控制工作室窗口被分为叫做"视窗"的不同部分，图 5-27 显示了控制工作室和不同的视窗。
① 从层级菜单窗，可以查看模块的元件（功能块）和它的复合功能块。
② 从参数显示窗，可以定义图表上对象的明确特性，诸如功能块、步或模块。
③ 从结构图视窗，可以用图形化方法在表示模块如何运行的图表上，创建功能块和顺序功能表等运算法则。
④ 报警显示窗口，可以查看块和模块的当前报警，并可以从报警视窗组态报警限值、报警优先级以及其他项。
⑤ 从面板视窗，可以访问功能块、模块以及 SFCs 的图标。

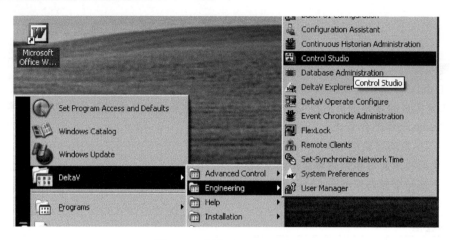

图 5-26　启动 Control Studio

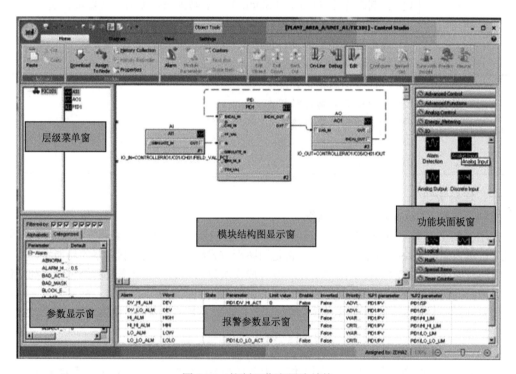

图 5-27　控制工作室层次结构

2．功能块（Function Blocks）种类

在 DeltaV 系统中，功能块（Function Blocks）是控制模块（Modules）的基本构成部分。每个功能块都有基本的过程控制算法（如 PID、模拟输入输出）和自定义算法的参数。功能块算法的范围涵盖了简单输入转化到复杂的控制策略。功能块使用用户提供的数据，通过自身或其他功能块，来实现数值计算或逻辑计算功能，为其他功能块或现场设备提供输出值。

DeltaV 系统中常用的有六种功能块（Function Blocks）。

① 输入/输出功能块（Input/Output Blocks）——为其他功能块或现场设备进行信号转化和筛选。

② 数学功能块（Math Blocks）——实现转换、积分、总计等数学功能。

③ 定时/计数功能块（Timer/Counter Blocks）——为控制和排序实现定时和计数功能。

④ 逻辑功能块（Logical Blocks）——为顺序控制、时序、联锁等实现逻辑运算功能。

⑤ 模拟控制功能块（Analog Control Blocks）——为模拟控制实现从简单到复杂的算法功能。

⑥ 能量计功能块（Energy Metering Blocks）——为水蒸气或其他流体实现数学流体计算功能。

除此以外，高级控制功能块（Advanced Control Blocks）为高级过程控制实现复杂算法功能。

3．模块（Modules）参数

模块（Modules）是一个系统的主要的组成块，是独立的、有名称的实体。模块将算法、显示、输入/输出、条件及其他的设备特性联系在一起。根据模块的大小，模块由参数、历史集合策略、报警、条件、算法以及显示单元构成。这些项按照逻辑捆绑在一起组成了模块，在控制策略中可以随时调用。模块组件层次结构如图 5-28 所示。

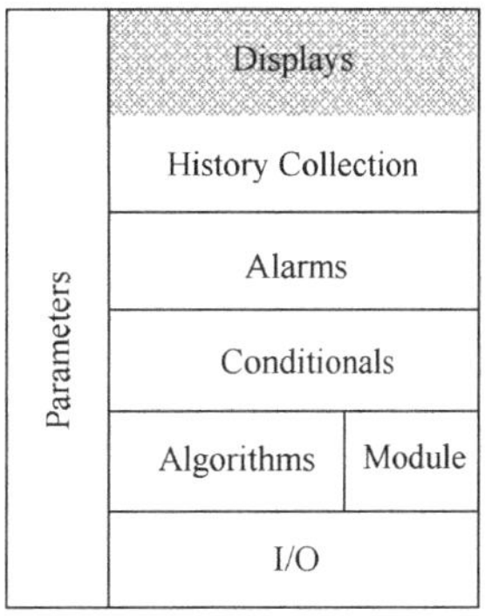

DeltaV 系统在功能块、模块输入/输出组态和诊断函数中使用参数。包括：

Function Blocks Parameters 功能块参数；Module-Level Parameters 模块级参数；I/O Card Parameters 输入/输出卡件参数；I/O Channel Parameters 输入/输出通道参数；Diagnostic Parameters 诊断参数。

图 5-28 模块（Modules）组件层次结构

二、任务实施

（一）控制方案组态

运用控制工作室（Control Studio）可以完成各种控制模块（Modules）的组态。

分别选中厂区、单元，添加控制模块（control module）到相应的区域/单元，本项目控制模块的分配见表 5-7。控制模块组态时尽量复制系统模块库中已有的相同功能的模块，因为模块库中的每块模板已经设置了必要的报警等参数，同时在流程图监视画面中仪表模板的操作也简单方便。

表 5-7　厂区——控制模块的分配

PLANT_AREA_A				PLANT_AREA_B			
UNIT_A1		UNIT_A2		UNIT_A1		UNITt_A2	
序号	模块名	序号	模块名	序号	模块名	序号	模块名
1	PI101	1	PI102	1	PIC105	1	PI107
2	TI101	2	TI102	2	PS106	2	TI105
3	FIC101	3	TIC103	3	LIC101	3	TI106
4	PI104	4	FIC102	4	FIC103	4	LIC102
5	TI104			5	FIC104	5	FI105
						6	FI106

1．控制工作室功能

利用控制工作室，用户可以在一个模块上执行许多任务。通常用户先定义模块、运算法则，然后定义参数。在模块、运算法则和参数都定义好之后，用户可以使用这些参数用于报警、显示、趋势图、日志以及更多。控制工作室具有如下功能。

① 创建一个新的模块或复合块。

② 从一个现有模块创建一个模块。

③ 为一个模块或复合块编辑运算法则。

④ 为一个模块编辑参数。

⑤ 为一个模块或复合块定义报警。
⑥ 为一个模块调试运算法则。
⑦ 编辑运算法则中的公式。
⑧ 指派模块到一个节点。
⑨ 下载一个模块。

2．自动检测回路控制策略的组态

（1）新建控制模块

打开 DeltaV Explorer 选中厂区 Plant_Area_A|Unit_A1 →右键→ New → Control Module，输入 PI101 作为模拟量输入模块名；或点击新建控制模块按钮 ，进行控制模块的新建；或选中 Library/Module Templates|Monitorionng|AALARM 模块，用鼠标左键拖拽到厂区 Plant_Area_A|Unit_A1,再改名为 PI101，操作示意图如 5-29 所示；或选中已组态的 AI 类模块/复制/粘贴到厂区 PLANT_AREA_AA/UNIT_A1 目录下；改名为 PI101，操作示意图如 5-30 所示。

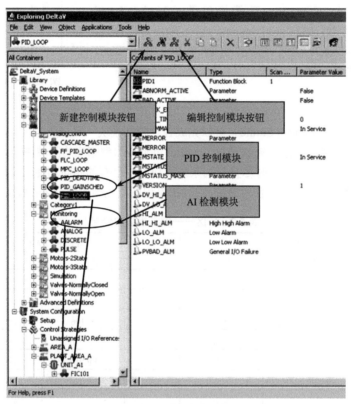

图 5-29 控制模块的新建

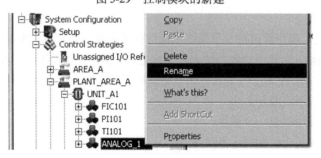

图 5-30 控制模块的改名

(2) 编辑 PI101 模块

如图 5-31 所示，右键单击 PI101→ Open→ Open with Control Studio，打开该模块编辑窗口；或选中该模块，点击编辑控制模块按钮，以打开该模块编辑窗口。

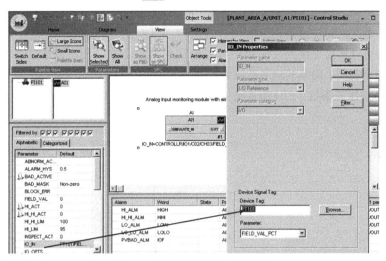

图 5-31 控制模块输入点的链接

在控制工作室（Control Studio）的编辑画面，从右侧功能块面板窗的 I/O 面板中拖拽 AI 功能块至结构图显示窗空白处，双击该模块 IO_IN 参数，打开编辑窗口；由 DST/Brows,链接 AI 模块的 "IO_IN" 端子到 FT101，设定 L_TYPE 类型为 "Indirect" 间接型。

(3) 测量值显示范围及工程单位的组态

如图 5-32 所示，选中 AI 功能块，双击参数显示栏中 OUT_SCALE 参数；在对话框中修改 OUT_SCALE 参数，把测量范围设定为 0~4，工程单元描述符选择为 MPa。

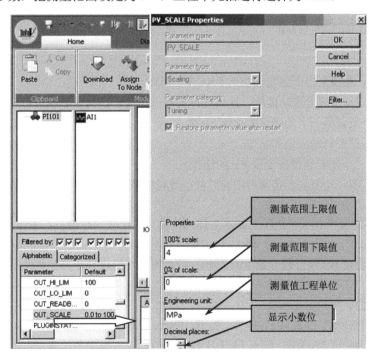

图 5-32 控制模块测量值显示范围及工程单位的组态

3. 自动控制回路控制策略的组态

(1) PID 功能块

PID 功能块将所有需要的逻辑联合起来以实现模拟输入通道处理，带非线性控制的比例-积分-微分（PID）控制，还有模拟输出通道处理。PID 功能块支持模式控制、信号缩放和限制、前馈控制、超驰控制、报警检测等。

PID 功能块可以直接连接到过程 I/O（不适合现场总线设备），也可以通过 IN 和 OUT 参数连接到其他功能块来实现串级或其他复杂控制策略。

① PID 功能块组态参数。PID 模块结构如图 5-33 所示，PID 功能块内部结构如图 5-34 所示。

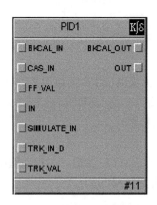

图 5-33 PID 功能块常用参数

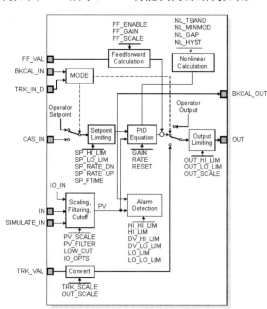

图 5-34 PID 功能块内部结构

其中：

BKCAL_IN：连接来自下游功能块的 BKCAL_OUT。

BKCAL_OUT：连接上游功能块，提供闭环控制无扰动切换的值和状态。

CAS_IN：是来自另一个功能块的外部 SP 值。

FF_VAL：前馈控制输入值和状态。

IN：来自另一个功能块过程变量 PV 的连接。

SIMULATE_IN：功能块在仿真启用的时候，替代模拟测量值使用的输入值和状态。

OUT：功能块输出的值和状态。

② PID 功能工作种模式。PID 功能块支持八种模式，比较常用的有：手动初始化（Iman）：Initialization Manual；手动（Man）：Manual；自动（Auto）：Automatic；串级（Cas）：Cascade。

通过使用设定值 SP 和过程变量 PV 之差，并用 PID 功能块来计算控制输出信号来实现基本单回路闭环控制，这是常规控制的基本应用。

(2) 单回路控制模块组态步骤

① 新建单回路控制（FIC101）模块。打开 DeltaV Explorer 选中厂区 Plant_Area_A|Unit_A1→右键→New→Control Module，输入 FIC101 作为模拟量输入模块名；或点击新建控制模块按钮，进行控制模块的新建；或选中 Library|ModuleTemplates|AnalogControl|PID_LOOP 模块，

用鼠标左键拖拽到厂区 Plant_Area_A|Unit_A1，再改名为 FIC101，操作示意图如图 5-35 所示；或选中已组态的单回路控制模块/复制/粘贴到厂区 PLANT_AREA_AA/UNIT_A1 目录下；改名为 FIC101。

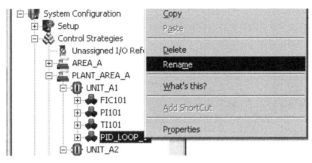

图 5-35 PID 控制模块的改名

② 编辑 FIC101 模块。DeltaV 控制工作室是面向对象的设计和布置，无需编译，直接生成控制器编码。控制模块编辑是拖放组态方式，每个单项均可直接编辑，内置批量控制软件和现场总线功能，直接轻松存档。

案例 FIC101 控制模块编辑：

右键单击 FIC101→Open→Open with Control Studio，打开该模块编辑窗口；或选中该模块，点击编辑控制模块按钮 ，参见图 5-29，以打开该模块编辑窗口。

在控制工作室（Control Studio）的编辑画面，从右侧功能块面板窗的面板中拖拽 AI、AO、PID 功能块至结构图显示窗空白处，并将 AI、PID、AO 功能块进行连接（参见图 5-36）双击 AI 模块 IO_IN 参数，打开编辑窗口；由 DST/Brows，链接 AI 模块的"IO_IN"端子，设定 L_TYPE 类型为"Indirect"间接型。

进料流量控制回路 FIC101 模块的内部结构如图 5-36 所示，采用 PID 功能块构建。进料量信号 FT101 通过 AI 功能块采集送入 PID 的 IN 端，与设定值比较获取偏差，经 PID 运算后，控制信号经 OUT 端送至 AO 功能块输出到控制阀 FV101 进行调节。其中：AI 功能块的 IO_IN 端子连接来自现场的变量 FT101，如图 5-37 所示；AO 功能块的 IO_OUT 端子将控制信号送至阀门 FV101，连接如图 5-38 所示。

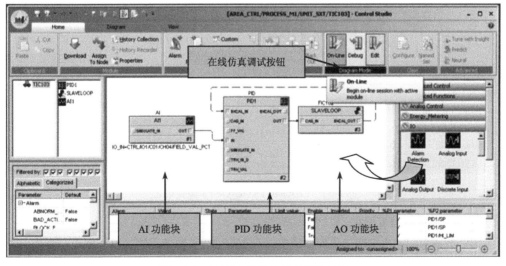

图 5-36 FIC101 模块内部功能块结构

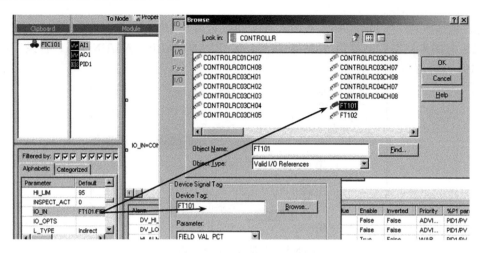

图 5-37 PID 控制模块输入点的链接

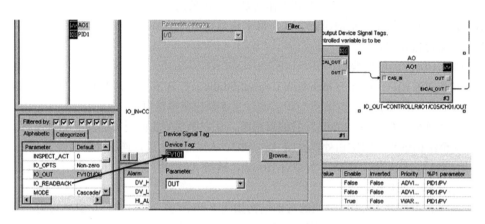

图 5-38 PID 控制模块输出点的链接

③ PID 模块的 CONTROL_OPTS 参数设置。PID 模块的 CONTROL_OPTS 参数设置中，Direct Acting 未勾选，表示 PID 为反作用模式；SP-PV Track in Man 勾选，表示在手动模式下，设定值跟踪过程值，以保证在手动-自动模式切换时为无扰动切换，如图 5-39 所示。

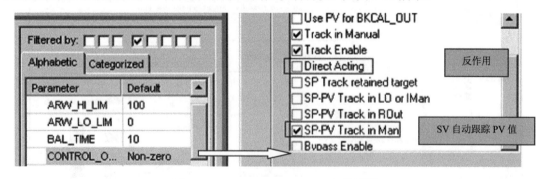

图 5-39 PIDCONTROL_OPTS 参数设置

（二）控制模块的仿真调试

DeltaV 系统控制工作室图形化的控制策略在线调试简单有效，它提供了停止、单步、断点、强制输入、仿真等多种模式的调试功能，如图 5-40 所示，案例 FIC101 控制模块仿真调试操作方法如下。

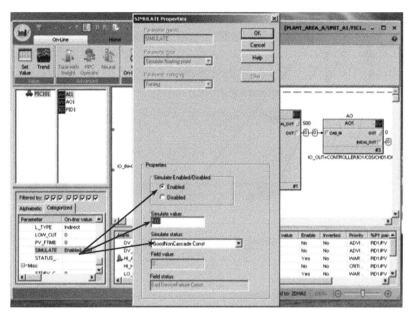

图 5-40　控制模块在线仿真调试

① 右键单击 FIC101→Open→Open with Control Studio，打开该模块编辑窗口；或选中该模块，点击编辑控制模块按钮，以打开该模块编辑窗口；

② 点击控制工作室菜单栏的在线调试（On-Lin）按钮，则进入在线仿真调试状态；

③ 点击 AI 功能块→双击参数栏 SIMULATE 参数→出现仿真调试对话框→选中 Simulate Enabled→输入仿真值→确认。

（三）控制模块的指派

点击指派快捷按钮 （见图 5-41），指派（Assign）PI101 模块组态信息到控制器节点（Controller）并保存（见图 5-42）；或者在 DeltaV Explorer 中点击 System Configuration | Physical Network | Control Network | ZDHA2| Assigned Modules。

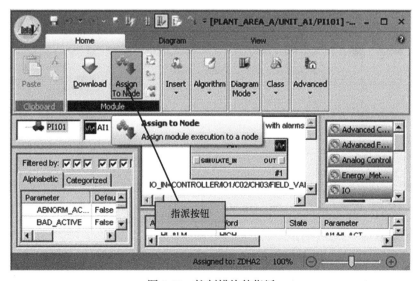

图 5-41　控制模块的指派

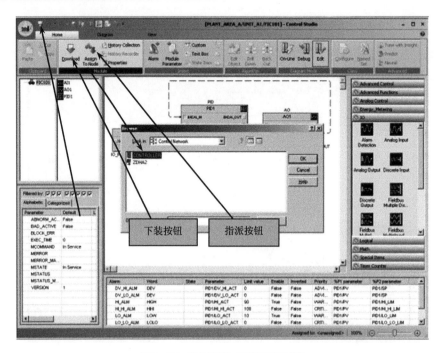

图 5-42 控制模块指派到控制器

(四)控制模块的保存与下装

DeltaV 系统具有部分下装、部分上装的功能,即将组态好的部分控制方案在线地从工作站中下装到控制器而不影响其他回路或方案的执行,同样,也可以在线地将部分控制方案从控制器上装到工作站中。

点击 ■ 按钮,保存模块的组态信息到 PLUS 站;点击 按钮,下装(Download)PI101 模块组态信息到 PLUS 站节点并保存(见图 5-43)。

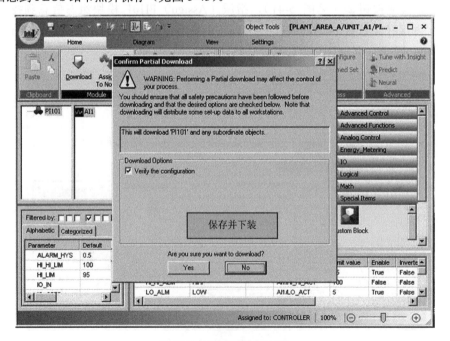

图 5-43 控制模块的下装

项目五　DeltaV 在丙烯精馏装置控制系统中的应用

任务四　应用 DeltaV Operate 进行操作员监控画面组态

任务主要内容	
资讯相关信息，了解 DeltaV Operate 组态模式、了解 DeltaV Operate 的启动方法、系统目录树和工作区域、了解操作员监控画面组态方法、了解系统运行模式操作画面。在任务三完成的基础上，根据丙烯精馏装置的控制方案及设计要求，能应用 DeltaV 系统图形工作室软件进行操作员监控画面（丙烯精馏装置流程图）的组态和操作员监控画面的运行测试。 ① 根据项目设计要求创建操作员监控画面（丙烯精馏装置流程图）； ② 对操作员画面属性进行自定义修改； ③ 完成 DeltaV 系统操作员监控画面的运行测试。	
任务实施过程	
资讯	① DeltaV Operate？ ② DeltaV Operate 启动方法？ ③ 组态模式状态下的 DeltaV Operate 用户界面？ ④ 操作员监控画面？ ⑤ 操作员监控画面组态方法？
实施	① 创建和打开组态画面； ② 根据丙烯精馏装置控制要求，进行操作员监控画面组态

一、任务资讯

DeltaV Operate 组态模式的操作

DeltaV 图形工作室用图形、文字、数据和动画制作工具为操作人员组态高分辨率、实时的过程流程图。系统操作人员通过操作员界面进行过程监控。图形工作室已安装了一些预定义的功能，例如控制面板、趋势、显示记录和报警简报等。当在图形显示中使用模块信息时，只需要知道模块名称就可以从系统中浏览该模块。

DeltaV 系统可以在两种模式下运用图形工作室：

组态模式——用于工程师创建监控画面；

运行模式——用于工程师测试他们创建好的画面，或者用于操作员在操作站中运行监控画面。

1．启动 DeltaV Operate 组态模式

使用 DeltaV Operate 组态模式来创建和修改监控画面，用户可以如图 5-44 所示，从任务栏中点击 Start | DeltaV| Engineering| DeltaV Operate Configure 来开启图形工作室组态模式，或者在运行 DeltaV Explorer 的状态，点击 DeltaV Explorer 工具栏上的按钮 [图标] 可以打开操作员画面组态模式，如图 5-44 所示。

2．系统目录树和工作区域

组态模式状态下的 DeltaV Operate 用户界面和 DeltaV Explorer 的界面相似，由两个主窗口组成如图 5-45 所示。横跨在顶端的是标题栏、菜单栏和工具栏。左侧的窗格包括当前节点文件

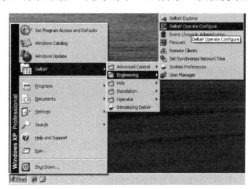

图 5-44　启动 DeltaV Operate 组态模式

的系统目录树结构。系统目录树包括图符集、全局、帮助、画面（包括模板文件）和调度文件夹。DeltaV Operate 提供了大量的示例画面文件，是开发各种各样操作员图表的基础。

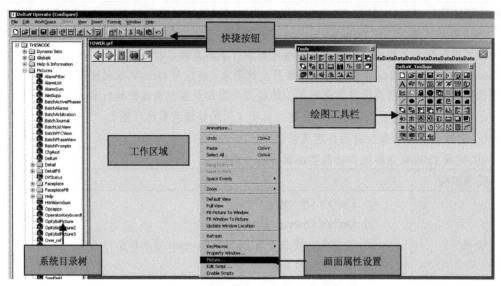

图 5-45　DeltaV Operate 组态模式窗口

右侧窗口窗格，称为工作区域，显示 DeltaV Operate 或者左侧窗格中所选择的 ActiveX 文档的内容。打开文件时，DeltaV Operate 在工作区域中显示文件，并自动激活修改文件所需的工具。例如，如果你要打开一个画面文件和工具栏按钮，以创建和编辑显示的操作员图表。在系统目录树中双击图标的名字，或者右击并从快捷菜单中选择"打开"，即可打开一个文件或者画面。

二、任务实施

（一）操作员监控画面的组态

在 DeltaV Operate 组态模式运行图形工作室，可以通过主面板创建一个新画面或打开一个现有画面。要创建一个新画面，在标准工具栏上点击"从模板新建画面"按钮。在"新建画面"对话框中，主画面是默认的模板选项。

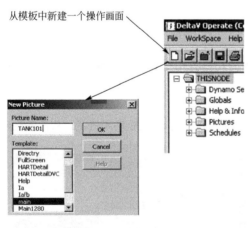

图 5-46　新建操作员监控画面

1．创建和打开画面

（1）新建画面

在 DeltaV 操作组态模式下，可以通过图形工作室主面板创建一个新画面或打开一个现有画面开始。要创建一个新画面，在标准工具栏上点击"从模板新建画面"按钮 ，在"新建画面"对话框中，主画面是默认的模板选项，如图 5-46 所示。

点击"新建"按钮→输入画面名并选择"main"类型→确认（或 File|New|Picture）。

（2）打开一个现有的画面

在系统目录树中，从"画面"（Pictures）文件夹里双击画面名。默认状态下，系统目录树嵌在屏幕的左侧，而画面显示在它的右侧。

（3）编辑画面注意事项

要为你的画面创造更大的空间，可以按如下操作（参见图 5-48）

■	Rectangles.矩形。
/	Straight lines.直线。
●	Ovals.椭圆。
⌒	Arcs (curved line segments).弧线（曲线段）。
●	Rounded rectangles.圆角矩形。
◣	Polygons.多边形。
⌐	Polylines (two or more connected line segments).折线(两条或者更多条连在一起的直线段)。
◖	Chords (a curved line connecting a line segment).拱形(一条曲线连接在一条直线段两端)。
◢	Pie shapes (wedges of a circle).饼状图(圆的楔形图)。
A	Text.文本。
☳	Charts (compound objects made of lines, text, and rectangles).图表(由线条、文本和矩形组成)。
▣	Bitmaps.位图。
ABC	Data links.数据链接。
▲	Alarm Summaries.报警概览。

图 5-47　绘图工具栏功能

① 拖动系统目录树，使其固定到屏幕的另一侧。

② 将系统目录树拖离屏幕侧边上，使其悬浮在画面上。你还可以通过拖动系统目录树的边缘调整其大小。

③ 完全隐藏系统目录树，这样画面就可以全屏幕显示了。

（4）保存画面

要保存已绘制的图形，点击标准工具栏上的"保存"按钮。画面保存为.GRF 文件，而且位于系统目录树下的"画面"文件夹下。保存画面文件时，你必须遵循以下的 VBA 命名规则。

① 名字长度不超过 31 个字符。

② 名字必须是由字母、数字或下划线组成的字符串。

③ 名字必须以字母开头。

（5）画面重命名

在系统目录树上右击画面名并选择"重命名"，可以为一个 DeltaV 操作画面重命名（Renaming Pictures）。指定了新名字后，若你还位于组态模式下，则要打开再关闭该画面。这一点是很重要的，因为这样可以自动分辨画面中的链接。

（6）复制画面

要复制现有画面（Copying Pictures），打开你想要复制的画面，使用"另存为"命令将副本保存为一个新名字。然后在 DeltaV 操作组态模式下打开并关闭该副本。

2．工具栏功能（见图 5-47）

3．操作员监控画面的组态方法

DeltaV 图形工作室是采用拖放的组态方式，各种系统附带了大量的图形模板（Dynamo），用户可以自制模板、使用照片、三维图像、声音等各种多媒体。

方法：利用绘图工具栏和图形编辑工具，可以根据工程项目设计要求向画面中添加不同形状、不同功能的对象，或者利用 DeltaV 系统提供的图形模板，可用拖拽的方法在监控画面中添加图形对象，也可以使用"创建图形专家"　创建并保存自己的图形，参见图 5-48 所示。

4．创建数据链接（Datalink）

数据链接是用来在监控画面的运行模式时显示数据的，用来对进行现场重要参数的实时监视和控制。

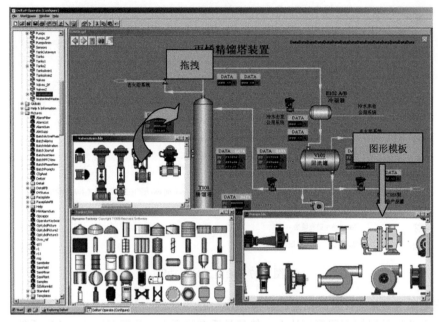

图 5-48　操作员监控画面的组态

项目案例分析：

为了维持塔压的恒定，设置了精馏塔压力定值控制系统，通过调节冷凝器的冷水流量来控制塔压稳定，PIC105 回路为塔压控制回路，被控变量为精馏塔压。在操作员监控画面中对此回路设置如下的数据链接。

① 显示当前的回路过程测量值（PIC105/ PID1/PV 参数）；
② 显示当前的回路过程设定值（PIC105/PID1/ SP 参数）；
③ 显示当前的回路输出操作值（PIC105/PID1/ OUT 参数）；
④ 允许操作员对回路设定值的输入（PIC105/PID1/SP 参数）。

数据链接组态操作步骤：

① 点击工具箱中数据链接按钮 如图 5-49 所示，出现数据链接组态对话框如图 5-50 所示。
② 点击省略符按钮，出现数据源浏览器对话框如图 5-51 所示。

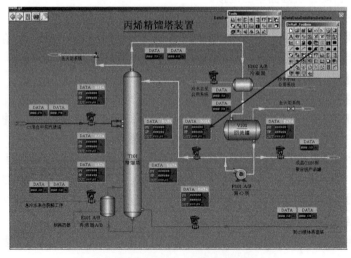

图 5-49　操作员监控画面的数据链接组态

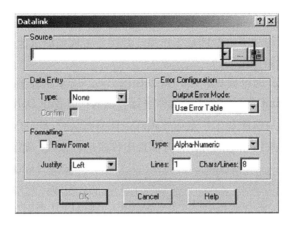

图 5-50　数据链接组态对话框

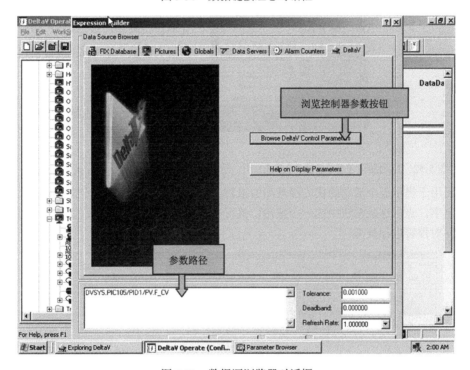

图 5-51　数据源浏览器对话框

③ 点击浏览 DeltaV 控制参数，进行数据源连接。

④ 进入控制策略项，选择厂区、单元，双击 PIC105 模块，将显示出分配给 PIC105 模块的功能块列表。

⑤ 双击 PIC1 功能块，显示出该功能块的参数列表。

⑥ 双击 PV 参数，出现字段列表。

⑦ 点击 CV（当前值）字段，再点击"确定"。

其他数据链接方法同上。参数路径是非常重要的参数特性，表明参数的性质，必须能清楚的识别，不能连接错。如：压力控制模块 PIC105 参数"PIC105/PID1/OUT.F_CV"表示该参数为"PIC105 模块/PID1 功能块/OUT 参数.浮点数类型_当前值"。

5．保存操作员监控画面

点击 DeltaV 图形工作室组态模式下保存按钮，或点击 File|Save As，保存到 Picturs 目录下。

（二）DeltaV Operate 运行模式的操作

DeltaV Operate 运行模式下打开图形工作室，是用于工程师测试他们创建好的画面，或者用于操作员在操作站中运行监控画面。

启动 DeltaV Operate 运行模式，用户可以如图 5-52 所示从任务栏中点击 Start | DeltaV| Operate | DeltaV Operate Run 来开启动图形工作室运行模式；或者在 DeltaV Operate 运行模式下点击工具栏运行按钮 来启动图形工作室运行模式；或者在运行 DeltaV Explorer 的状态，点击 DeltaV Explorer 工具栏上的按钮 ，可以打开图形工作室运行模式，如图 5-52 所示。

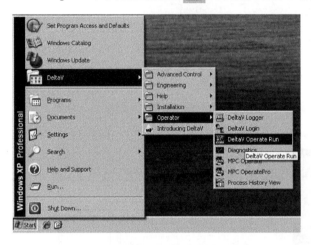

标准 DeltaV 操作员运行窗口由三部分组成：上方的工具栏窗口、中间的主窗口以及画面下方的报警栏窗口，如图 5-53 所示。

在工具栏按钮式工具条快速切换到其他显示画面或应用程序，控制策略生成后仪表面板自动生成，报警窗口显示最新和最优先的报警。

主窗口是操作的主区域，用于查看主画面。从流程图主画面里可以打开弹出画面，如仪表面板画面、趋势图画面和细目显示画面等。

图 5-52 启动图形工作室的运行模式

报警栏里含有重要的预定义功能，五个大按钮用于提示五个活动的优先级最高的报警，按键上将会显示与相应的报警关联的控制模块或设备名字。点击这些按钮中的一个按钮，就可以直接进入相应的过程画面（主控制画面或面板画面）并对报警进行处理。

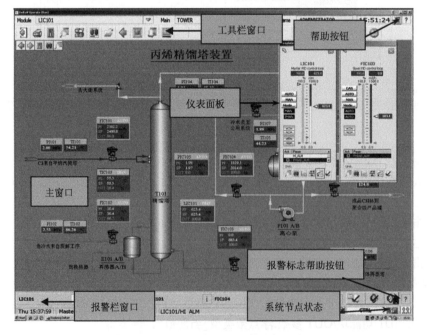

图 5-53 图形工作室的组态模式显示窗口

（三）DeltaV Operate 运行模式的其他操作画面

在 DeltaV 图形工作室的运行模式下使用 DeltaV Operate 时的其他画面。

1．总貌画面（Overview picture）

在画面层次里，总貌画面位于最顶层，里面包括了一些链接，用于访问层次里的其他画面。

2．主画面（Main pictures）

主画面是典型的过程图，用于查找过程或设备。工程师从名为"Main"的画面模板文件创建主画面，主画面模板里有一些预定义好的性质，如左上角的一个小工具栏（有五个按钮），还包含一些 DeltaV 环境里需要的画面命令。

3．面板（Faceplate）

面板是一个弹出画面，面板的外观取决于模块、功能块或所连接设备的类型。例如:用于 PID 控制回路的典型面板，如图 5-54 所示，上面显示了回路的设定值、过程变量、控制器输出、模式以及报警。通过适当的安全清除之后，操作员可以使用面板控制手动操作变量。DeltaV 系统为所有控制模块类型提供了一组标准面板，设计工程师也可以创建自定义面板。图 5-54 所示的是 PID 控制回路，面板上有一个条形图：右侧的那个图显示的是过程变量，左边的那个图显示的是输出。箭头指示过程变量和输出的范围。

4．细目显示（Detail Display）

细目显示是另一种弹出画面，用于显示比面板上更多的模块详细信息（参数限制、整定常数、报警信息及诊断报告）。通过安全检查之后，操作员就可以使用细目显示手动操作一些值。一般来说，细目显示画面用于执行一些不常用的功能。图 5-55 所示是一个 PID 控制回路细目显示的案例。

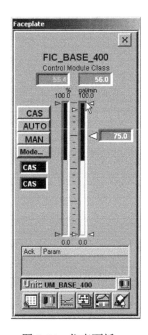

图 5-54　仪表面板

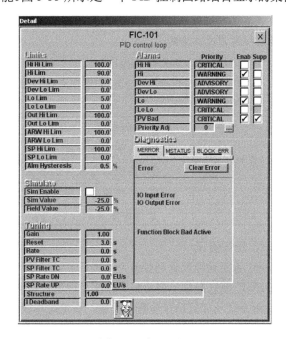

图 5-55　细目显示

5．整定趋势图（Tuning Trend）

整定趋势图也是一种弹出画面，用于显示用于整定控制回路的主操作参数（过程变量、设定值以及输出）的一半趋势图。趋势图里不能保存任何数据，它从画面打开时开始到画面关闭时结束。图 5-56 是一个 PID 控制回路趋势图的案例。

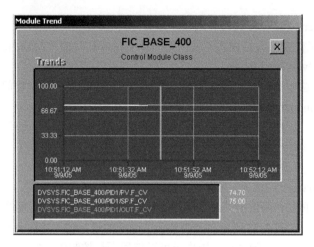

图 5-56　整定趋势图

任务五　应用 Diagnostic 进行系统诊断

学习情境	基于 DeltaV 系统的丙烯精馏装置控制系统的设计与应用
任务五	应用 Diagnostic 进行系统诊断
任务主要内容	
在完成丙烯精馏装置控制方案组态与监控画面的组态的基础上,根据案例的实际运行情况进行系统的调试与诊断: ① 进行系统诊断软件的操作; ② 能应用 Diagnostic 对系统各部分进行详细分析与诊断。	
任务实施过程	
资讯	引导问题: ① 系统诊断软件? ② 系统诊断软件的界面、操作方法? ③ 系统诊断故障标志含义?
实施	系统诊断案例分析

一、任务资讯

（一）系统诊断软件的操作

DeltaV 系统提供了覆盖整个系统及现场设备的诊断（Diagnostic）。用户不需要记住用哪个诊断包诊断系统及如何操作诊断软件包。不论是尽快地检查控制网络通讯、验证控制器冗余，还是检查智能现场设备的状态信息，DeltaV 系统的诊断功能都是一种快速简便获取信息的工具。

1. 启动 PLUS 站的诊断功能

诊断应用程序（Diagnostic），可以提供关于系统设备状态和完整性的信息。当系统设备指派到控制网络上并下载到工作站后，请启动 DeltaV 软件并用 DeltaV 浏览器、工作站诊断功能以及 DeltaV 诊断校验并检测硬件安装有无故障。

点击 start | DeltaV | operator | Diagnostic 登陆诊断程序，或者启动 DeltaV 浏览器再点击浏览器快捷工具栏的诊断按钮 则可打开诊断程序视窗如图 5-57 所示。

2. DeltaV 诊断应用程序功能

① 显示 DeltaV 控制网络中的每个节点和子系统的全面状态和详细的整体信息。
② 查看节点的检测参数和子系统。
③ 显示控制器和工作站的通信信息和 I/O 卡件及设备上的详细数据。

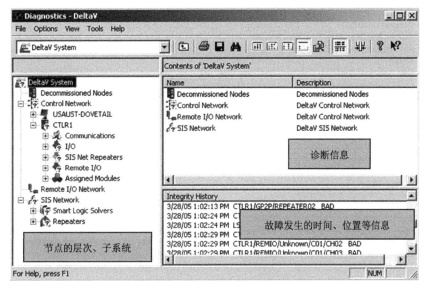

图 5-57 诊断应用程序视窗

④ 登陆与所选择的条目相关的过程历史查看程序，显示该条目的过程事件。
⑤ 从控制网络上的工作站检测远程网络上的大部分问题，并从远程工作站上检测远程工作站上的所有问题。

DeltaV 诊断应用程序具有和 DeltaV 浏览器一样的外观和感觉图 5-57 所示。左侧窗格中显示了控制网络中节点的层次和子系统。一般地，工作站有通信、分配的模块、报警和事件、连续历史等条目，而控制器有通信、I/O 和分配的模块子系统。

（二）系统诊断故障标志

在分析诊断信息时，可以参考系统提供的四个故障标志（指示器）来显示节点和子系统的状态（见图 5-58）。这些指示器出现在层次和指定的节点或者子系统的顶层。

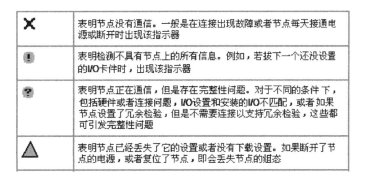

图 5-58 系统诊断故障标志

二、任务实施

系统诊断案例

点击节点或者子系统旁边的加号展开内容，即可浏览其中的内容。选择节点或者子系统，并查看右侧窗格中所选择的检测信息，即可查看节点或者子系统的诊断信息。查看不同的视图：列表、详情等，即可更改显示检测信息的方式。

案例 1：PLUS 站基本诊断信息（见图 5-59）

案例 2：工作站主通信子系统诊断信息（见图 5-60）

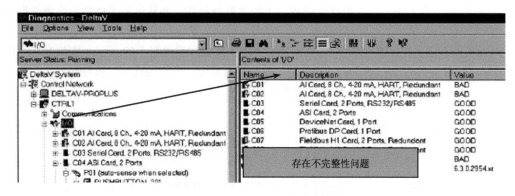

COMM	Communications	GOOD
CONT	Assigned Modules	GOOD
ECHRON	Alarms And Events	GOOD
REMNET	Remote Network	GOOD
Model	Model	DeltaV Workstation
Dnld	Last Download Time	06/22/10 16:41:12
LastDnldStat	Last Download Status	Normal Completion
FreMem	Free Memory	127902628
FreTim	Free Processor Time	
OInteg	Overall Integrity	GOOD
SInteg	SIL Integrity	GOOD
SwRev	Software Revision	10.3.1.3611.xr
HwRev	Hardware Revision	
SNum	Node Serial Number	0
NodeAddress	Node Address	10.4.0.6
MACAdr	Media Access Control Address	
YPStat	Auto-Update Status	Good
YPMasServer	Auto-Update Master Server	ZHANG
LstYPAnTime	Last Auto-Update Announce Ti...	Not Applicable
FreDisk	Free Database Disk Space	5043
YPEnbld	Auto-Update Enabled Status	Auto-Update Enabled.
NTPServer	Network Time Protocol Server	ZHANG - 127.127.1.1

图 5-59　PLUS 站基本诊断信息

OLInteg	Overall Communications Link I...	GOOD
OCInteg	Overall Communications Conn...	GOOD
ConGood	Number of Good Connections	0
ConBad	Number of Bad Connections	0
PktRT	Packet Transmitted Rate	
PktRR	Packet Received Rate	
ER	Errors Received	
CrcER	CRC Errors	

图 5-60　工作站主通信子系统诊断信息

案例 3：控制站 I/O 卡件诊断信息（见图 5-61）

图 5-61　控制站 I/O 卡件诊断信息

【项目评估】

项目五　DeltaV 在丙烯精馏装置控制系统中的应用任务单

① 学生每五人分成一个 DCS 系统设计小组，扮演实习技术员的角色；

② 课题小组根据领取的任务现场考察和资讯知识；

③ 领取工位号，熟悉装置平台、控制设备、熟悉系统操作软件；

④ 根据抽签任务号及任务内容，现场考察任务设备，分析和做出实施计划；

⑤ 任务实施，从系统分析、设计支撑材料准备、硬件组态、控制方案组态、监控画面的组态、系统在线仿真调试与系统诊断；

⑥ 填写任务实施记录。

班级：_____ 组号：____ 姓名：_____　　　____年___月___日

项目五　DeltaV 在丙烯精馏装置控制系统中的应用考核要求及评分标准

班级_____　姓名_____　学号_____　成绩_____

考核内容	考核要求	评分标准	分值	扣分	得分
DCS 系统分析	分析控制系统组成部分；分析系统控制要求	① 系统组成分析不正确，扣5分 ② 控制要求分析不正确，扣5分	10分		
系统设计支撑材料	系统框架结构设计；测点清单；卡件配置清单控制柜布置图；I/O 卡件布置图；实施任务单	① 框架结构不正确，扣3分 ② 测点清单不正确，扣3分 ③ 卡件配置清单不正确，扣3分 ④ 控制柜布置图不正确，扣3分 ⑤ I/O 卡件布置图不正确，扣3分 ⑥ 任务单任务不清晰，扣3分	20分		
系统网络结构组态	网络配置；控制站组态；操作站组态；厂区组态	① 网络配置每错一处，扣1分 ② 控制站每错一处，扣1分 ③ 操作站每错一处，扣1分 ④ 厂区组态每错一处，扣2分	10分		
系统硬件组态	I/O 卡件组态 I/O 测点组态。	① I/O 卡件组态每错一处，扣1分 ② I/O 测点组态每错一处，扣1分	10分		
控制方案组态	自动检测回路控制策略的组态 自动控制回路控制策略的组态	① 检测回路组态每错一处，扣2分 ② 控制回路组态每错一处，扣2分 ③ 系统控制功能无法实现，扣15分	20分		

续表

考核内容	考核要求	评分标准	分值	扣分	得分
操作员监控画面组态与运行	监控画面的组态 监控画面的运行	① 监控画面组态每错一处，扣1分 ② 监控画面运行每错一处，扣1分	20分		
系统调试与故障诊断	组态下载到控制器 组态传送到操作站 系统调试	① 不能下载，扣2分 ② 不能传送，扣2分 ③ 系统调试每错一处扣5分	10分		
定额工时	3h	每超 5min（不足5min 以 5min 计）扣5分			
起始时间		合计	100分		
结束时间		教师签字：	年 月 日		

项目五 DeltaV 在丙烯精馏装置控制系统中的应用任务内容

〖考核子任务 1〗

① 交流 DeltaV 系统的工作站有几种授权？各站具备的功能有什么不同？

② 绘制 DeltaV 系统基本网络结构图。

③ 回答下列表格中的问题，并填写下表 1。

表 1 DeltaV 系统可具备的最大规模

名 称	最大规模	名 称	最大规模
节点（冗余的作为一个节点）		远程控制站	
工作站		厂区（域）	
PLUS 站		远程数据服务器	
操作站		每个控制器可支持 I/O 卡件	
工程师站		单个控制器/冗余控制器	
应用站		每个控制器可支持（DST'^{S}）点	

④ 交流对 DeltaV 系统的认识，分析丙烯精馏装置 DCS 系统结构，完成丙烯精馏装置 Delta V 系统网络结构配置表及控制站卡件配置表 2、表 3 的填写。

表 2 丙烯精馏装置 DeltaV 系统网络结构配置表

类 型	数 量	IP 地址		备 注
PLUS 站 (Professional PLUS Station)		主网		
		副网		
操作站 (Operator Station)		主网		
		副网		
控制站 (controller)		主网		
		副网		

表3　丙烯精馏装置 DeltaV 系统控制站卡件配置表

卡件名称	数量	规格
系统电源模块		
控制器		
AI 卡		
RTD 卡		
AO 卡		
DI 卡		
DO 卡		

〖考核子任务2〗
① 分组新建2个工作站、1个控制站（站名不同）。
② 分组新建两个厂区、四个单元（厂区、单元名不同）。
③ 根据任务一中表 5-3 和表 5-4 的分配要求进行 I/O 卡件及通道标签的组态。
④ 对有下载标志的节点作下载或更新下载状态操作。

〖考核子任务3〗
① 按两个厂区四个单元分成四小组分别完成表 5-7 控制模块组态。
② 对组态完成的控制模块进行在线仿真调试、指派、保持与下装。

〖考核子任务4〗
① 根据项目设计要求绘制丙烯精馏装置流程图画面。
② 进行 DeltaV 系统操作员监控画面的运行测试。

〖考核子任务5〗
① 调用诊断应用程序，分析丙烯精馏装置 DeltaV 系统故障。
② 应用 Diagnostic 对系统各部分进行详细分析并给出诊断报告。

项目六 横河 CENTUM-CS3000 在水处理过程控制系统中的应用

【项目学习目标】

知识目标

① 了解 CENTUM-CS 系统体系结构和主要特点；
② 了解 CENTUM-CS DCS 基本硬件组成和各部分作用；
③ 了解 CENTUM-CS DCS 控制站及操作站的构成；
④ 掌握 CENTUM-CS 组态软件的基本用法；
⑤ 掌握操作站实时监控画面的调用方法；
⑥ 了解系统的维护和调试方法；
⑦ 结合实例熟悉 CENTUM-CS DCS 在工业生产中的应用。

技能目标

① 能根据系统要求进行 CENTUM-CS DCS 系统组建；
② 能根据系统控制要求进行 CENTUM-CS DCS 系统硬件配置；
③ 能够熟练运用 CENTUM-CS DCS 组态软件对系统进行组态；
④ 能够对 CENTUM-CS DCS 系统进行实时监控和操作；
⑤ 能够对 CENTUM-CS DCS 系统进行简单的调试和维护。

【项目学习内容】

通过以 CENTUM-CS3000 DCS 在水处理过程控制系统中的设计与应用工程案例为载体，学习 CENTUM-CS3000 DCS 控制系统的体系构成，硬件部分功能、构成，熟悉 CENTUM-CS3000 DCS 控制系统的软件开发环境，掌握 CENTUM-CS3000 DCS 控制系统组态、调试及简单维护方法。

【项目学习计划】

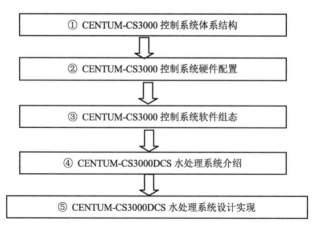

【项目实施载体】

载体一：水处理过程控制系统设计与应用。

载体二：横河 CENTUM-CS3000 系统。

【项目实施】

学习情境基于横河 CENTUM-CS3000 的水处理过程控制系统设计与应用

<学习要求>

① 分析基于 CENTUM-CS3000 水处理过程控制系统体系结构；
② 完成基于 CENTUM-CS3000 水处理过程控制系统硬件配置；
③ 完成基于 CENTUM-CS3000 水处理过程控制系统软件组态；
④ 完成基于 CENTUM-CS3000 水处理过程控制系统调试与简单运行维护操作。

<情境任务>

任务 CENTUM-CS3000 在水处理过程控制系统设计与应用

任务主要内容	
① 了解横河 CENTUM-CS3000 的体系结构、硬件及软件构成、功能； ② 掌握水处理系统的设计及控制要求； ③ 学习 CS3000 水处理系统的硬件配置方法； ④ 学习 CS3000 水处理系统的软件组态方法； ⑤ 学习 CS3000 水处理系统的调试方法。	
任务实施过程	
资讯	① CS3000 系统体系结构？ ② CS3000 系统软硬件构成？ ③ 水处理系统的控制要求？ ④ 基于 CS3000 实现的水处理控制系统体系结构？
实施	① 确定项目案例设计方案； ② 分析项目案例控制要求，硬件配置； ③ CS3000 系统软件安装； ④ 系统软件组态； ⑤ 系统综合调试

一、任务资讯

（一）CENTUM-CS3000 系统认识

横河公司的控制系统 CENTUM CS 系列是日本横河电机株式会社自 1996 年至 1999 年相继推出的集散控制系统，其中包括 CENTUM CS、CENTUM CS3000 大型集散控制系统和 CENTUM CS1000 小型集散控制系统。随着产业信息技术的飞速发展，以提高综合经济效益为目标的生产及管理综合自动化成为必然趋势。为此，横河在产品的设计制造、研究开发上提出了面向 21 世纪的 ETS（Enterprise Technology Solution）的系统概念，从工厂的生产运行、综合效益为出发点，充分满足工厂的各种需求，以最先进的技术，最可靠的产品，为用户提供从设计开发到现场服务的完善、优化适用的综合决策方案。CS（Concentrol Solution）系列是专用于工厂的综合生产管理与控制的系统。CENTUM CS3000 是横河 ETS 概念的最重要产品之一。CENTUM CS3000 系统由分散执行控制功能的现场控制站 FCS（Field Control Stations）和进行集中监视、操作的人机界面操作站 HIS（Operator Station）及组态工程师站（EWS）组成。相互间通过内部高速通信总线连接，组成计算机局域网络。

1. CENTUM CS3000 的主要特点

综合性。CENTUM CS 3000 开创了大规模集散型控制系统的新纪元。针对大型工厂的生产运行的需求，提供全方位的多功能的控制。一套 CS 3000 的 I/O 处理能力最大达到 100,000 个 I/O 点，最多可以支持 256 个节点，并可设置远程 I/O 节点及远程人机接口。

开放的网络结构。采用 Windows XP 标准操作系统，支持 DDE/OPC。既可以直接使用 PC 机通用的 MS-Excel，Visual Basic 编制报表及程序开发，也可以同在 UNIX 上运行的大型 Oracal 数据库进行数据交换。此外，横河提供了系统接口和网络接口用于与不同厂家的系统、产品管理系统、设备管理系统和安全管理系统进行通讯。

在子系统通讯方面，CS3000 支持多种子系统通讯，包括智能设备（如分析仪表、称重仪等）和 PLC 等。在现场总线技术方面，作为 Foundation Fieldbus 现场总线的发起人之一，CS3000 是世界上最早通过 Foundation Fieldbus 的"Host Interoperability Support Test（HIST）"测试的 DCS 控制系统。

可靠性高。独家采用了 4CPU 冗余容错技术（pair & spare 成对热后备）的现场控制站，实现了在任何故障及随机错误产生的情况下进行纠错与连续不间断地控制；I/O 模件采用表面封装技术，具有 1500VAC/分抗冲击性能；系统接地电阻小于 100Ω并且不需设单独的接地网，安装于生产现场的 DCS 模件、设备具有 IP56 的防护等级。多项高可靠性尖端技术，使系统具有极高的抗干扰、环境适应性，非常适用于工厂的运行环境要求。整个 DCS 的可利用率至少达 99.9%。

控制站 FCS 采用高速 RISC 处理器 VR5432，内部时钟速度达 133MHz，可进行 64 位浮点运算，具有强大的运算和处理功能，可进行 50ms 控制周期的模拟和逻辑控制。此外，还可以实现诸如多变量控制、模型预测控制、模糊逻辑等多种高级控制功能。操作站采用主流高性能计算机，多单元并行处理，可同时操作 8 个控制回路。

高效的工程化方法及可扩展性。CENTUM CS3000 提供高效的图形方式，直接用标准 SAMA/IBD 进行软件设计及组态，使方案设计及软件组态同步进行，最大限度的简化了软件开发流程。提供仿真测试软件，有效地减少了现场软件调试时间。具有构造大型实时过程信息网的拓扑结构，可以构成多工段、多集控单元、全厂综合管理与控制综合信息自动化系统。横河可提供多种基于解决方案的软件包，包括工厂实时生产信息系统（PIMS）、先进控制软件包、先进操作与支持软件包。

2. CENTUM CS3000 系统构成

根据工程的具体规模，CENTUM CS3000 系统可灵活组态，从小系统到包含各种设备的大系统。

（1）最小系统

CENTUM-CS3000 最小系统由 1 个操作站 ICS、1 个现场控制站 FCS 和控制 V 网组成。如图 6-1 所示。

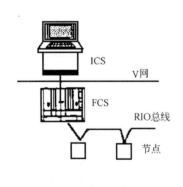

图 6-1 最小系统

（2）最大系统

CENTUM CS3000 最大系统是指在一个控制域内的系统构成，其配置规格见表 6-1。

（3）扩展系统

CENTUM CS3000 系统借助总线转换器 ABC 扩展，增建新的 V 网络可连接更多的站，构成

多域系统，最多可容纳 16 个控制域、256 个站，其系统体系结构如图 6-2 所示

表 6-1 CENTUM CS 系统规格

项 目	规 格
监测位号数	100,000 个位号
网络	V 网（实时控制网络） 以太网（信息 LAN）
各种站最大数量	64 个站点，为 ICS，FCS，ACG 和 ABC 站总数，其中 ICS 站最多为 16 个

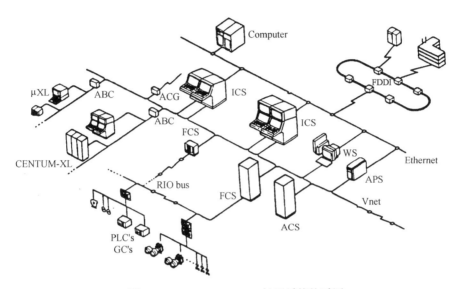

图 6-2 CENTUM CS3000 扩展系统体系图

CENTUM CS3000 系统由分散执行控制功能的现场控制站 FCS（Field Control Stations）和进行集中监视、操作的人机界面操作站 HIS（Operator Station）及组态工程师站（EWS）组成。相互间通过内部高速通信总线连接，组成计算机局域网络。CENTUM CS3000 系统主要设备包括如下。

① 信息和操作站（ICS） 用于运行操作和监视。

② 工作站（WS） 工作站仅用于工程作业，可用 HP9000/70 系列工作站完成。

③ 应用站（APS） 一台小型计算机，它用来执行各种应用软件包。

④ 现场控制站（FCS） 具有仪表、电气控制和计算机（用户编程）功能。

⑤ 高级控制站（ACS） 对多台 FCS 进行监督用的工作站，它用于组态全范围控制系统。

⑥ 电气控制站（ECS） 用于控制大型电动机或配电装置。

⑦ 离散控制站（TCS） 通过监控数台顺控器，控制离散式生产过程。

⑧ 通讯接口单元（ACG） 与上位监控计算机系统通讯的单元，用于上位机对 FCS 站数据的采集与设定。

⑨ 总线转换器（ABC） CENTUM CS 系统与另一 CENTUM CS 系统或现存的 CENTUM XL、μXL 系统间的连接单元。

集散控制系统中的现场控制站 FCS，是一种控制功能与操作功能分离的多回路控制器，它接受现场送来的各种测量信号，通过 I/O 节点单元中的各种型号的输入 I/O 卡件来完成的，它们将生产现场的变送器、传感器等仪表传来的各种信号，如热电阻、热电偶、4～20mA 国际标准信号等，通过 A/D 转换模块转换成数字量信号，之后传送给控制站的主 CPU，CPU 按指定的控制算

法，对信号进行输入处理、控制运算、输出处理后，将最终的控制运算结果和指令，通过输出卡件向生产现场的各种执行机构发出控制命令。

根据分散的设计原则，现场控制站内，大型系统一个微处理器控制最多 120 个回路，小型系统控制 16 个回路，它具有自己的程序寄存器和数据库，能脱离操作站，独立对生产进行控制。当生产规模较大时，可多台现场控制站一起工作（现场控制站和操作站总数最多为 64 个）。另外，CPU 还将采集到的数据和运算结果通过控制总线传送给操作站，并能接收操作站传来的控制指令。现场控制站还负责与连接在系统中的子系统，如 PLC 等进行通讯的工作。

现场控制站是整个 DCS 的核心部分，因此其中的 CPU 卡、电源模块以及实时控制总线均采用双重化配置，以保证系统的高可靠性。并且 CENTUM CS3000 系统的现场控制站 CPU 具备其他 DCS 厂家所没有的 4CPU 结构，采用了运用在航天科技冗余容错技术，即每个现场控制站冗余的配备两块 CPU 卡，每个 CPU 卡中集成了两块完全一样的 CPU 芯片。当控制站工作时，一块 CPU 卡处于控制状态，接收 I/O 节点传送来的数据，进行控制运算处理并输出到 I/O 节点；另一块 CPU 卡处于备用状态，也接收 I/O 节点传送来的数据，进行控制运算处理，但不输出到 I/O 节点，仅当工作侧的 CPU 卡件出现故障时，备用侧 CPU 卡零时间切至工作状态，并输出控制结果。

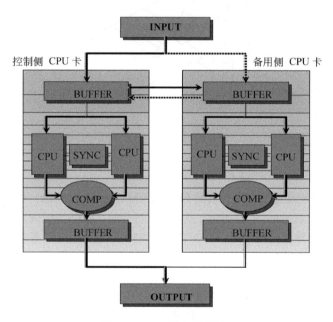

在每个 CPU 卡件中的两块 CPU 芯片也同时接收输入数据并运算，并将运算结果实时进行比较，当某个 CPU 芯片出现运算错误，两个 CPU 芯片的运算结果不一致时，则将控制权交给另一侧的 CPU 卡。具体结构原理见图 6-3。

CENTUM CS3000 系统的现场控制站主要由主 CPU 单元、电源模块、通讯总线以及 I/O 节点单元和 I/O 卡件组成。I/O 卡件又根据不同的功能和信号类型分为模拟量卡件、开关量卡件、子系统通讯卡件等。I/O 卡件表面封装，防尘、抗干扰能力强，所有的卡件都具有子诊断状态显示，用于控制回路的卡件常常选用高分散的单点卡件，单点卡件可在线更换插拔，

图 6-3 CPU 结构原理图

用于采集回路可选用 16 点多路卡件。所有 I/O 卡件均为带有 8MHz 高速微处理器的智能化卡件，在 I/O 级就可进行 A/D 转换、数字滤波、工业量程换算、线性运算、热电偶冷端补偿、输入/输出开路检查、故障判断等功能。

工程师站和操作站位于控制站的上层，可通过数据通信，与各个现场控制站交换信息。工程师站可使用通用 PC 机或横河专用计算机。其功能主要是针对具体的控制对象编写相应的人机界面，如流程图画面、仪表分组画面、趋势记录画面等；自动控制软件，如复杂控制回路、顺序启停程序、联锁程序等；然后通过标准以太网和控制通讯总线将软件下装到各个现场控制站和操作站中。人机界面操作站也可使用通用 PC 机，或使用横河专用的操作员站，其功能主要是通过控制通讯总线，对现场控制站中的实时数据进行监视和操作。操作工通过操作站的 CRT 显示器，集中监视、操作和管理，可根据需要迅速准确的进行修改参数，处理报警等操作，以实现操作人员与 DCS 的人机对话。

DCS 中的通信总线也是系统重要组成部分之一，通信的可靠性对系统安全至关重要。在 CENTUM CS3000 系统中，通信总线为实时控制总线 V-net 和以太网两部分。控制总线 V-net 采用多主站令牌传送方式，在系统中各操作站和控制站的地位相同，没有固定的主从站之分，这样可避免因固定主站，当主站故障而引发全线故障的危险。此外 V-net 还采用双总线冗余结构，更加确保通信可靠性。V-net 使用 IEEE802.4 协议，传输速率为 10Mbps，最大距离 500 米，使用光纤中继器可扩充至 20 公里。令牌网具有实时性强的特点，因此 V-net 主要用来进行现场控制站和操作站之间的实时数据交换；以太网采用标准的 IEEE802.3 协议，传输速率为 100Mbps，最大传输距离 185 米，使用光纤中继器可扩充至 20 公里。以太网的实时性不强，但其通讯速率高、兼容性、通用性好，主要用来共享操作站之间的历史信息、趋势信息等非实时性的数据，工程师站的组态编程数据也通过以太网来下装；以太网的另一个主要用途是将 DCS 系统与上位管理系统进行连接，是实现上位通讯的主要途径。

（二）CENTUM CS3000 系统基本组件

1．现场控制站 FCS

现场控制站主要完成各种实时运算控制功能和与其他站的通信功能。

（1）现场控制站的硬件构成

FCS 由一个现场控制单元（FCU），最多可由 8 个节点组成，由远程输入/输出总线（RIO 总线）连接起来，如图 6-4 所示。

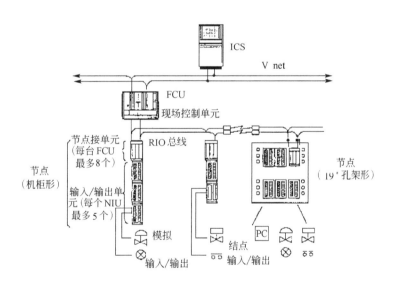

图 6-4 FCS 的硬件构成

① 现场控制单元 FCU。FCU 为一个微处理器组件，完成 FCS 的控制和计算。现场控制单元由三种卡件（处理器卡、节点通信卡和电源卡）、一个 V 网通信耦合器和 RIO 总线耦合器组成。在双重化组态的 FCU 中，每一种卡均成对安装，图 6-5 为 FCU 的结构，RIO 标准型 FCS 的硬件配置关系如图 6-6 所示。

② 节点（远程 I/O 单元）。节点为一种信号处理装置，它将现场来的 I/O 信号经变换后送给FCU，远程输入/输出总线将 FCU 和节点连接起来。节点在机构中的安装如图 6-7 所示。一个节点由一个现场信号连接的"I/O 单元"和一个与 FCU 通信的"节点接口单元（NIU）"组成。

节点接口单元 NIU 是节点的一部分，它经 RIO 总线与 FCU 通信，这个单元由通信卡和电源组成，可以制成双重化冗余结构。1 个 NIU 最多可接 5 个各种类型的 I/O 卡。I/O 单元由输入/输出过程信号的 I/O 模块及安装这些模块的卡盒组成，有模拟 I/O 模块卡盒、高速扫描用模拟 I/O 模块卡盒、继电器 I/O 模块卡盒、端子型节点 I/O 模块卡盒、连接器型节点 I/O 模块卡盒。

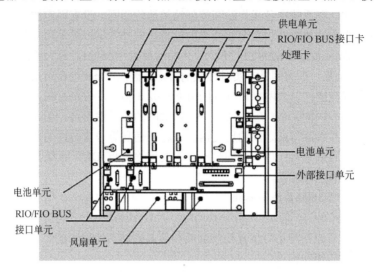

图 6-5 双重化 FCU 的结构

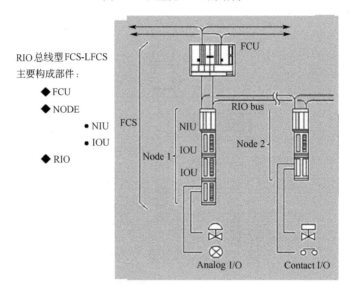

图 6-6 RIO 标准型 FCS

③ RIO 总线。远程总线（RIO）可组成双重化冗余结构，为连接 FCU 和各个节点的通信母线。双绞线电缆及功率放大器用于短距离传送，中继器和光纤放大器用于长距离传送。远程总线允许在不悬挂 FCU 控制和终端与其他节点的数据通信的条件下增加节点或改变节点。

（2）分类

现场控制站按照功能、容量的不同，可分为标准型、扩展型和紧凑型三种；按照安装方式的不同，可分为机柜安装型和 19"机架安装两种；按照 I/O 节点的不同，标准型现场控制站可分为 LFCS、KFCS 两种；扩展型现场控制站可分为 LFCS2、KFCS2 两种；紧凑型现场控制站可分为 SFCS、FFCS 两种；其中 KFCS、KFCS2、FFCS 的 I/O 子系统由 ESB 总线和 ER 总线以及总线连接模块 FIO 组成；LFCS、LFCS2 的 I/O 子系统由 RIO 总线及总线连接模块 RIO 组成；SFCS 的 I/O 子系统使用 RIO 模块，与现场控制单元 FCU 组成一体结构。

（3）卡件

现场控制站的两种卡件 RIO 和 FIO 不能相互通用。

RIO 型 FCS 控制站卡件有模拟量 I/O 卡件、多点模拟量 I/O 卡件（端子型/连接器型）、继电器 I/O 卡件、多点控制模拟量 I/O 卡件（连接器型）、数字量 I/O 卡件、通信模件、通信卡等 7 类。不同的 I/O 卡件必须安装在不同的插件箱中，安装个数也有要求。RIO 型卡件见表 6-2 所示。主要卡件信息如下。

① 单点模拟量输入/输出卡件

AAM10：单点模拟量 4～20mA 或 1～5V 输入卡件，可为两线制变送器提供 24V 电源。

AAM50：单点模拟量 4～20mA 或 1～5V 输出卡件，输出负载阻抗 0～750Ω。

AAM21：单点热电阻、热电偶、毫伏输入信号卡件。

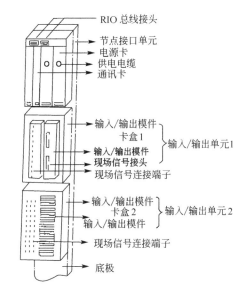

图 6-7 节点在机柜中的安装（双重化节点）

表 6-2 RIO 型卡件

卡件名称	型　号	卡件说明	插件箱/卡件个数	连接方式
模拟 I/O 卡件	AAM10	电流/电压输入卡（简捷型）	AMN11、12/16	端子
	AAM11/11B	电流/电压输入卡/BRAIN 协议	AMN11、12/16	
	AAM12	mV、热电偶、RTD 输入卡	AMN11、12/16	
	APM11	脉冲输入卡	AMN11、12/16	
	AAM50	电流输出卡	AMN11、12/16	
	AAM51	电流/电压输出卡	AMN11、12/16	
	ACM80	多点控制模拟量 I/O 卡（8I/8O）	AMN34/2	连接器
继电器 I/O 卡件	ADM15R	继电器输入卡	AMN21/1	端子
	ADM55R	继电器输出卡	AMN21/1	
多点模拟 I/O 卡件	AMM12T	多点电压输入卡	AMN31、32/2	端子
	AMM22T	多点热电偶输入卡	AMN31、32/2	
	AMM32T	多点 RTD 输入卡	AMN31/1	
	AMM42T	多点 2 线制变送器输入卡	AMN31/1	
	AMM52T	多点电流输出卡	AMN31/1	
	AMM22M	多点 mV 输入卡	AMN31、32/2	
	AMM12C	多点电压输入卡	AMN32/2	连接器
	AMM22C	多点热电偶输入卡	AMN32/2	
	AMM25C	多点热电偶带 mV 输入卡	AMN32/2	
	AMM32C	多点 RTD 输入卡	AMN32/2	
数字 I/O 卡件	ADM11T	16 点接点输入卡	AMN31/2	端子
	ADM12T	32 点接点输入卡	AMN31/2	
	ADM51T	16 点接点输入卡	AMN31/2	
	ADM52T	32 点接点输入卡	AMN31/2	
	ADM11C	16 点接点输入卡	AMN32/4	连接器
	ADM12C	32 点接点输入卡	AMN32/4	
	ADM51C	16 点接点输入卡	AMN32/4	
	ADM52C	32 点接点输入卡	AMN32/4	

续表

卡件名称	型号	卡件说明	插件箱/卡件个数	连接方式
通信模块	ACM11	RS-232 通信模块	AMN33/2	连接器
	ACM12	RS-422/RS-485 通信模块	AMN33/2	端子
	ACF11	现场总线通信模块	AMN33/2	端子
	ACP71	Profibus 通信模块	AMN52/4	D-sub9 针连接器
通信卡件	ACM21	RS-232 通信卡件	AMN51/2	连接器
	ACM22	RS-422/RS-485 通信卡件	AMN51/2	端子
	ACM71	Ethernet 通信模块	AMN51/2	RJ-45 连接器

APM11：单点脉冲信号输入卡件，频率为 0～10kHz。

② 多点模拟量信号输入卡件

AMM42T：16 点模拟量 4～20mA 信号输入卡件，可为两线制变送器提供 24V 电源。

AMM11T：16 点模拟量 0～10VDC 信号输入卡件。

AMM32T：16 点热电阻信号输入卡件。

③ 开关量输入/输出卡件

ADM11T：16 点开关量输入。

ADM12C：16 点开关量输入，可连接外部继电器板。

ADM52C－2：16 点开关量输出，可连接外部继电器板。

FIO 型 FCS 控制站的 AI/AO 与 DI/DO 均可实现双重化。FIO 型卡件分为模拟量 I/O 卡、数字量 I/O 卡、通信卡等三类（卡件信息略）。

2．信息和操作站 ICS

（1）硬件构成

一台信息和操作站由 CRT 显示器、操作键盘、鼠标和智能部件组成。如图 6-8 所示为信息和操作站的外观和组件名称。

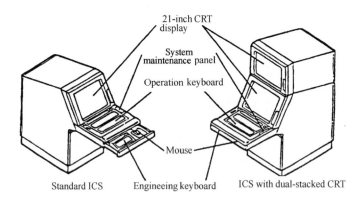

图 6-8　ICS 站的外观和组件名称

（2）软件配置

Windows 2000 专业版　Service Pack　4

Windows XP 专业版　Service Pack　1

Windows Server 2003

其他软件根据工程需要选择，如监视软件、工程软件、通信软件、控制站软件、媒体软件和升级软件等。

（3）功能介绍

信息和操作站的主要功能是对生产过程的监视和操作。ICS 操作功能结构如下。

① 操作功能（围绕日常操作和监视用的工厂操作）
- 操作和监视功能（操作画面显示功能、趋势记录功能、窗口功能）；
- 画面拷贝；
- 过程报告；
- 报警和信息输出；
- 操作组；
- 安全性；
- 选项功能（报表功能、声音功能、用户 C 编程功能、ITV 窗口等）。

② 系统维修功能（用于系统诊断和维护，以监视 ICS 和 FCS 的操作状态，它也用于执行 FCS 数据的等值化）
- 系统状态总貌显示；
- 系统报警信息显示；
- 控制站状态显示；
- 当前站状态显示；
- V 网状态显示；
- 等值化功能；
- 操作环境设定；
- 日期、时间设定。

③ 实用操作功能：操作标志定义。
- 功能键定义/辅助输出键定义；
- 趋势记录曲线设定；
- 外部记录仪输出设定；
- 趋势数据储存；
- 趋势参照方式记入/产生；
- 操作画面顺序定义；
- 画面组定义；
- 总貌画面制定；
- 控制组制定；
- 帮助窗口定义/帮助信息编辑；
- 声音输出。

④ 工程功能。

⑤ 与监控计算机通信功能。

信息和操作站的主要功能介绍如下。

① 操作画面概况和切换。如何进行这些画面彼此间的切换，每个画面均可用触屏功能、功能键、软键和键盘上的画面调用键调出，如图 6-9 所示。

② 操作窗口。操作画面有 13 种窗口，使用触屏操作的一次触屏或软件操作，均可调出操作窗口，图 6-10 所示为一个画面显示几个窗口的例子。

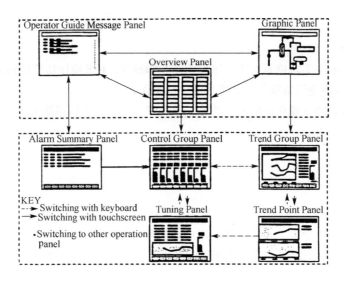

图 6-9 操作画面的切换

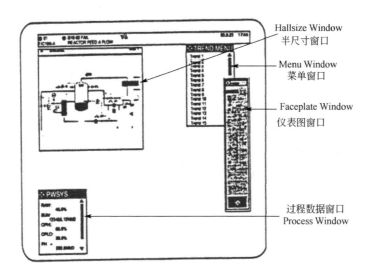

图 6-10 窗口显示的例子

③ 系统信息窗口。系统信息窗口位于画面顶部，如图 6-11 所示。该窗口始终出现在屏幕最顶端，以方便日常操作。它能显示近期报警信息、调用相关操作界面，有些内容与 ICS 的日常维护密切相关。

图 6-11 系统信息窗口工具栏

系统信息窗口中的按钮分布从左至右依次为过程报警按钮、系统报警按钮、操作指导信息按钮、信息监视按钮、用户进入按钮、窗口切换按钮、窗口操作按钮、预设按钮、工具栏按钮、导航按钮、名字输入按钮、切换按钮、清屏按钮、消音按钮、全屏拷贝等。

④ 多显示器（CRT）操作。ICS 具有连接两台或多台显示器协同操作的功能。
• 画面组功能。用户可事先登录画面组合并同时将它们显示在指定的显示器上。当有两台或多台 ICS 或使用层叠式 ICS 时，画面组合功能是有用的。
• 操作组。当系统中含有多台 ICS 时，操作组用来制定某些 ICS 站和 FCS 站为一个组负责指定车间（装置）的操作控制。某一操作组内的 ICS 不接受来自组外工厂部分的报警和信息。

（三）CENTUM CS3000 系统软件安装
（1）安装前的确认工作
在安装前执行下列步骤：
① 安装 CS30000 软件前重新启动 PC 机。
② 如果正在运行病毒保护或其他驻留内存的程序，则退出运行。
（2）安装软件
重启动 PC 后，登录到管理员账户。
① 将 Key-Code 软盘插入驱动器。
② 将 CS3000 光盘插入 CD-ROM 驱动器。
③ 运行 Windows 浏览器，并在"CENTUM"目录下双击"SETUP"，"Welcom"对话框将随之出现。
④ 点击"Next"按钮或按"Enter"键。
⑤ 选择软件安装的目标路径。缺省路径为："C:\CS3000"，使用"Browse"按钮可以更改路径。
⑥ 点击"Next"按钮或按"Enter"键，出现用户注册对话框。
⑦ 输入用户名和组织名。
⑧ 点击"Next"按钮或按"Enter"键，出现一个输入 ID 号的对话框。
⑨ 输入系统提供的 ID 号。如果是系统升级，则无需 ID 号。
⑩ 点击"Next"按钮或按"Enter"键，显示已安装的软件列表。
⑪ 点击"Next"按钮或按"Enter"键，显示一个对话框，询问是否有另一张 key code 软盘。
⑫ 点击"No"按钮，或按"Enter"键，显示一个要安装的软件列表。
⑬ 如果电子文档许可被添加到 key code 中，则会出现一个对话框，提示你更换另一张光盘（电子手册）。依照提示更换光盘，屏幕出现安装确认对话框。
⑭ 选择"Yes"按钮，开始安装电子手册，这个过程大概需要 10 分钟。
⑮ 安装完成后，出现一个对话框，询问是否还要进行 CS3000 的安装。
⑯ 如果无需进行下一步安装，则点击"No"按钮，或按"Enter"键。如果有必要，则将 CS3000 光盘插入 CD-ROM 驱动器并单击"Yes"。
⑰ 出现一个确认对话框，询问是否需要操作键盘。如果需要，则选择"Use operation keyboard"并选择操作键盘 COM 口（COM1 或 COM2），点击"Next"或"Enter"键；如果不需要，则直接点击"Next"按钮或"Enter"键。该步骤进行的设置也可在 HIS Utility 中修改或设置。
⑱ 出现一个系统参照数据库对话框。输入操作和监视功能使用的数据库所在的计算机名。一般情况下，该数据库在组态计算机中。
⑲ 点击"Next"或按"Enter"键，出现一个对话框，提示安装 Microsoft Excel。该对话框是在已安装了报表软件包时，或在安装报表软件前未安装 Excel 时出现的。
⑳ 按"OK"键，显示安装 Acrobat Reader 软件提示对话框。该对话框仅在安装了"Electronic

Document"（电子文档）时出现。

㉑ 按"OK"键，显示一个对话框，通知你安装结束，并提醒你取出软盘和光盘，并重新启动。依照提示取出软盘和光盘，并点击"Finish"或按"Enter"键，安装结束。

（3）安装电子文档

若安装了电子文档，则必须安装 Acrobat Reader。该软件包含在 CS3000 的光盘中，安装过程如下。

① 将包含电子文档的光盘插入光驱 CD-ROM 中。

② 在光驱"Centum\Reader\English"目录下双击"AdbeRdr60-enu-full.exe"或"ar505enu.exe"，开始安装。

③ 在光驱"Centum\Reader\English"目录下双击"FINDER.exe"，开始安装。

④ 在光驱"Centum\Reader\English"目录下双击"SVGView.exe"，开始安装。

⑤ 安装 Microsoft Excel。

（四）CENTUM CS3000 系统组态

系统组态就是利用 CS 3000 组态软件通过对项目功能组态、FCS 功能组态、ICS 功能组态来实现特定系统控制、监视任务的过程。

1．项目功能组态

① 生成 CS3000 系统新项目时，依次点击[开始]-[所有程序]-YOKOGAWA CENTUM-Systemview-FILE-Creat New-Project，填写用户/单位名称及项目信息并确认，当出现新项目对话框时，填写项目名称（大写），确认项目存放路径。

② 在此项目建立过程中，自动提示生成一个控制站和一个操作站，依据系统配置，定义生成其余的控制站和操作站。

③ 控制站建立方法是首先选择所建项目名称，依次点击[File]-[Creat New]-[FCS]，然后选择控制站类型、数据库类型，设定站的地址。

④ 操作站建立方法是首先选择所建项目名称，依次点击[File]-[Creat New]-[HIS]，然后选择操作站类型，设定站的地址。

系统项目生成后，即可进行控制站、操作站功能的组态。

2．控制站组态

① 项目公共部分定义（Common）。

② FCS 定义　如 FIO 型 1#控制站定义。

③ NODE 的定义　NODE 的定义路径为：FCS0101\IOM\File\Creat New\Node，选择并确定 Node 类型和 Node 编号等相关内容。

④ 卡件的定义　卡件的定义路径为：FCS0101\IOM\Node1\File\Creat New\IOM。

模拟量卡定义内容有选择卡件类型、卡件型号、卡件槽号和卡件是否双重化（必须在奇数槽定义）等。

数字量卡定义内容有选择通道地址、信号类型、工位名称、工位注释和工位标签等。

FIO 卡件地址命名规则为：%Znnusmm

其中，nn——Node（节点号：01～10）；

　　　u——Slot（插槽号：1～8）；

　　　s——Segment（段号：1～4），除现场总线卡件外均为 1；

　　　mm——Terminal（通道号：01～64）。

RIO 卡件地址命名规则：%Znnusmm

其中，nn——Node（节点号：01～08）；
　　　　u——Unit（单元号：1～5）；
　　　　s——Slot（插槽号：1～4）；
　　　　mm——Terminal（通道号：01～32）。

⑤ FUNCTION__BLOCK（功能块及仪表回路连接）定义　功能块及仪表回路连接定义的路径为：FCS0101\FUNCTION__BLOCK\DR0001。

单回路 PID 仪表的建立步骤如下。

- 点击类型选择按钮，选择路径 Regulatory Control Block\Controllers\PID。
- 输入工位名称，点击此功能块，单击右键进入属性，填写相关属性内容（如工位名称、工位注释、仪表高低量程、工程单位、输入信号是否转换、累积时间单位、工位级别等）。
- 输入通道及连接。点击类型选择按钮，选择路径 Link Block\PIO，输入通道地址，然后进行连接。点击连线工具按钮，先单击 PIO 边框上"*"点，再双击 PID 边框上"*"点，然后存盘。功能块及仪表回路连接定义如图 6-12 所示。

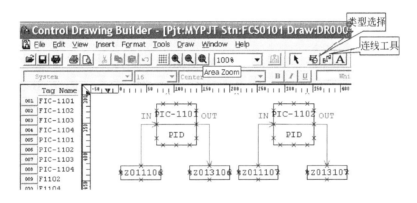

图 6-12　功能块及仪表回路连接定义

⑥ 顺序控制模块。顺序控制能够根据预先指定的条件和指令一步一步地实现控制过程。应用时，条件控制（监视）根据事先指定的条件，对过程状态进行监视和控制。程序控制（步序执行）根据事先编好的程序执行控制任务。

顺序控制模块可以组态各种回路的顺序控制，如安全连锁控制顺序和过程监视顺序。

顺序控制表 Sequence Table 和逻辑流程图 Logic Chart 连接组合，可以组态形成非常复杂的逻辑功能，以实现复杂逻辑判断和控制，如图 6-13 所示。

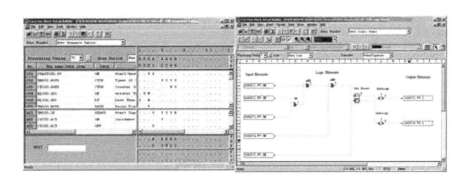

　　　　Sequence Table　顺序控制表　　　　Logic Chart　逻辑图
图 6-13　顺序控制功能块

在顺控表中，通过操作其他功能块、过程 I/O、软件 I/O 来实现顺序控制。在表格中填写 Y/N（Yes/No）来描述输入信号和输出信号间的逻辑关系，实现过程监视和顺序控制。每一张顺控表有 64 个 I/O 信号，32 个规则。顺控表块有 ST16 顺控表和 ST16E 规则扩展块两类。顺控表如图 6-14 所示。

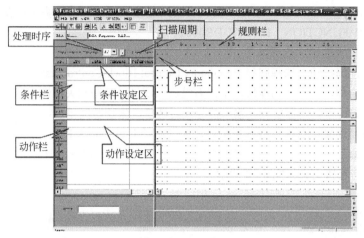

图 6-14 顺控表

Processing Timing（处理时序指定）分为 I、B、TC、TE、OC、OE。I、B 表在 FCS 启动时执行，用来做初始化处理，为正常操作和控制做准备；TC、TE、OC、OE 表用于实现各种顺控要求。

扩展表不能单独使用，只作为 ST16 表扩展使用。当 ST16 表的规则栏、条件信号或操作信号不够用时，使用 ST16E 可扩展该表。使用时将 ST16E 表的名称填入 ST16 表下部的 NEXT 栏中即可。

顺控表必须置于 AUT（自动）方式才能起作用。条件规则部分的红色、绿色，表示扫描检测状态；黄色表示未扫描。红色表示条件成立，绿色表示条件不成立。

⑦ 逻辑模块。主要用于联锁顺序控制系统，通过逻辑符号的互联来实现顺序控制。

逻辑模块 LC64 有 32 个输入、32 个输出和 64 个逻辑符号。逻辑图模块的处理分为 3 个阶段：输入处理、逻辑运算处理、输出处理。

常用逻辑操作元素有 AND（与）、OR（或）、NOT（非）、SRS1/2-R（R 端优先双稳态触发器）、SRS1/2-S（S 端优先双稳态触发器）、CMP-GE（大于等于比较）、CMP-GT（大于比较）、CMP-EQ（等于比较）、TON（上升沿触发器）、TOFF（下降沿触发器）、OND（ON 延时器）、OFFD（OFF 延时器）。

开关仪表块有 SI/O-1（1 点输入/输出开关仪表块）、SI/O-2（2 点输入/输出开关仪表块）、SI/O-11/12（1/1 或 1/2 点输入/输出开关仪表块）、SI/O-21/22（2/1 或 2/2 点输入/输出开关仪表块）、SI/O-12P/22P（1/2 或 2/2 点输入/脉冲输出开关仪表块）。

顺控元素块有 TM（计时块）、CTS（软计数块）、RL（关系式）、CTP（脉冲计数块）。

3．操作站组态

（1）控制分组窗口的指定

控制分组窗口分为 8 回路和 16 回路两种，只有 8 回路能进行操作。窗口的定义路径为：HIS0164\WINDOW\CG0001。

（2）总貌窗口的指定

每总貌窗口可设置 32 个块。窗口的指定路径为：HIS0164\WINDOW\OV0001。

（3）趋势窗口

趋势窗口数据采样间隔及存储时间见表 6-3。

趋势的定义以块为单位。CS3000 每操作站 50 块，每块 16 组，每组 8 笔。

新趋势块的生成路径为：HIS0164\File\Create New\Trend acquisition pen assignment……。趋势块的分配路径为：HIS0164\Configuration\TR0001。常用数据项有 PV（CPV）、SV 和 MV。例如 TIC101.PV、FIC101.SV 等。

功能键分配路径为：HIS0164\Configuration\FuncKey。功能键主要用来调出窗口和启动报表等。

表 6-3 采样间隔及存储时间

Scan Period	Recording Time
1sec	48min
10sec	8hours
1min	2days
2min	4days
5min	10days
10min	20days

（4）系统调试

项目完成后，需要对软件及组态进行调试，以检验其正确性与否。CS3000 所提供的调试功能有两种类型，即仿真调试和目标调试。通常，应首先进行仿真调试，然后下载进行目标调试。

① 仿真调试。利用人机界面站创建的虚拟现场控制站替代实际的现场控制站，通过仿真现场控制的功能对现场控制站的控制功能进行模拟测试，从而检查反馈控制功能和顺序控制功能生成数据库的正确与否。

通过虚拟现场控制站对实际的现场控制站的功能和操作进行仿真，完成动态测试、站和站之间的通信、操作监视功能、控制功能和参数整定功能等是否达到设计要求。

② 下载

下载内容：
- Common 公共项目；
- 现场控制站 FCS 组态内容；
- 人机界面站 HIS 组态内容。

下载方法：
- 下载 Common 公共项目。在系统窗口上选择项目文件夹，选择"Load"菜单，再选择"DownloadCommonSection"，显示"CoffirmProjectCommonDownLoad"对话框，按下[OK]，下载完成。
- 下载现场控制站 FCS 组态内容。在系统窗口上选择下载 FCS 文件夹，选择"Load"菜单，再选择"Download FCS"，显示"DownLoad to FCS"对话框，按下[OK]，下载完成。
- 下载人机界面站 HIS 组态内容。在系统窗口上选择下载 HIS 文件夹，选择"Load"菜单，再选择"DownloadHIS"，显示"DownLoad to HIS"对话框，按下[OK]，下载完成。

③ 人机界面站 HIS 设定
- 人机界面站 HIS 监控点设定
- 打印机设定
- 蜂鸣器设定
- 显示设定
- 报警设定
- 预置菜单设定
- 多媒体设定
- 长趋势数据保存地址设定

④ 目标调试 目标调试程序是利用实际 I/O 模块和 I/O 信号的现场连接，直接对现场控制站的人机界面站的在线目标调试，或者利用软件 I/O 信号连接，实现对现场控制站和人机界面站的离线目标调试，从而达到对现场控制速度、控制周期、控制参数的设定调整。

二、任务实施

（一）水处理控制系统工程项目介绍

水处理系统是不锈钢厂配套的辅助处理系统，能否保持长期、连续、稳定的工作是关系到整个不锈钢厂安全生产的一个重要环节。不锈钢厂的用水量很大，主要用于冷却，包括直接冷却水、间接冷却水、间接冷却水在使用过程中仅受热污染，经冷却后即可回用；直接冷却水因与产品物料等直接接触，含有污染物质，需经处理后方可回用或串级使用。生产过程中会产生大量的废水，包括酸性废水、碱性废水以及含油废水，这些废水均需经过处理后方可排放或回用。因此，不锈钢厂水处理系统主要包括直接冷却水系统、间接冷却水系统、废水处理系统，再加上为厂内需用纯水的制备如锅炉等提供纯水的纯水制备系统。

间接冷却循环水系统　冷却水池的水用泵加压到 0.6MPa，通过管道输送到各生产车间的各类间接冷却器中使用，间接换热后，工作介质被冷却降温，而循环水被加热，温度升高约10℃后，循环水借泵余压送回冷却塔顶部，热水经喷淋器洒入冷却塔填料表面，在冷却塔的塔顶上用风机抽风，冷空气从下往上通过填料，热水从上向下通过填料，冷空气和热水在填料表面传质换热，换热后冷却水落入冷却水池中，热风排入大气中，从而实现循环水的降温。从车间各用水点返回的热水大部分（约95%）利用回水的压力（0.25MPa）直接上冷却塔降温，少部分热水（约5%）通过管道过滤器去除循环水中可能积累的悬浮物质后直接进入冷却塔水池。为使在循环过程中循环水水质保持稳定，既不结垢，不腐蚀，不增大菌藻生成，要分别设一套加 HCl、加杀菌剂和缓蚀剂的加药系统，用计量泵将药剂送入冷却水池，从而使冷却循环水处理系统能保证长时间正常运转。工艺流程如图 6-15 所示。

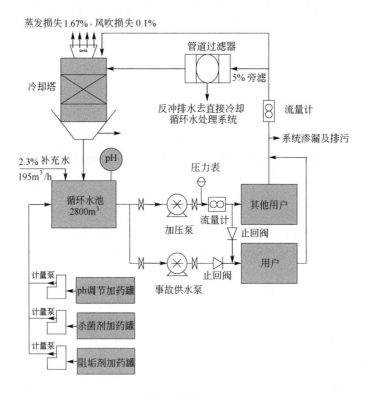

图 6-15　间接冷却水处理工艺

直接冷却循环水系统　循环水池里的水经供水泵加压到 0.5~0.6MPa 后送到各车间用户使用。从各车间返回的热水，首先通过压力过滤器处理，去除水中的杂质和油后靠余压进入冷却塔进行冷却处理，然后流回循环水池。同时对循环水的 pH 值进行调节，加入适量的杀菌剂和水质稳定剂。压力过滤器进行反冲洗后，反冲洗泵从循环水池中抽水对压力过滤器进行反冲洗。反冲洗排水排入直接冷却水反冲洗水排水调节池。反冲洗水排水调节池水用泵送到絮凝反应池，同时加入 PAC、PAM 进行混凝反应，然后进入沉淀池进行泥水分离。沉淀池出水用泵送到压力过滤器过滤后循环使用。沉淀池的污泥用泵送到污泥池（废水处理系统）统一进行脱水处理。工艺流程如图 6-16 所示。

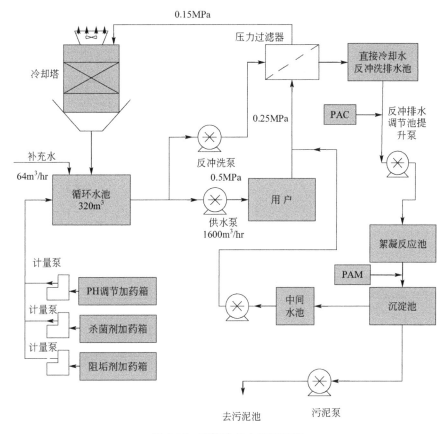

图 6-16　直接冷却水处理工艺

废水处理系统　废水中有含铬废水、含油废水、碱性废水、含 H_2SO_4 废水、含 HF 和 HNO_3 废水。根据废水水质的不同，对上述各类废水分别进行单独处理或合并处理。

① 含酸废水经管道收集送到含酸废水调节池，用泵送到还原池，在还原池内投加亚硫酸氢钠，使废水中的六价铬还原为三价铬；然后废水自流进入一级中和池，在一级中和池内投加 $Ca(OH)_2$，调节中和池内废水的 pH 值，使 SO_4^{2-} 生成 $CaSO_4$ 沉淀，HF 生成 CaF_2 沉淀，中和后的废水进入一级混合池和一级絮凝池，然后进入一级沉淀池进行沉淀分离，泥渣用泵排到污泥池；一级沉淀池出水去二级混合池和二级絮凝池，二级絮凝池出水进入二级沉淀池进行沉淀分离，泥渣用泵排到污泥池。二级沉淀池出水进入中间水池，部分水用泵送到石灰制浆系统，大部分水用泵送到流砂过滤器处理，水中的 F^- 即可达标。含酸废水处理产生的污泥经过压滤机处理后外运处置，压滤机压滤产生的滤出液进入二级混合池作进一步的处理。

② 含油废水先进入含油废水调节池，然后用低转速泵泵入气浮机除油，浮渣进入浮渣池，然后用泵送到污泥池进行脱水处理，气浮除油除渣后的清水进入缺氧反硝化池进行生化处理。

③ 碱性废水进入碱性废水调节池，用泵泵去中和池和酸性废水进行中和。

经过预处理的各类废水汇集进入缺氧反硝化池，在缺氧反硝化池内投加甲醇，使 NO_3^- 还原生成 N_2 从废水中去除，甲醇则氧化生成 CO_2 和水，部分甲醇则合成生物细菌。出水经沉淀分离和流砂过滤处理后即可达标排放，剩余生物污泥用泵送到污泥池统一进行污泥脱水。工艺流程如图 6-17 所示。

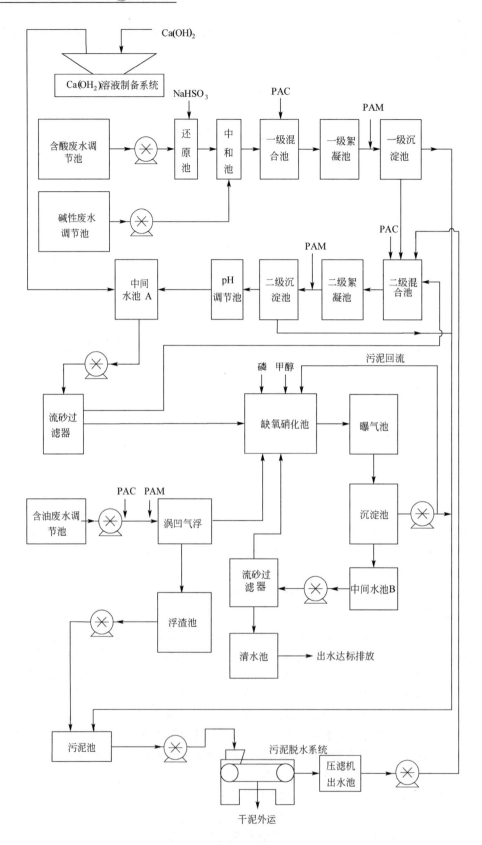

图 6-17 废水处理工艺图

化学水制备系统 从供水管网中来的自来水首先经过活性炭吸附去除水中的活性余氯、有机物和悬浮物，经活性炭过滤吸附处理后的水进入阳床，去除水中的阳离子，阳床处理后的出水进入 CO_2 脱除器，经脱除 CO_2 后进入阴床去除水中的阴离子。经离子交换处理后水进入储水池，储水池水用泵送到各用水点。工艺流程如图 6-18 所示。

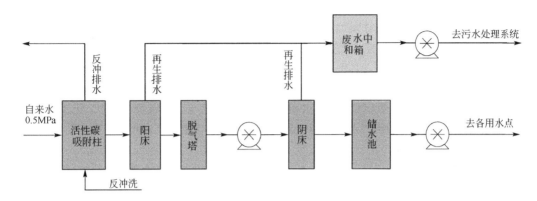

图 6-18 化学水处理工艺图

（二）水处理控制系统工程项目控制要求

整个控制系统的任务是完成各个系统的自动控制和手动控制，实时显示各个工艺参数，并且实现网络通信；还具有故障诊断、故障报警、报表打印、趋势图等功能。

自动控制系统应具有资料收集、资料传送、资料评估、资料输出、指令（Command）输出及程序控制等功能。实现各个单元操作的集中监控，包括：温度、压力、流量、液位、pH 值、ORP、COD 等物理量的监测与控制，对电动及气动阀门、空压机、泵等运转机械，应具有顺控及单独操作功能；对突发事件如停电等，系统应采取相应的保护措施，确保在紧急情况下或需要的时候对一些关键的控制点（阀门、电机等）实施控制；配置必要的报警和联锁。

重要参数的记录和方便地查阅其实时趋势和历史趋势；可随时监测有关单元的有关参数或重要设备的运行情况；控制系统操作简单，参数设置、调整方便，便于操作，人性化的操作界面；操作员站显示整个生产工艺流程，修改各种有关参数，打印各种报表以及报警信息。

（三）水处理控制系统工程项目系统配置

1. 工程师站和操作站

工程师站（EWS）是对 DCS 进行离线的配置、组态工作和在线的系统监督、控制、维护的网络节点，其主要功能是提供对 DCS 进行组态、配置工作的工具软件（即组态软件），并在 DCS 在线运行时实时地监视 DCS 网络上各个节点的运行情况，使系统工程师可以通过工程师站及时调整系统配置及一些系统参数的设定，使 DCS 随时处在最佳的工作状态之下。工程师站能够实现硬件组态、数据库组态、控制回路组态、流程图组态、控制逻辑组态、HIS 站显示画面的生成、报表生成组态、操作安全保护组态。

工程师站通过通讯总线，可调出系统内任一分散处理单元的系统组态信息和有关数据。可将组态数据从工程师站上下载到各个分散单元的操作站。此外，重新组态的数据被确认后，系统能自动刷新其内存，具有对 DCS 系统的运行状态进行监控的功能，包括对各控制站的运行状态、各操作站的运行状态、各级网络通讯状态等方面的监控。另外，还具有以下功能。

① 过程显示及控制；
② 现场数据的收集和恢复显示；
③ 级间通信；

④ 系统诊断；

⑤ 系统配置和参数生成；

⑥ 仿真调试等。

操作站（HIS）的主要功能是为系统的运行操作人员提供人机界面，使操作人员可以通过 HIS 站及时了解现场运行状况、各种运行参数的当前值、是否有异常情况发生，并可通过输入设备对工艺过程进行控制和调节。操作员站（HIS）能够完成画面及流程显示、控制调节、趋势显示、报警管理及显示、报表管理和打印、操作记录、运行状态显示、操作权限保护及文件存储等功能。

操作站是人机对话的界面，几乎所有的控制指令和状态参数都在此交换。在操作站上可以分别显示各个流程图上现场的各种工艺参数，控制驱动装置、切换控制方式、调整过程设定值等，监控系统内每一个模拟量和数字量，显示并确认报警、操作指导、记录操作日志、记录操作信息，如改变设定值、手动/自动切换以及时间等，显示历史趋势图，定时打印报表。操作简单，满足操作控制和生产管理的要求。

在系统硬件配置时总览全局，从满足生产过程对控制的要求，现场变送器和执行机构等部件特点，传输信号电缆等方面全面考虑，从工艺的合理性、投资的经济性、运行的可靠性、维修的方便性等进行综合分析，做如下的冗余配置：配置 1 台工程师站和 2 台操作站，并预留 PC 接口，满足了系统的操作需要，在工程师站上安装操作站软件，系统运行时可作为一台操作站使用，系统开车时 3 个操作站同时参与操作。

2. 控制站配置

现场控制站（FCS）的配置是按照现场实际情况包括地理位置进行配置的，一共配置了 3 个现场控制站。间接冷却循环水系统及直接冷却循环水系统的工艺条件、地理位置都比较接近，故设置一个现场控制站，其中直接冷却循环水系统作为一个远程扩展站来设置；废水处理系统由于输入/输出点比较多，分布比较分散，单独设置一个现场控制站；纯水制备系统的位置离前几个系统比较远，单独设置一个现场控制站，通过光纤与总控制室的工程师站相连。现场控制站选用横河公司的 AFS20D。该型控制站属于大规模控制站，其 CPU、电源、控制总线接口、IO 总线接口等均使用双重化设计。每个控制站最大可监控 4096 个开关量或 1028 个模拟量，并且内部集成有多种控制功能模块，可以满足绝大多数监视控制场合要求。其具体型号为：AFS20D-H4123/1-NDR4；扩展站的型号为：ACB21-S1120/2-NDR4。

控制站的 I/O 卡件选择，是根据系统 I/O 测点进行的，同时考虑系统的可靠性，尽量的降低成本。因此，选择单点 I/O 卡件 AAM10 及 AAM50 作为模拟量信号的输入/输出，以分散可能出现的故障，提高系统的安全性。对于开关量输入/输出点则选用每一通道隔离的 32 点的连接型 ADM52C-2 输出卡、ADM12C 输入卡，所有开关量卡件均采用连接型卡件，并外配继电器端子板，以防止现场干扰信号产生误动作。系统的 I/O 分布见表 6-4。

表 6-4 I/O 分布

站号	I/O 类型	实际点数	Spare points	Total points	Module 型号
FCS 1#	AI	64	13	77	AAM10
	AO	13	2	15	AAM50
	DI	623	113	736	ADM12C
	DO	199	57	256	ADM52C-2
FCS 2#	AI	68	14	82	AAM10
	AO	6	1	7	AAM50
	DI	326	58	384	ADM12C
	DO	147	55	192	ADM52C-2

续表

站号	I/O 类型	实际点数	Spare points	Total points	Module 型号
FCS 3#	AI	24	5	29	AAM10
	AO	4	1	5	AAM50
	DI	302	50	352	ADM12C
	DO	107	21	128	ADM52C-2

根据工艺要求、现场情况和 I/O 点的分布完成系统配置及系统连接。系统配置如图 6-19 所示。

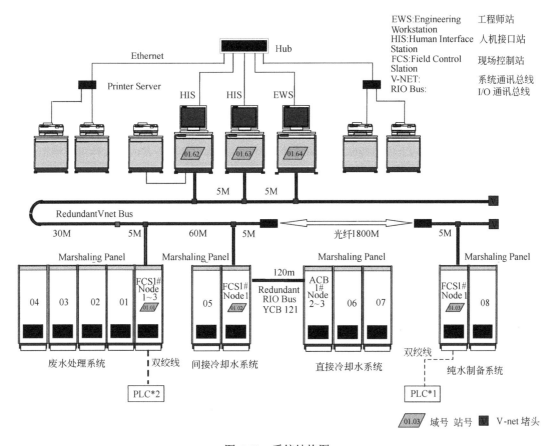

图 6-19 系统结构图

(四)水处理控制系统工程项目系统组态实施

1. 横河 CENTUM CS3000 系统组态工作流程

横河 CENTUM CS3000 系统的组态方式主要采用填表和绘图的方法来进行,较为灵活;工作流程一般采用日本横河的标准化作业流程,具体如下。

(1) DCS 硬件设计和 I/O 卡件分配

根据工艺流程和现场仪表清单,分配和排布 DCS 系统 I/O 卡件;一个设计合理的 I/O 清单应该是:控制站之间的数据通讯点数少,这样可以尽量避免因通讯总线故障而引起的设备误动作;相关的 I/O 信号尽量集中,无关的 I/O 信号尽量分散,以使现场仪表到 DCS 的电缆排布更简洁、更均匀;温度检测 I/O 卡件应尽量排布在机柜的下端,以减少因其他卡件发热而产生的干扰,尤其是热电偶卡件,其冷端一般设置在 DCS 机柜内,通过 I/O 卡件上的热电阻测量冷端温度,来补偿因机柜温度变化而产生的干扰。

I/O 清单是整个 DCS 软件设计的基础,在 I/O 清单中应详细标明每一个进入 DCS 系统信号的类型、工位号、硬件地址、量程、工业单位以及其功能说明等。同时,I/O 清单也是最终提交用户的竣工资料,是用户进行 I/O 通道测试和运行维护工作的重要资料。

(2) 功能规格书设计

功能规格书包括控制功能设计、人机操作界面设计、特殊功能软件设计等。

控制功能设计:根据生产工艺的要求,设计控制系统中的控制回路图、程序控制流程图以及联锁逻辑图等。并根据 CENTUM CS3000 系统的特点,选择适用的内部控制功能块组建相应的回路图,一般称之为 Drawing 图分配。

人机操作界面设计:对带测点的工艺流程图(P&ID 图)进行合理分割,以适合 CENTUM CS 系统的流程画面绘图;确定各种管线、设备以及数据的大小、颜色及色变等;设计合理的控制分组画面、趋势图画面;设计各个画面之间的分层关系和切换方法,以便提供给操作人员一个合理的、简洁的人机操作界面。

特殊功能软件设计:针对非标准的要求进行设计,如与子系统通讯、上位机通讯等。

上机组态和离线测试:以功能规格书为输入资料,在工程师站的组态软件开发环境中生成设计好的各部分应用软件。工程师站还具有离线测试功能,即在未连接现场设备和其他 DCS 系统硬件的情况下,在工程师站上模拟控制对象的特性和控制站动作,对组态完成的软件进行模拟调试,以提高软件的出厂质量,减少在现场调试的工作量。

2. 组态操作具体实施

(1) 系统构成及硬件属性定义

在新建一个项目时,首先要定义整个系统的构成,即组态生成 DCS 系统中所有的硬件。图 6-20 给出了项目系统构成组态实例,其中左侧以 WINDOWS 资源管理器的形式列出了该项目总体的硬件构成,右侧则显示出具体硬件的详细定义。熟悉 WINDOWS 操作系统的工程技术人员,可以方便地使用鼠标和菜单添加或修改系统硬件。如:选定左侧 1#控制站 FCS0101 的节点 NODE1 就可在右侧定义安装在它内部的卡件类型。这里的节点定义和排列顺序与安装在现场控制站(FCS)中的节点是一一对应的。

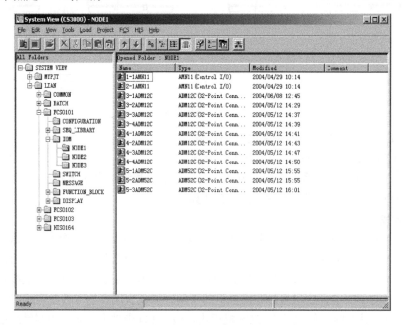

图 6-20 项目系统构成组态

(2) I/O 通道定义

I/O 通道的定义采用填表格的形式,卡件的类型、信号的类型等均采用选择菜单方式,I/O 的地址则根据卡件的物理位置自动生成。I/O 通道组态是整个控制功能组态的基础,这部分的组态工作要严格按照设计好的 I/O 清单来定义。图 6-21 为模拟量卡件定义;图 6-22 为数字量卡件定义。

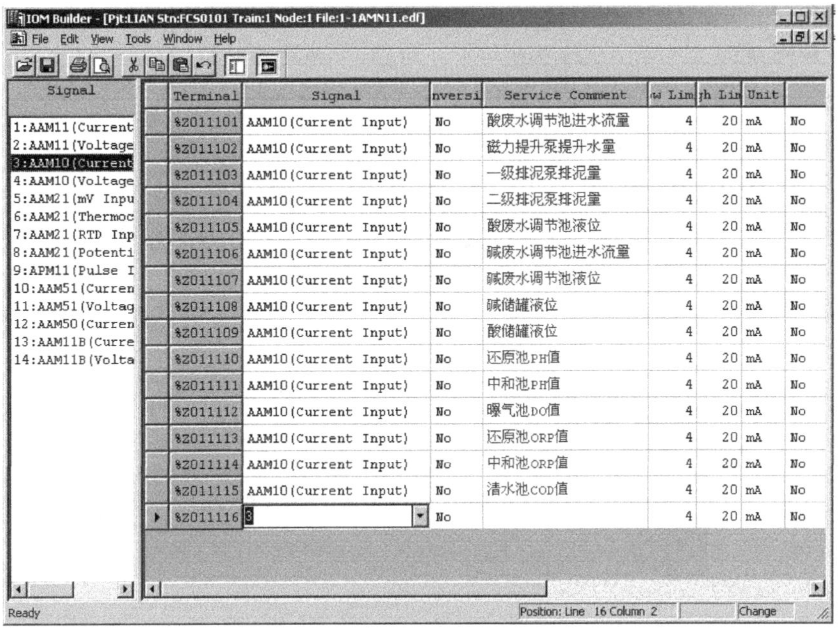

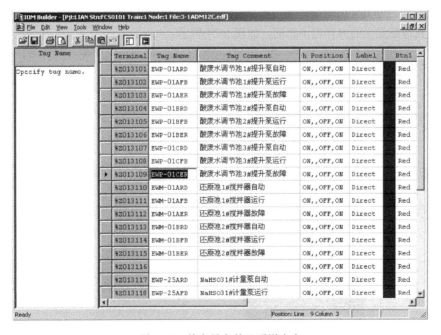

图 6-21 模拟量卡件及通道定义

图 6-22 数字量卡件及通道定义

(3) 控制站控制功能组态

控制功能的组态均以绘图的方式在 DRAWING 图内完成。控制功能的实现是通过控制模块的组合来完成，控制模块是由一系列固化在 ROM 中的标准子程序组成，具有常规模拟仪表相同或更完善的各种功能，称之为"软仪表"或"内部仪表"，通过对这些功能模块的虚拟信号端子组态，实现从一般简单控制到高级复杂控制在内的各种控制方案，满足不同的生产过程控制要求。如图 6-23 所示。

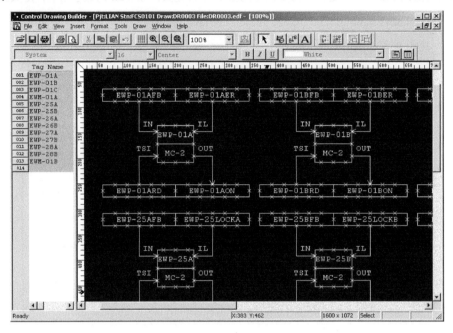

图 6-23　DRAWING 图组态

控制功能块内部具体的参数则通过鼠标右键点击该功能块，来调出其详细定义组态窗口。不同的功能块其详细定义的内容也不相同，如图 6-24 所示。

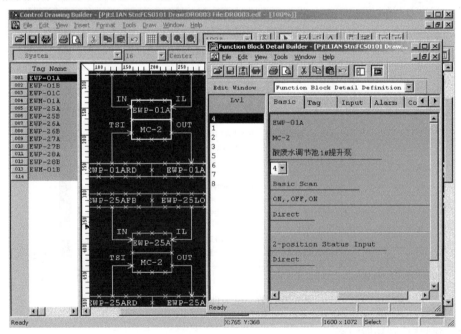

图 6-24　功能块详细定义

针对联锁和程控，CENTUM CS3000 系统提供了逻辑图、顺控表等多种组态方式。工程组态人员可以根据具体的控制要求和对象，来选择使用不同的组态方式。一般系统的联锁采用逻辑图较为方便直观，顺序程控则顺控表便于编写和调试，SFC 语言适用于习惯用高级语言进行软件开发的技术人员。顺控表窗口显示顺控表模块详细的构成情况以及顺序程序执行的状态。顺控表窗口由工具条和顺控表显示区两部分组成，工具条是由硬拷贝按钮、报警产生的确认按钮、调用仪表面板窗口按钮、步号输入按钮、注释切换按钮（用来改变注释内容）、扩展顺控表窗口调用按钮以及原顺控表调用窗口按钮构成。顺控表显示区显示的是通过系统生产功能组态的顺控表内容，操作员通过该显示区来监视顺序控制系统的控制状态。当条件满足时，步序号背景颜色变红；当条件不满足时，背景颜色变绿；当顺控模块处在手动或 O/S 方式以及不执行条件时，背景颜色为黄色。在顺控表窗口中，过程时间（Process Timing）有六种类型，分别是：

① TE，预选周期启动（T），T 可以是 10 秒、14 秒脉冲，每次条件满足即输出（E）；
② TC，预选周期启动（T），高速循环，只有条件改变才输出（C）；
③ OE，单步启动（O），每次条件满足即输出（E）；
④ OC，单步启动（O），只有条件改变才输出（C）；
⑤ I，初始冷启动/复位（I）；
⑥ B，初始冷启动（B）。

逻辑图主要应用于联锁控制，其逻辑图表由联锁功能模块组成，描述了作为输入信号（条件信号）和输出信号（操作信号）之间的关系。一个逻辑图块是一个按照联锁块图准备的功能块，输入信号（条件信号）在变成输出信号（操作信号）前，通过逻辑元素进行处理，逻辑图的执行时间与顺控表相同。

SFC 是描述过程管理顺序的流程图，遵守国际 IECSC65A/WG6 规定的标准，SFC 的每一步可以用顺控表、顺序逻辑图来描述。SFC 模块方法常用在大型的顺序控制系统和设备控制。

逻辑图组态、顺控表组态窗口分别如图 6-25 及图 6-26 所示。

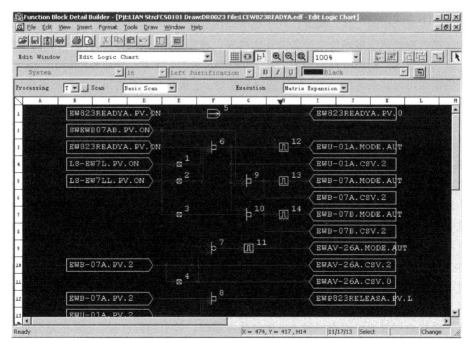

图 6-25　逻辑图组态

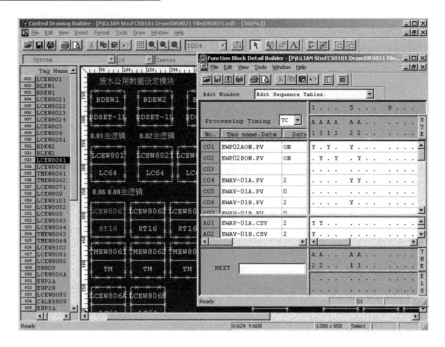

图 6-26　顺控表组态

（4）操作站人机界面组态

操作站的组态主要是提供给操作人员一个直观、简洁的操作环境，同时也应该便于操作人员的日常维护。

① 流程图组态。流程图画面又称用户自定义窗口，利用该窗口监视和操作工厂或控制系统，是带测点的工艺流程图（P&ID）在 DCS 操作站上的直观反映，也是生产过程中，操作人员使用最频繁的人机界面。在 CENTUM CS3000 系统中，流程图画面是采用类似 CAD 作图的方式来组态的，提供了大量的作图工具。同时，几乎每个绘图元素都可以进行颜色、位置等动态的变化，使流程图能很直观地体现现场仪表设备的真实情况。流程图画面是工厂和控制系统的图形缩影，是通过过程的装置的全动态模拟流程图，用户可以通过给窗口监视、操作和控制工厂或生长过程。通过流程图窗口可以显示各种信息，如过程报警信息、公告信息、系统报警信息和操作指导信息，但不能对这些信息进行确认操作。此外流程图画面可以显示某个位号的仪表面板图或总貌流程图，以及设置一些触摸屏、按钮、软按键等。流程图画面实时显示、记录整个过程控制系统的各个重要参数，并设置了相应的越限及故障报警等，极大地方便了操作人员，达到操作监视整个生产的目的。在流程图窗口还可以对工程师站的操作监视画面进行调用，从而在流程图屏幕上显示其他的窗口。图 6-27 为流程图组态画面。

② 操作分组定义。操作分组画面将每个功能块以仪表面板形式显示，操作员直接通过该仪表面板的操作，实现对功能块的数据设定、更改以及运行方式变更等操作。操作分组画面提供操作人员针对相关的仪表设备同时操作和监视功能。图 6-28 为操作分组的组态画面。

③ 趋势画面定义。趋势画面的组态采用填表的形式，只需操作人员填写需记录的工位号及其参数名称即可。趋势画面是用来获取和记录各种类型的过程参数，并以曲线形式以及不同颜色实时记录，每个趋势窗口上可同时显示记录 8 个趋势记录点。趋势画面以趋势图的形式显示实时过程数据，操作员可以通过该窗口调出单个趋势点窗口，单个趋势点窗口显示的是分配给趋势窗口的 8 个过程数据中的某个数据。趋势窗口的数目是预先确定的，在组态时没有必要再定义趋势窗口的窗口类型。图 6-29 为趋势画面组态窗口。

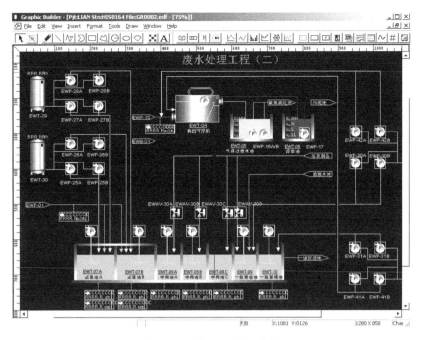

图 6-27　流程图组态画面

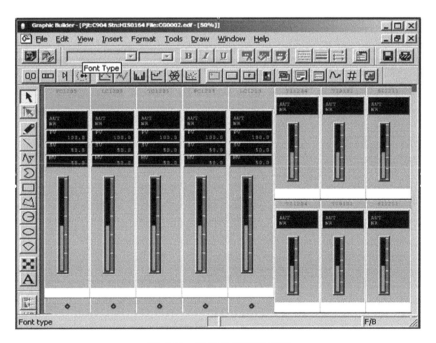

图 6-28　操作分组组态画面

④ 操作画面的制作。操作画面是操作工提供一个直观的操作环境，便于操作人员的日常操作、控制等。图 6-30 为操作画面组态窗口。

（五）水处理控制系统工程项目组态软件调试实施

DCS 软件组态完成后，应该对其正确性和可操作性进行调试。调试分为虚拟测试和现场在线测试。虚拟测试是指在不连接现场仪表和设备的情况下，采用特殊的虚拟软件包模拟现场被控对象的运行状况，来检查 DCS 软件的控制和操作是否符合设计要求。现场在线测试则主要是进行回路的通道测试以及各种控制参数的整定。

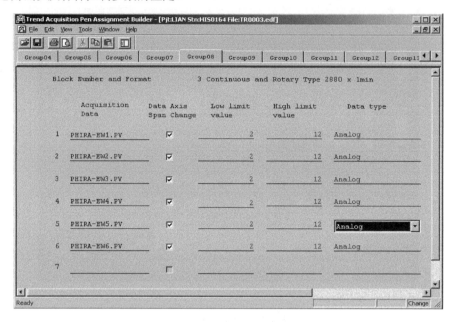

图 6-29　趋势画面组态窗口

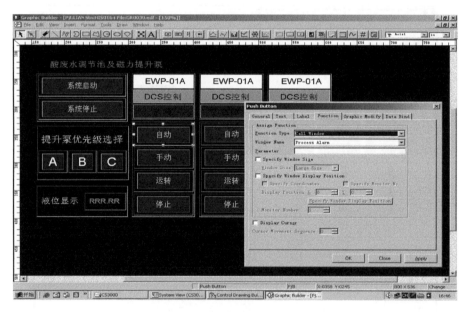

图 6-30　操作画面组态窗口

1. 虚拟测试

CENTUM CS3000 系统 DCS 组态软件提供了虚拟测试软件包，软件开发人员可以使用这个工具来模拟现场的运行环境，检查应用软件是否符合设计要求。虚拟测试主要包括以下几个方面的测试。

（1）控制对象特性模拟

虚拟测试首先要建立被控对象的模型，根据工艺对象特点选择近似的传递函数。在虚拟测试软件包中，提供了一些常用的对象模型的建立方法。对于模拟量提供了纯滞后环节和一阶惯性环节，针对数字量提供了多种点对点的闭环方式来模拟实际环境。如图 6-31 为虚拟测试组态环境。

No.	To Terminal	From Terminal	Wiring Typ	Gain	Bias	Pulse Rate	Delay	Lag	NCP	Cycle
1	TC1411.IN	TC1411.OUT	AnRvAn	2.500000			1	2		
2	T14111.IN	TC1411.OUT	AnRvAn	2.500000	-0.900000		10	78		
3	TC1412.IN	TC1412.OUT	AnRvAn	3.000000			1	2		
4	T14121.IN	TC1412.OUT	AnRvAn	3.000000	-1.200000		18	90		
5	TC1413.IN	TC1413.OUT	AnRvAn	3.0			1	2		
6	T14131.IN	TC1413.OUT	AnRvAn	3.0	-1.200000		18	90		
7	TC1414.IN	TC1414.OUT	AnRvAn	3.000000			1	2		
8	T14141.IN	TC1414.OUT	AnRvAn	3.000000	-1.200000		18	90		
9										

图 6-31　虚拟测试组态环境

（2）控制功能测试

控制功能测试主要测试各个系统的控制功能是否达到了工艺要求。在离线的情况下，按照工艺要求在操作画面上进行模拟操作，如图 6-32 所示。

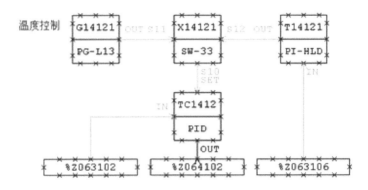

图 6-32　控制功能虚拟测试

2. 现场调试

在虚拟测试完成后，就可以进行现场调试了。首先要将软件下装到各个现场控制站（FCS）上。现场调试主要包括以下方面。

（1）通道测试

通道测试需要测试模拟量通道和数字量通道，模拟量通道测试的方法是用信号发生器模拟现场仪表发送信号进行测试；数字量通道测试主要通过 CRT 测试电机的启动、停止，阀门的开启、关闭等。

（2）控制功能测试

控制功能测试主要测试各个系统的控制功能是否达到了工艺要求。按照工艺要求在操作画面上进行操作，完成调试自动控制系统。

【项目评估】

项目六 横河 CENTUM-CS3000 在水处理过程控制系统中的应用任务单

① 学生每五人分成一个 DCS 系统设计小组,扮演实习技术员的角色;
② 课题小组根据领取的任务现场考察和资讯知识(**本项目任务内容——水处理系统**);
③ 领取工位号,熟悉装置平台、控制设备、熟悉系统操作软件;
④ 根据抽签任务号及任务内容,现场考察任务设备,分析和做出实施计划;
⑤ 任务实施,根据本项目工艺要求进行系统分析,设计支撑材料,进而完成硬件组态、控制方案组态。监控画面组态、系统调试与故障诊断。
⑥ 填写任务实施记录。

班级:_____ 组号:____ 姓名:_____   ____年___月___日

项目六 横河 CENTUM-CS3000 在水处理过程控制系统中的应用考核要求及评分标准

班级_____ 姓名_____ 学号_____ 成绩_____

考核内容	考核要求	评分标准	分值	扣分	得分
DCS 系统分析	分析控制系统组成部分; 分析系统控制要求。	① 系统组成分析不正确,扣 5 分 ② 控制要求分析不正确,扣 5 分	10 分		
系统设计支撑材料	系统框架结构设计; 测点清单; 卡件配置清单; I/O 通道布置图等	① 框架结构不正确,扣 3 分 ② 测点清单不正确,扣 3 分 ③ 卡件配置清单不正确,扣 3 分 ④ I/O 通道(卡件)布置图不正确,扣 3 分	20 分		
控制站组态	I/O 通道组态 功能组态	① I/O 通道组态每错一处,扣 1 分 ② 功能组态每错一处,扣 1 分	20 分		
操作界面组态与运行	流程图画面组态、操作分组组态、趋势组态等	画面组态每错一处,扣 1 分	30 分		
系统调试	虚拟测试 现场测试	① 虚拟测试不能通过,扣 5 分 ② 现场测试不能通过,扣 15 分	20 分		
定额工时	3h	每超 5min(不足 5min 以 5min 计)扣 5 分			
起始时间		合计	100 分		
结束时间		教师签字:		年 月 日	

参 考 文 献

[1] 常慧玲.集散控制系统应用[M].北京：化学工业出版社，2009.
[2] 俞金寿等.过程控制工程（第3版）[M].北京：电子工业出版社，2007.
[3] 张德泉.集散控制系统原理及其应用[M].北京：电子工业出版社，2007.
[4] 姜秀英等.过程控制系统实训[M].北京：化学工业出版社，2007.
[5] 任丽静等.集散控制系统组态调试与维护[M].北京：化学工业出版社，2010.
[6] 孙优贤等.工业过程控制技术——方法篇[M].北京：化学工业出版社，2006.
[7] 孙优贤等.工业过程控制技术——应用篇[M].北京：化学工业出版社，2006.
[8] 袁任光.集散型控制系统应用技术与实例[M].北京：机械工业出版社，2005.